"十四五"时期国家重点出版物出版专项规划项目

第二次青藏高原综合科学考察研究丛书

青藏高原
国家公园群潜力区价值研究

韩　芳　杨兆萍　主编

科学出版社

北　京

内 容 简 介

本书系“第二次青藏高原综合科学考察研究”之国家公园群科学考察系列成果之一，也是专题“第三极国家公园群建设科学方案”的亮点成果，由中国科学院新疆生态与地理研究所青藏高原国家公园科考分队的科研人员共同编著。

全书共 13 章，包括青藏高原国家公园群资源价值科考的总体论述；系统梳理国家公园理念与认定标准，构建国家公园资源价值评估体系；分析青藏高原建设国家公园群的自然地理和生态基础、人文环境和景观特征；基于野外科考定性分析国家公园备选地的国家代表性价值特征；采用价值评估指标体系量化识别青藏高原国家公园群资源价值；通过实地科考与价值评估的反复对比验证，综合评价青藏高原国家公园群潜力区的核心资源价值；提出青藏高原国家公园群科学保护与利用的建议。本书的特点是通过科考获得了青藏高原国家公园群的第一手野外调查资料，为系统认知国家公园建设的科学内涵和实践建制提供理论参考，为青藏高原国家公园群的建设发展提供基础支撑。

本书内容系统全面、资料严谨翔实、结构逻辑严密，可供自然保护地、国家公园、区域可持续发展等领域的科研、教学等相关人员参考使用。

审图号：GS 京(2024)0731 号

图书在版编目(CIP)数据

青藏高原国家公园群潜力区价值研究/韩芳，杨兆萍主编. —北京：科学出版社，2024. 5

(第二次青藏高原综合科学考察研究丛书)

“十四五”时期国家重点出版物出版专项规划项目

ISBN 978-7-03-078495-7

Ⅰ. ①青…　Ⅱ. ①韩…　②杨…　Ⅲ. ①青藏高原–国家公园–研究　Ⅳ. ①S759.992.7

中国国家版本馆 CIP 数据核字(2024)第 091981 号

责任编辑：彭胜潮/责任校对：郝甜甜

责任印制：徐晓晨/封面设计：吴霞暖

科学出版社 出版

北京东黄城根北街 16 号

邮政编码：100717

http://www.sciencep.com

北京建宏印刷有限公司印刷

科学出版社发行　各地新华书店经销

*

2024 年 5 月第　一　版　开本：787×1092　1/16

2024 年 5 月第一次印刷　印张：15 1/2

字数：362 000

定价：210.00 元

(如有印装质量问题，我社负责调换)

“第二次青藏高原综合科学考察研究丛书”

指导委员会

“第二次青藏高原综合科学考察研究丛书”

编辑委员会

《青藏高原国家公园群潜力区价值研究》
编写委员会

第二次青藏高原综合科学考察队
国家公园科考分队人员名单

（按贡献排序）

姓　名	职　务	工作单位
韩　芳	分队长	中国科学院新疆生态与地理研究所
杨兆萍	队　员	中国科学院新疆生态与地理研究所
王璀蓉	队　员	中国科学院新疆生态与地理研究所
范书财	队　员	中国科学院新疆生态与地理研究所
段帅飞	队　员	中国科学院新疆生态与地理研究所
卢雅焱	队　员	中国科学院新疆生态与地理研究所
祁建伟	队　员	中国科学院新疆生态与地理研究所
陈晓东	队　员	中国科学院新疆生态与地理研究所
康　雷	队　员	中国科学院新疆生态与地理研究所
范思敏	队　员	中国科学院新疆生态与地理研究所
马轩凯	队　员	中国科学院新疆生态与地理研究所
荣天宇	队　员	中国科学院新疆生态与地理研究所
王　晶	队　员	中国科学院新疆生态与地理研究所
张思悦	队　员	中国科学院新疆生态与地理研究所
袁孟琪	队　员	中国科学院新疆生态与地理研究所

丛书序一

青藏高原是地球上最年轻、海拔最高、面积最大的高原，西起帕米尔高原和兴都库什、东到横断山脉，北起昆仑山和祁连山、南至喜马拉雅山区，高原面海拔 4 500 米上下，是地球上最独特的地质-地理单元，是开展地球演化、圈层相互作用及人地关系研究的天然实验室。

鉴于青藏高原区位的特殊性和重要性，新中国成立以来，在我国重大科技规划中，青藏高原持续被列为重点关注区域。《1956—1967 年科学技术发展远景规划》《1963—1972 年科学技术发展规划》《1978—1985 年全国科学技术发展规划纲要》等规划中都列入针对青藏高原的相关任务。1971 年，周恩来总理主持召开全国科学技术工作会议，制订了基础研究八年科技发展规划（1972—1980 年），青藏高原科学考察是五个核心内容之一，从而拉开了第一次大规模青藏高原综合科学考察研究的序幕。经过近 20 年的不懈努力，第一次青藏综合科考全面完成了 250 多万平方千米的考察，产出了近 100 部专著和论文集，成果荣获了 1987 年国家自然科学奖一等奖，在推动区域经济建设和社会发展、巩固国防边防和国家西部大开发战略的实施中发挥了不可替代的作用。

自第一次青藏综合科考开展以来的近 50 年，青藏高原自然与社会环境发生了重大变化，气候变暖幅度是同期全球平均值的两倍，青藏高原生态环境和水循环格局发生了显著变化，如冰川退缩、冻土退化、冰湖溃决、冰崩、草地退化、泥石流频发，严重影响了人类生存环境和经济社会的发展。青藏高原还是“一带一路”环境变化的核心驱动区，将对“一带一路”沿线 20 多个国家和 30 多亿人口的生存与发展带来影响。

2017 年 8 月 19 日，第二次青藏高原综合科学考察研究启动，习近平总书记发来贺信，指出“青藏高原是世界屋脊、亚洲水塔，是地球第三极，是我国重要的生态安全屏障、战略资源储备基地，是中华民族特色文化的重要保护地”，要求第二次青藏高原综合科学考察研究要“聚焦水、生态、人类活动，着力解决青藏高原资源环境承载力、灾害风险、绿色发展途径等方面的问题，为守护好世界上最后一方净土、建设美丽的青藏高原作出新贡献，让青藏高原各族群众生活更加幸福安康”。习近平总书记的贺信传达了党中央对青藏高原可持续发展和建设国家生态保护屏障的战略方针。

第二次青藏综合科考将围绕青藏高原地球系统变化及其影响这一关键科学问题，开展西风-季风协同作用及其影响、亚洲水塔动态变化与影响、生态系统与生态安全、生态安全屏障功能与优化体系、生物多样性保护与可持续利用、人类活动与生存环境安全、高原生长与演化、资源能源现状与远景评估、地质环境与灾害、区域绿色发展途径等10大科学问题的研究，以服务国家战略需求和区域可持续发展。

“第二次青藏高原综合科学考察研究丛书”将系统展示科考成果，从多角度综合反映过去50年来青藏高原环境变化的过程、机制及其对人类社会的影响。相信第二次青藏综合科考将继续发扬老一辈科学家艰苦奋斗、团结奋进、勇攀高峰的精神，不忘初心，砥砺前行，为守护好世界上最后一方净土、建设美丽的青藏高原作出新的更大贡献！

孙鸿烈

第一次青藏科考队队长

丛书序二

青藏高原及其周边山地作为地球第三极矗立在北半球，同南极和北极一样，既是全球变化的发动机，又是全球变化的放大器。2000 年前人们就认识到青藏高原北缘昆仑山的重要性，公元 18 世纪人们就发现珠穆朗玛峰的存在；19 世纪以来，人们对青藏高原的科考水平不断从一个高度推向另一个高度。随着人类远足能力的不断加强，逐梦三极的科考日益频繁。虽然青藏高原科考长期以来一直在通过不同的方式在不同的地区进行着，但对于整个青藏高原的综合科考迄今只有两次。第一次是 20 世纪 70 年代开始的第一次青藏科考。这次科考在地学与生物学等科学领域取得了一系列重大成果，奠定了青藏高原科学研究的基础，为推动社会发展、国防安全和西部大开发提供了重要科学依据。第二次是刚刚开始的第二次青藏科考。第二次青藏科考最初是从区域发展和国家需求层面提出来的，后来成为科学家的共同行动。中国科学院 A 类先导专项率先支持启动了第二次青藏科考。刚刚启动的国家专项支持，使得第二次青藏科考有了广度和深度的提升。

习近平总书记高度关怀第二次青藏科考，在 2017 年 8 月 19 日第二次青藏科考启动之际，专门给科考队发来贺信，作出重要指示，以高屋建瓴的战略胸怀和俯瞰全球的国际视野，深刻阐述了青藏高原环境变化研究的重要性，要求第二次青藏科考队聚焦水、生态、人类活动，揭示青藏高原环境变化机理，为生态屏障优化和亚洲水塔安全、美丽青藏高原建设作出贡献。殷切期望广大科考人员发扬老一辈科学家艰苦奋斗、团结奋进、勇攀高峰的精神，为守护好世界上最后一方净土顽强拼搏。这充分体现了习近平总书记的生态文明建设理念和绿色发展思想，是第二次青藏科考的基本遵循。

第二次青藏科考的目标是阐明过去环境变化规律，预估未来变化与影响，服务区域经济社会高质量发展，引领国际青藏高原研究，促进全球生态环境保护。为此，第二次青藏科考组织了 10 大任务和60多个专题，在亚洲水塔区、喜马拉雅区、横断山高山峡谷区、祁连山-阿尔金区、天山-帕米尔区等5大综合考察研究区的19个关键区，开展综合科学考察研究，强化野外观测研究体系布局、科考数据集成、新技术融合和灾害预警体系建设，产出科学考察研究报告、国际科学前沿文章、服务国家需求评估和咨询报告、科学传播产品四大体系的科考成果。

两次青藏综合科考有其相同的地方，表现在两次科考都具有学科齐全的特点，两次科考都有全国不同部门科学家广泛参与，两次科考都是国家专项支持。两次青藏综合科考也有其不同的地方。第一，两次科考的目标不一样：第一次科考是以科学发现为目标；第二次科考是以摸清变化和影响为目标。第二，两次科考的基础不一样：第一次青藏科考时青藏高原交通整体落后、技术手段普遍缺乏；第二次青藏科考时青藏高原交通四通八达，新技术、新手段、新方法日新月异。第三，两次科考的理念不一样：第一次科考的理念是不同学科考察研究的平行推进；第二次科考的理念是实现多学科交叉与融合和地球系统多圈层作用考察研究新突破。

“第二次青藏高原综合科学考察研究丛书”是第二次青藏科考成果四大产出体系的重要组成部分，是系统阐述青藏高原环境变化过程与机理、评估环境变化影响、提出科学应对方案的综合文库。希望丛书的出版能全方位展示青藏高原科学考察研究的新成果和地球系统科学研究的新进展，能为推动青藏高原环境保护和可持续发展、推进国家生态文明建设、促进全球生态环境保护做出应有的贡献。

姚檀栋

姚檀栋

第二次青藏科考队队长

前　言

青藏高原是世界屋脊、亚洲水塔、地球第三极，是我国重要的生态安全屏障、战略资源储备基地，是中华民族特色文化的重要保护地。党的十八大以来，习近平总书记多次就青藏高原生态保护作出重要指示批示，强调“保护好青藏高原生态就是对中华民族生存和发展的最大贡献。要牢固树立绿水青山就是金山银山的理念，把生态文明建设摆在更加突出的位置，守护好高原的生灵草木、万水千山，把青藏高原打造成为全国乃至国际生态文明高地”。建设青藏高原国家公园群，是青藏高原在大尺度空间实现可持续发展的最佳路径，是贯彻落实习近平生态文明思想和党中央重要指示要求的具体行动。

根据青藏高原的地貌格局、生态地理单元以及主要保护对象等因素，本书将青藏高原划分为祁连山高山谷地区、帕米尔-昆仑山高山极高山区、羌塘-三江源高寒草甸草原区、喜马拉雅高山极高山区、岷山-横断山森林草甸区、横断山高山峡谷区等 6 个自然地理区域；综合考虑代表性和典型性的生态系统类型，珍稀濒危物种、特有物种、生物多样性保护的关键区和典型生境区，以及现有自然保护地体系空间格局，在 6 个自然地理区域中划定 15 处重点科考区，包括祁连山、青海湖、帕米尔-喀喇昆仑、昆仑山、羌塘、神山圣湖、札达土林、珠穆朗玛峰、雅鲁藏布大峡谷、若尔盖、贡嘎山、香格里拉、高黎贡山等国家公园备选地和三江源、大熊猫国家公园。

为深入考察研究青藏高原建设国家公园群的潜力及核心资源价值，第二次青藏高原综合科学考察队国家公园分队历时三年(2019 年 8 月～2022 年 7 月)，累计科考百余天，克服重重困难，深入青藏高原腹地，总行程三万余公里，在新疆、青海、甘肃、西藏、云南、四川等境内开展了国家公园价值综合科学考察；运用野外实地考察、地面观测和无人机低空观测、卫星遥感解译相结合的天-空-地协同调查技术，针对青藏高原的 15 处国家公园重点科考区涉及的四十余处自然保护地开展了系统调查；重点调查评估了国家公园备选地的代表性和典型性的自然生态系统、生物多样性及其原地保护的重要自然栖息地、代表地球演化史中重要阶段的地貌与地质遗迹、彰显国家精神和传承中华文明的历史人文景观资源、具有国家代表性审美象征的自然景观等。基于科考发现，青藏高原国家公园备选地在生物多样性、地质多样性、文化多样性、景观多样性等方面呈现出不同价值特征，以及在大尺度上呈现出的典型区域性特征，具备建设成为全球集中度最高、覆盖地域最广、生态价值最高、生物多样性最丰富、自然人文景观最独特的国家公园群的潜力和优势。

本书国家公园资源价值评估重点考虑“最重要的自然生态系统”“最独特的自然精华景观”“最富集的生物多样性”“国家代表性”“国家象征”“全球价值”等因素，确保国家公园在维护国家生态安全关键区域中的首要地位，同时兼顾科研、教育、体验、游憩等多维服务功能。基于中国国家公园建设理念和科学内涵，从自然价值、人文价值、景观美学价值等三个层面构建了国家公园资源价值体系及适用性评估方法，建立了国家公园资源价值评估指标体系，形成了自然-人文-景观美学价值综合评估指数，通过实地科考与价值评估的反复对比验证，从代表性、原真性、完整性、多样性、独特性等方面评估提出了青藏高原国家公园群自然、人文和美学价值的国家代表性及全球价值，科考成果将为建设以国家公园为主体的自然保护地体系、优化青藏高原生态安全屏障功能和体系提供重要的科技支撑。

本书由中国科学院新疆生态与地理研究所组织撰写。韩芳、杨兆萍负责确定本书的撰写思路、总体框架，以及对本书进行修改，并承担重点章节的撰写任务。本书具体分工如下：第 1 章由韩芳完成；第 2 章由韩家丽完成；第 3 章由韩芳完成；第 4 章由卢雅焱、何宝师完成；第 5 章至第 10 章由杨兆萍、韩芳、段帅飞、任庆柳、韩家丽、袁孟琪完成；第 11 章和第 12 章由韩芳、卢雅焱、何宝师完成；第 13 章由郭姣姣完成。科考照片由范书财、杨兆萍、韩芳拍摄。韩芳负责全书的统稿工作。

感谢中国科学院地理科学与资源研究所、中国科学院科技战略咨询研究院、中国科学院新疆生态与地理研究所的各位专家和老师在本书撰写过程中提供的宝贵建议，感谢北京师范大学为本次科考工作提供了许多支撑性工作，感谢西藏自治区人民政府、青海省人民政府、四川省林业和草原局、云南省林业和草原局、新疆维吾尔自治区林业和草原局以及各保护地管理机构为野外科考工作提供了诸多便利条件和基础资料，在此深表感谢。

摘　　要

通过开展青藏高原国家公园潜力区的科学考察和价值评估，发现青藏高原地区自然生态系统具有极高的完整性和原生性，人文生态系统保持着完整性和独特性，自然景观与人文景观丰富多样，大尺度景观美学价值突出，具备建设成为全球集中度最高、覆盖地域最广、生态价值最高、生物多样性最丰富、自然人文景观最独特的国家公园群的潜力和优势。建设青藏高原国家公园群是打造中国乃至国际生态文明新高地的标志工程，是推进青藏高原自然生态保护、建设美丽中国的重要展示窗口，促进人与自然和谐共生的重要举措。以青藏高原生态安全屏障建设为核心，开展国家公园群潜力区科学考察与综合评价研究，是贯彻落实习总书记和党中央重要指示要求的具体行动，是青藏高原在大尺度空间实现可持续发展需要解决的科学问题。科考成果将为建设以国家公园为主体的自然保护地体系、优化青藏高原生态安全屏障体系提供重要的科技支撑，事关国家生态安全与青藏高原可持续发展，具有重要的科学意义。

本书分为 13 章，主要内容如下。

第 1 章总论，主要介绍了国家公园的建设理念和科学内涵，总结了青藏高原国家公园群的建设潜力和优势，阐释了高质量推进青藏高原国家公园群建设的迫切性和重要性。

第 2 章国家公园理念与认定标准，总结了全球国家公园的发展历程、国家公园的概念内涵以及国家公园遴选的国际经验，分析了中国国家公园的发展背景与进程，阐明了中国国家公园的目标、功能定位、准入条件和认定标准，系统总结了国家公园遴选的国际经验和我国国家公园体制试点经验。

第 3 章国家公园资源价值评估体系，基于地质多样性、生物多样性、文化多样性和景观多样性，解构国家公园资源价值要素及其相互关系，解读和阐释了国家公园资源价值内涵，从自然价值、人文价值、景观美学价值等三个层面构建了国家公园资源价值体系，提出了国家公园资源价值适用性评估方法。

第 4 章青藏高原国家公园群的自然-人文基础，分析了青藏高原的自然地理格局、自然生态系统、人文地理特征和自然景观特征，基于青藏高原的自然地貌格局、生态地理单元以及主要保护对象、人文和自然景观等因素，将青藏高原划分为 6 个自然地理区域，并确定了 15 处重点科考区。

第 5 章～第 10 章分别阐述了科考队在 6 个自然地理区域的科考发现，总结提出了祁连山等 15 处重点科考区在代表性自然生态系统、生物多样性、地貌与地质遗迹、历史人文景观、典型自然景观等方面突出的自然-人文-景观美学价值特征。

第 11 章青藏高原国家公园群资源价值评估，基于青藏高原国家公园群科学考察，采用国家公园资源价值评估指标体系，量化评估了青藏高原国家公园备选地自然价值、人文价值和景观美学价值在空间上的高值区和热点区，可为青藏高原国家公园群遴选提供科学支撑。

第 12 章青藏高原国家公园群潜力区综合评价，形成了自然-人文-景观美学价值综合评估指数，通过实地科考与价值评估的反复对比验证以及全球对比，从代表性、原真性、完整性、多样性、独特性等方面，评估提出了青藏高原国家公园群自然、人文和美学价值的国家代表性及全球价值。

第 13 章青藏高原国家公园群科学保护利用，探讨了基于多目标协同的国家公园分区模式；针对不同价值主导型的国家公园，阐述分区管控措施；遵循中国国家公园建设理念，总结性提出了青藏高原国家公园群的保护利用建议。

目 录

第 1 章 总论 …… 1
1.1 系统认识国家公园建设理念和科学内涵 …… 2
1.1.1 生态保护第一 …… 2
1.1.2 国家代表性 …… 3
1.1.3 全民公益性 …… 4
1.2 科学评估青藏高原国家公园群建设潜力 …… 4
1.2.1 自然-人文-景观复合价值的国家代表性 …… 5
1.2.2 国家重要生态安全屏障的主体地位 …… 6
1.3 推动构建青藏高原人与自然生命共同体 …… 7
第 2 章 国家公园理念与认定标准 …… 9
2.1 国家公园遴选的国际经验 …… 10
2.1.1 国家公园的概念内涵 …… 10
2.1.2 国家公园入选标准 …… 11
2.2 中国国家公园准入条件 …… 15
2.2.1 中国国家公园的发展背景与进程 …… 15
2.2.2 中国国家公园的目标及功能定位 …… 17
2.2.3 中国国家公园准入条件和认定标准 …… 18
第 3 章 国家公园资源价值评估体系 …… 24
3.1 国家公园资源价值体系构建 …… 25
3.1.1 自然价值及其内涵 …… 26
3.1.2 人文价值及其内涵 …… 27
3.1.3 景观美学价值及其内涵 …… 27
3.2 国家公园资源价值评估指标体系 …… 28
3.2.1 自然价值评估指标 …… 29
3.2.2 人文价值评估指标 …… 34
3.2.3 景观美学价值评估指标 …… 37
第 4 章 青藏高原国家公园群的自然-人文基础 …… 39
4.1 青藏高原自然地理格局 …… 40

4.1.1 地形地势……40
4.1.2 地貌类型……41
4.1.3 地貌区划……43
4.2 青藏高原自然生态系统……45
4.2.1 地带性特征……46
4.2.2 生态地理区……49
4.2.3 物种多样性……50
4.2.4 自然保护地体系……54
4.3 青藏高原人文地理特征……58
4.3.1 多民族融合聚居的分布格局……58
4.3.2 民族文化走廊的交汇融合……62
4.3.3 崇拜自然圣境的生态文化……63
4.4 青藏高原自然景观特征……64
4.4.1 山脉高耸……64
4.4.2 冰川广布……65
4.4.3 湖泊密集……66
4.4.4 江河纵横……67
4.5 划定国家公园重点科考区……68
第 5 章 祁连山高山谷地区……70
5.1 祁连山……71
5.1.1 自然价值特征……72
5.1.2 人文价值特征……74
5.1.3 景观美学价值特征……75
5.2 青海湖……76
5.2.1 自然价值特征……76
5.2.2 人文价值特征……78
5.2.3 景观美学价值特征……79
第 6 章 帕米尔-昆仑山高山极高山区……81
6.1 帕米尔-喀喇昆仑……82
6.1.1 自然价值特征……83
6.1.2 人文价值特征……85
6.1.3 景观美学价值特征……86
6.2 昆仑山……87
6.2.1 自然价值特征……88
6.2.2 人文价值特征……89
6.2.3 景观美学价值特征……90
第 7 章 羌塘-三江源高寒草甸草原区……92

7.1 三江源 …… 93
7.1.1 自然价值特征 …… 94
7.1.2 人文价值特征 …… 97
7.1.3 景观美学价值特征 …… 98
7.2 羌塘 …… 100
7.2.1 自然价值特征 …… 100
7.2.2 人文价值特征 …… 102
7.2.3 景观美学价值特征 …… 103
第 8 章 喜马拉雅高山极高山区 …… 105
8.1 珠穆朗玛峰 …… 106
8.1.1 自然价值特征 …… 107
8.1.2 人文价值特征 …… 109
8.1.3 景观美学价值特征 …… 110
8.2 雅鲁藏布大峡谷 …… 111
8.2.1 自然价值特征 …… 112
8.2.2 人文价值特征 …… 114
8.2.3 景观美学价值特征 …… 114
8.3 神山圣湖 …… 116
8.3.1 自然价值特征 …… 116
8.3.2 人文价值特征 …… 118
8.3.3 景观美学价值特征 …… 119
8.4 札达土林 …… 120
8.4.1 自然价值特征 …… 121
8.4.2 人文价值特征 …… 122
8.4.3 景观美学价值特征 …… 124
第 9 章 岷山-横断山森林草甸区 …… 126
9.1 大熊猫栖息地 …… 127
9.1.1 自然价值特征 …… 128
9.1.2 人文价值特征 …… 130
9.1.3 景观美学价值特征 …… 130
9.2 贡嘎山 …… 132
9.2.1 自然价值特征 …… 132
9.2.2 人文价值特征 …… 134
9.2.3 景观美学价值特征 …… 135
9.3 若尔盖湿地 …… 136
9.3.1 自然价值特征 …… 136
9.3.2 人文价值特征 …… 138

9.3.3 景观美学价值特征 ………… 138
第 10 章 南横断山高山峡谷区 ………… 140
10.1 香格里拉 ………… 141
10.1.1 自然价值特征 ………… 142
10.1.2 人文价值特征 ………… 144
10.1.3 景观美学价值特征 ………… 144
10.2 高黎贡山 ………… 145
10.2.1 自然价值特征 ………… 146
10.2.2 人文价值特征 ………… 148
10.2.3 景观美学价值特征 ………… 149
第 11 章 青藏高原国家公园群资源价值评估 ………… 151
11.1 青藏高原国家公园群自然价值评估 ………… 152
11.2 青藏高原国家公园群人文价值评估 ………… 160
11.3 青藏高原国家公园群景观美学价值评估 ………… 164
第 12 章 青藏高原国家公园群潜力区综合评价 ………… 168
12.1 青藏高原国家公园资源价值综合评价 ………… 169
12.2 青藏高原国家公园潜力区全球对比 ………… 171
12.3 青藏高原国家公园潜力区核心价值 ………… 175
第 13 章 青藏高原国家公园群科学保护利用 ………… 181
13.1 基于多目标协同的国家公园分区模式 ………… 182
13.1.1 管控分区 ………… 182
13.1.2 功能分区 ………… 183
13.1.3 “管控-功能”二级分区 ………… 184
13.2 不同价值主导型的国家公园分区管控 ………… 185
13.2.1 自然生态系统类国家公园分区管控 ………… 185
13.2.2 物种和栖息地类国家公园分区管控 ………… 190
13.2.3 自然景观类国家公园分区管控 ………… 193
13.2.4 综合保护类国家公园分区管理 ………… 195
13.3 青藏高原国家公园群保护利用建议 ………… 197
13.3.1 科学保护资源价值 ………… 197
13.3.2 转变游憩利用方式 ………… 198
13.3.3 引导公众广泛参与 ………… 199
13.3.4 促进社区共管共建 ………… 200
参考文献 ………… 202
附录 国家公园科考队考察日志 ………… 210

第1章

总　论

青藏高原被誉为“世界屋脊”“地球第三极”“亚洲水塔”，是我国乃至亚洲的重要生态安全屏障区和全球生物多样性保护热点区。党的十八大以来，习近平总书记多次就青藏高原生态保护作出重要指示批示，强调“保护好青藏高原生态就是对中华民族生存和发展的最大贡献”“把青藏高原打造成为全国乃至国际生态文明高地”。建设青藏高原国家公园群是推进青藏高原自然生态保护、建设美丽中国重要展示窗口、促进人与自然和谐共生的重要举措。以青藏高原生态安全屏障建设为核心，开展国家公园群潜力区科学考察与综合评价研究，是贯彻落实习总书记和党中央重要指示要求的具体行动，是青藏高原在大尺度空间实现可持续发展需要解决的科学问题。科考成果将为建设以国家公园为主体的自然保护地体系、优化青藏高原生态安全屏障体系提供重要的科技支撑，事关国家生态安全与青藏高原可持续发展，具有重要的科学意义。

1.1 系统认识国家公园建设理念和科学内涵

建立国家公园体制是党中央、国务院作出的重大决策部署，是习近平生态文明思想的生动实践，是中国推进自然生态保护、建设美丽中国、促进人与自然和谐共生的重要举措。2017 年、2019 年中共中央办公厅 国务院办公厅先后印发《建立国家公园体制总体方案》和《关于建立以国家公园为主体的自然保护地体系的指导意见》，明确了国家公园的概念内涵和功能定位。本次科考任务坚持“生态保护第一、国家代表性、全民公益性”的中国国家公园理念，高质量推进青藏高原国家公园群建设。与此同时，青藏高原国家公园群潜力区资源价值评估科考任务的执行过程也是对国家公园科学内涵再认识的实践过程。

1.1.1 生态保护第一

国家公园建设是一项重大生态保护战略举措，建立国家公园的目的是保护自然生态系统的原真性、完整性，始终突出自然生态系统的严格保护、整体保护、系统保护，把最应该保护的地方保护起来，世代传承，给子孙后代留下珍贵的自然遗产。国家公园在维护国家生态安全关键区域中发挥首位作用，在保护最珍贵、最重要生物多样性集中分布区中处于主导地位，国家公园保护价值和生态功能在全国自然保护地体系中位于主体地位。

生态系统原真性保护，就是保护国家公园原始的森林、草地、湿地、荒漠生态系统及冰川、峡谷、湖泊等自然景观，保护各种珍稀濒危的野生动植物及其栖息地等。实行最严格的保护，强调保护并长期维持自然界的本来面貌，生态系统与生态过程大部分保持自然特征和进展演替状态，自然力在生态系统和生态过程中居于支配地位；处于原生状态或自然状态及具有恢复至自然状态潜力的区域面积占比大。

生态系统完整性保护，强调自然生境完整，能够有效保护生物多样性，有效维持伞护种和旗舰种等种群生存繁衍；突出生态系统空间格局完整，确保国家公园面积和规模应能基本维持自然生态系统结构和大尺度生态过程的完整状态，生态系统功能处于稳定状态。将国家公园内的冰川、森林、草原、湿地、河湖、荒漠、田园等生态系统看作有机联系的整体，从生态角度出发，尊重自然规律，整合自然保护空间，实现重要自然生态跨行政区域、跨流域的整体保护，更大力度推进“山水林田湖草沙冰”一体化保护和系统治理，全面提高自然生态系统的质量和稳定性。

国家公园是我国生态价值最高、保护等级最高和保护强度最高的自然保护地，“生态重要性”是国家公园最为核心的功能。优先考虑维护国家生态安全的需要，国家公园生态区位极为重要，地带性生物多样性极为富集，生态服务功能显著，位于我国生态安全战略格局的关键区域，对构建全国生态安全屏障发挥着重要的战略支撑作用；生态系统脆弱，可能面临气候变化或栖息地丧失等风险，迫切需要采取严格的管理措施来保持其有效性、维持生物多样性与生态系统的完整性。

1.1.2 国家代表性

国家公园是我国自然生态系统最重要、自然景观最独特、自然遗产最精华、生物多样性最富集的部分。国家公园是在各类自然保护地中遴选整合而成，既具有极其重要的自然生态系统，又拥有独特的自然景观和丰富的科学内涵，国民认同度高。国家公园坚持国家所有，具有国家象征，代表国家形象，彰显中华文明。

“国家代表性”在国家公园遴选中极其重要，强调体现具有国家代表性乃至全球价值的自然生态系统，即生态系统的典型性具有国家意义，代表国家形象，包括各地带性的顶级群落、中国特有生态系统，以及需要优先保护的生态系统类型；物种国家代表性，则强调国家公园应是中国特有和重点保护野生动植物物种的集聚区，通过保护具有国家象征的旗舰物种、伞护物种，促进公众对生物多样性保护和国家公园建设的关注。景观独特性，强调把“最美国土”纳入国家公园体系，国家公园拥有全国乃至全球意义的自然精华景观。

国家公园的建设和管理由国家主导，体现国家事权、国家管理、国家立法、国家维护。坚持国家立场，体现国家利益，国家公园的设立须符合国家的整体利益和长远利益，大尺度保护国土生态安全屏障的关键区域。通过创新自然生态保护体制，对跨行政区域、大尺度的自然空间进行统筹规划，整合各类各级自然保护地，破解部门、地方利益与行政体制的分割，有效解决交叉重叠、多头管理的碎片化问题，建立统一规范高效的管理体制，整体提升我国自然生态系统保护水平。

国家公园是所在自然生态地理区域的典型代表，具有无与伦比的“四最”核心保护价值。彰显国家公园基本理念、坚持国家公园功能定位、体现国家公园引领作用、突出我国自然保护的基本国情要求，在全面分析青藏高原自然地理格局、生态功能格局、典型自然景观特征的基础上，开展自然生态地理区划和自然保护关键区研究，按照自然生态地理单元的特征，进行自然保护关键区域国家代表性、生态重要性评价，评估识别一批具有国家象征性、国民认同度高、拥有独特自然景观和丰富科学内涵的国家公园群潜力区，推动形成科学适度有序的国土空间保护格局，服务国家发展战略，构建人与自然和谐共生的地球家园。

1.1.3 全民公益性

国家公园坚持全民共享，着眼于提升生态系统服务功能，开展自然环境教育，为公众提供亲近自然、体验自然、了解自然以及作为国民福利的游憩机会。鼓励公众参与，调动全民积极性，激发自然保护意识，增强民族自豪感。

国家公园建设的主要任务是保护具有国家代表性的自然生态系统，实现自然资源的科学保护和合理利用，同时为全社会提供科研、教育、体验、游憩等公共服务。国家公园是在严格保护生态系统和自然资源的前提下，对较小范围的游憩区进行适度开发利用，为大众提供游憩、科研和教育的场所。国家公园以较小的开发利用空间换取大范围的保护，是一种可以合理解决自然生态保护和资源开发利用关系的管理模式。

国家公园是最好的生态产品，也是最美的自然课堂，还是最有吸引力的生态体验胜地。国家公园依托无与伦比的自然人文资源，构建高品质、多样化的生态产品体系，可以开展自然教育、科普宣传和生态体验，为公众提供更多贴近自然、认识自然、享受自然的机会，传播国家公园文化，增强民族自豪感，增加生态获得感，公众从保护中受益、全民共享生态福利的权利，促进人与自然的和谐共生。

国家公园的周边社区居民是国家公园的守护者，也是国家公园的建设者和生态保护的受益人。在国家公园的建设过程中，应该充分考虑当地社区的福祉，增设生态公益岗位，为周边社区提供就业机会。加大对周边社区政策扶持、资金扶持和技能培训，发挥生态管护员、生态护林员等连接国家公园和社区的纽带作用，培养国家公园社区新型产业带头人，帮助社区居民树立生态保护意识，在参与国家公园建设的同时找到生态友好型发展路径。

1.2 科学评估青藏高原国家公园群建设潜力

青藏高原复杂多样的生境类型孕育了丰富的物种多样性，是世界生物多样性保护的热点地区、珍稀野生动物的天然栖息地和高原物种基因库，是中国乃至亚洲重要的生态安全屏障。青藏高原自然生态系统具有极高的完整性和原生性，人文生态系统保持着自身的完整性和独特性，自然景观与人文景观丰富多样，大尺度景观美学价值突出，具备建设成为全球集中度最高、覆盖地域最广、品质上乘、特色鲜明的国家公园群的潜力和优势。在深入调查青藏高原自然生态地理单元格局、典型自然-人文景观特征的基础上，评估识别一批具有国家象征性、国民认同度高、拥有独特自然景观和丰富科学内涵的国家公园潜力区，系统保护国家生态重要区域和青藏高原典型自然生态空间，推动“山水林田湖草沙冰”生命共同体的完整性保护，推动形成人与自然和谐共生、科学适度有序的国土空间保护格局，为实现青藏高原经济社会可持续发展奠定生态根基。

1.2.1 自然-人文-景观复合价值的国家代表性

青藏高原是世界上面积最大、海拔最高、年代最新的巨型地貌单元，巨大山系与高位盆地谷地构成了地球上最独特的地质-地理-生态单元。青藏高原纵横分布的巨大山系和山脉构成了高原地貌的骨架，形成了全球中低纬度地区规模最大的现代冰川分布区；独特的地貌单元和复杂多样的生境类型孕育了众多的特有与珍稀动植物物种，是陆地上高寒生态系统、特有与珍稀野生动植物物种的集中分布区，形成了全球具有高海拔特征的生态系统和物种多样性中心，是珍稀野生动物的天然栖息地和高原物种基因库，是全球生物多样性保护的关键区。青藏高原以三江源、羌塘、珠穆朗玛峰、雅鲁藏布大峡谷等为主体，结合高原边缘的大熊猫、祁连山、帕米尔-昆仑山等自然保护地，形成了全球生态价值最高、生物多样性最丰富、地域覆盖范围最广的生物多样性保护优先区。三江源国家公园是长江、黄河、澜沧江的发源地，被誉为“中华水塔”，是世界海拔最高、面积最大的高寒湿地、高寒草甸、高寒草原集中分布区的典型代表，是青藏高原高寒生物物种的资源库和基因库。大熊猫国家公园是中国特有珍稀濒危物种丰富度最高的集中分布区，有全球最大的大熊猫种群和面积最大的大熊猫栖息地。珠穆朗玛峰区域是世界第一高峰和全球极高峰聚集区，极高山生态系统是世界上海拔最高、相对高差最大的生物多样性热点地区。羌塘是中国高原现代冰川分布最广的地区，是世界高海拔湖泊群集中分布区、高原湿地生态系统的典型代表，是中国大型珍稀濒危高原野生动物的密集分布区。雅鲁藏布大峡谷是青藏高原最大的水汽通道，发育了规模最大的海洋性冰川群，形成了完整的山地垂直生态系统组合系列，是山地生物资源基因宝库。帕米尔-喀喇昆仑是世界最大构造山结和全球第二大极高峰聚集区，是亚欧内陆腹地干旱极高山区山岳冰川的典型代表，昆仑山独特原始的高原生态系统是高原野生动物基因库，物种多样性非常丰富。祁连山是中国西部“湿岛”和重要生态安全屏障、世界高寒种质资源库和野生动物迁徙的重要廊道。

青藏高原特有的生态环境和复杂多样的地理条件，使长期生活在青藏高原的各族人民创造的极具地域特色、多元、绚丽、古朴的传统地域文化得以保留，民族文化、历史文化具有极高的价值。青藏高原居住的各民族因其生活的地理环境、气候条件、生产方式等差异，在历史的演化中逐步形成了各民族独具特色、多姿多彩的文化底蕴。青藏高原历史文化悠久绵长，形成了古象雄文明、昆仑文化、河湟文化、格萨尔文化、康巴文化、雅隆文化、吐蕃文化等典型代表，灿烂的文化沉淀了丰富且珍贵的文物古迹，历史人文景观丰富，是重要的中华民族特色文化保护地。三江源、大熊猫、祁连山和香格里拉区域是多元民族文化融合的典型区，各民族文化交汇但又保持着各自的民族独特性，传统村落与自然环境相融相生，民族文化艺术绚丽多彩，人文景观丰富多元且极具特色。札达土林区域遗留的大量人文遗迹是古象雄文明和多元文化融合的重要历史见证，是中华多元文化的远古起源之一。雅鲁藏布大峡谷区域是门巴、珞巴族的聚居区，基于自然崇拜孕育了原始而独特的珞瑜文化，蕴藏着深厚而独特的文化宝藏。帕米尔是世界多种文化的荟萃之地，不同文明的交融留下了丰厚的文化遗产；昆仑文化是华夏文明最重要的源头之一，形成了内容丰富、保存完整、影响深远的文化体系。

青藏高原作为巍峨壮美的自然地理单元被誉为“世界屋脊”，东西向延绵耸立的众多山脉构成高原地貌的骨架，山脉顶端终年积雪，冰川广泛发育，孕育中华文明的诸多河流发源于此。山脉之间镶嵌着宽谷和盆地，其间点缀着星罗棋布的湖泊，形成中国最密集的大型湖泊群景观。青藏高原复杂多样的地形地貌和特殊的水热条件，造就了植被景观垂直分布的差异化之美和多姿多彩的自然底色。山地森林、灌丛、高寒草原、高寒草甸和荒漠等多种陆地生态系统，与相间分布的湖泊、沼泽等湿地生态系统，构成了青藏高原的景观多样性。雅鲁藏布大峡谷是世界最深最长的河流峡谷，具有我国最完整的山地垂直生态景观组合，是东喜马拉雅南麓湿润山地综合自然景观美的突出代表。札达土林是世界上最典型、保存最完整、分布面积最大的新近系地层风化土林，形态万千、气势恢宏，在中国乃至世界都堪称奇观。香格里拉区域在短距离内浓缩了雪山、冰川、峡谷、湖泊、河流、森林、草甸等自然景观，是世界上罕见奇特自然景观最为丰富多样的地区之一。

1.2.2 国家重要生态安全屏障的主体地位

青藏高原是我国“两屏三带”生态安全战略格局的重要组成部分，在我国气候系统稳定、水源涵养、生物多样性保护、碳收支平衡等方面具有重要的生态安全屏障作用(姚檀栋等，2017)。青藏高原是我国重要的战略资源储备基地和高寒生物种质资源宝库，是我国乃至全球维持气候稳定的“生态源”，在维护国家生态安全、维系中华民族永续发展过程中具有不可替代的特殊地位。青藏高原高寒环境下发育的生态系统非常脆弱，对全球气候变化和人类活动响应十分敏感，是亚洲乃至北半球气候变化的“感应器”。国家公园是我国生态安全屏障的关键区域，是国家生态安全屏障体系的核心部分，在维护国家生态安全中居于首要地位。建立青藏高原国家公园群有助于优化青藏高原生态安全屏障体系，协调生态脆弱区域的生态、生产和生活空间结构，支撑青藏高原绿色高质量发展。

青藏高原是全球中低纬度地区规模最大的现代冰川分布区，是除南北极地区之外全球最重要的冰川资源富集地；是中国现代冰川集中分布地区，发育有现代冰川 36 793 条，占中国冰川总数的 79.4%；冰川面积 49 873.44 km^2，占中国冰川总面积的 84.0%；冰储量约 4 560 km^3，占中国冰川总储量的比例超过 80%(郑度和赵东升，2017)。青藏高原是长江、黄河、澜沧江、恒河、印度河等亚洲大江大河的发源地，被称为“亚洲水塔”，其水源滋养着全球总人口的 1/3，直接关系到中下游区域人民的福祉。青藏高原拥有世界上海拔最高、面积最大、数量最多的高原内陆湖群，湖泊数量约占全国的 1/3，总面积约占全国湖泊总面积的 46%；面积大于 10 km^2 的湖泊有 346 个，水面 1 km^2 及以上的湖泊约 1 400 个(张国庆等，2022)，是我国乃至亚洲水资源产生、存储和运移的战略要地。

青藏高原独特的自然环境格局与复杂多样的生境类型，孕育了丰富的物种多样性，是全球珍稀、濒危、特有动植物物种原地保护的重要区域和高寒生物自然种质资源库。青藏高原有维管植物 14 634 种，约占中国维管植物的 45.8%，是中国维管植物最丰富和最重要的地区；青藏高原记录有脊椎动物 1 763 种，约占中国脊椎动物的 40.5%(蒋志刚等，2016)。青藏高原特有脊椎动物 494 种，占脊椎动物物种数的 28.0%；青藏高原特有种子植物共有 3 764 种，占中国特有种子植物的 24.9%，隶属于 113 科 519 属(于海彬等，2018)。青藏高原珍稀濒危物种包括国家一级保护动物 38 种，占全国一级保护动物 36.7%；二级保护动物 85 种，占全国二级保护动物的 46%(郑度和赵东升，2017)。

青藏高原以国家公园为主体的自然保护地体系，对于濒危、旗舰和关键物种的保护起到至关重要的作用。羌塘、可可西里区域的高原旗舰物种藏羚羊近 5 年实现恢复性增长，其野外种群数由 1995 年约 6 万只上升到目前 20 万只左右(傅伯杰等，2021)；三江源区域的藏原羚、藏野驴、白唇鹿和野牦牛等有蹄类物种数量恢复成效显著，雪豹、棕熊等食肉动物数量增长；黑颈鹤种群数量由 2 000 余只上升到 8 000 余只，濒危等级由易危(VU)调整为近危(NT)，雅鲁藏布江中游河谷、若尔盖大草原成为全球最大的黑颈鹤越冬地；环青海湖地区共观测记录到普氏原羚 2 057 只，超过 1988 年同期观测的 4 倍；雪豹、野牦牛、滇金丝猴等多种动物的种群数量稳步增加。大熊猫国家公园将四川、陕西、甘肃三省野生大熊猫密集区域及大熊猫局域种群的廊道和走廊带都划入国家公园范围，实行完整保护，将原来分属不同部门、不同行政区域的自然保护地连为一体，解决了原来各个保护地之间互不联通、存在保护空缺的问题，实现了大熊猫栖息地生态系统的整体保护。

1.3 推动构建青藏高原人与自然生命共同体

实行国家公园体制，高质量推进国家公园建设，是适应生态文明和美丽中国建设的需要，是对接国土空间治理和维护国土生态安全的需要，是增加高品质生态产品供给的迫切需要，是推动绿色发展、促进人与自然和谐共生的有效实践。建设青藏高原国家公园群是打造中国乃至国际生态文明新高地的标志工程，是推进青藏高原自然生态保护、建设美丽中国重要展示窗口、促进人与自然和谐共生的重要举措。坚持“生态保护第一、国家代表性、全民公益性”的发展理念，高质量推进青藏高原国家公园群建设，对国家代表性生态系统实行严格保护，实现生态保护、绿色发展、民生改善相统一，全力打造“美丽中国”的靓丽名片，推动实现人与自然和谐共生。

国家公园是“最美国土”，自然景观最独特，自然遗产最精华，具有无与伦比的文化和景观价值，是开展自然教育、科普宣传、生态体验的绝佳场所。遵循严格保护要求，在国家公园的一般控制区为全社会提供科普教育、自然体验、生态游憩等公共服务，为公众提供多种优质生态产品，同时激发人民群众的生态保护意识，增强生态文明观念，推动国家公园共建共享、世代传承。合理安排当地人民的生产生活，推动生态惠民、生态利民、生态为民，增进绿色福利和生态福祉，满足各族人民群众对高品质生态产品供给的迫切需要，不断增强社区居民对国家公园的认同感、归属感，逐步形成绿色、低碳、循环的生产生活方式，成为“绿水青山就是金山银山”的生动实践。

国家公园建设始终坚持生态优先、绿色发展、顺应人与自然和谐共生的相处之道。青藏高原国家公园群建设以满足生态文明和国家生态安全屏障建设需求为前提，在自然和人文生态系统保护优先的基础上，合理挖掘自然景观和生态体验价值、树立国家公园品牌。借助国家公园的品牌效应，促进自然和文化资本增值，提升自身“造血”功能，提升人民福祉水平。国家公园能够有效地处理人与自然、发展与保护的关系，通过空间整合、机构整合等手段，实现“大部分保护、小部分开发”，通过小部分区域的开发利用，实现生态保护和经济发展的双赢。提高资源利用效率，减少无序、粗放开发，最终实现经济、社会、环境的统一协调发展。

青藏高原国家公园群通过个体特色化、定位差异化和整体有序化，在特定地理单元形成稳定的功能组织，采用连片保护、整合发展的模式有效解决斑块化、碎片化保护问题，为大尺度自然生态系统完整性保护和区域协调发展发挥重要作用。通过国家公园多元功能的协调发展，重构青藏高原地区的生态、生产和生活空间结构，建立合理有序的人地关系，实现青藏高原地区的可持续发展。探索创新以国家公园建设为引领的区域协调发展新模式，为生态脆弱地区建设人与自然和谐共生提供示范，促进形成以国家公园群为基础的青藏高原生态保护空间格局，引领带动全域生态保护和可持续发展，为建设生态文明、美丽中国和人与自然和谐共生奠定生态根基。

第2章

国家公园理念与认定标准

国家公园已逐渐成为国际社会普遍认同的自然生态保护模式，世界各国根据本国资源特色和基本国情，进行了不同程度的实践探索，保护思想和管理模式逐步演化发展。党的十八届三中全会提出“建立国家公园体制”以来，我国紧紧围绕生态文明和美丽中国推进国家公园建设，通过组织试点、总结经验、加强顶层设计和制定相关标准，在体制改革、体系构建、机构设置、布局方案、管理制度、边界划定、管控分区等方面给与指导，总体朝着统一、高效和规范的方向发展。第一批国家公园的正式设立，标志着我国国家公园体制重大制度创新落地生根，为全面推进国家公园体制建设奠定了坚实基础。在总结国家公园遴选的国际经验和我国国家公园体制试点经验的基础上，科学评估识别青藏高原国家公园潜力区，确立青藏高原国家公园群在维护国家生态安全关键区域中的首要地位，为优化青藏高原生态安全屏障体系提供重要科技支撑，向世界展示国家公园建设和生物多样性保护的中国案例。

2.1 国家公园遴选的国际经验

2.1.1 国家公园的概念内涵

美国于 1872 年以国会立法形式建立了全球首个国家公园——黄石公园，被普遍视为国家公园体系规范化的开端。加拿大、澳大利亚、新西兰等国家紧跟其后，于 19 世纪前依次成立班夫、皇家、汤加丽等国家公园。国家公园的发展理念逐渐为西欧发达国家所接受，瑞典、荷兰、西班牙、芬兰等国家也开始建立国家公园，至二战前已经扩展到大部分西方发达国家及其殖民地地区。二战后，独立后的亚非、拉美国家也开始响应全球生态环境保护的大趋势，加入到国家公园全球网络的建设中。经过 150 年的发展，全球 200 多个国家和地区建立了 5 600 多个国家公园，面积超过 400 万 km^2，约占自然保护地的 26%，在保护自然生态系统和自然资源方面发挥了重要作用。

国家公园理念已经在全球范围内得到响应，分布在不同的国家和地区的国家公园，被赋予了不同的内涵(表 2.1)：美国是以自然原野地为特征，欧洲是以人工半自然乡村景观为特征，非洲是以野生动物栖息地为特征。国家公园的概念内涵在各个国家不尽相同，但具有三个方面的共同特点：一是保护价值较高的区域；二是兼顾保护和利用；三是国家对其保护与利用要承担重要责任。

表 2.1　部分国家的国家公园概念内涵

国家/国际组织	国家公园概念
世界自然保护联盟(IUCN)	国家公园是指大面积的自然或接近自然的区域，设立的目的是保护大尺度的生态过程，以及相关的物种和生态系统特性。提供环境和文化兼容的精神享受、科研、教育、娱乐和参观的机会
美国	广义的国家公园即“国家公园体系”，“以建设公园、文物古迹、历史地、观光大道、游憩区为目的的所有陆地和水域”，包括国家历史地、国家战场、国家纪念、国家海滨等
	狭义的国家公园是指拥有丰富自然资源的、具有国家级保护价值的、面积较大且成片的自然区域

续表

国家/国际组织	国家公园概念
加拿大	国家公园是全体加拿大人世代获得享受、接受教育、进行娱乐和欣赏的地方，得到精心的保护和利用，并完好无损地留给后代享用。——《加拿大国家公园法》
澳大利亚	国家公园是以保护和旅游为双重目的、面积较大的区域，建有质量较高的公路，宣传教育中心以及厕所、淋浴室、野营地等设施，尽可能提供各种方便，积极鼓励人们去旅游
新西兰	国家公园是永久地保护新西兰境内罕见的、壮观的或具有科学价值的，能体现国家利益的独特的景观、生态系统或自然特征，目的在于保存其内在价值，供民众使用、游憩并受益。——《新西兰国家公园法》
南非	国家公园是一个提供科学、教育、休闲以及游憩的区域，同时该区域要兼顾环境的保护，并且要让当地与之相关的经济得到发展。——《国家环境管理：保护地法》
德国	国家公园是一种受法律约束的、面积相对较大且有独特性质的自然保护区。——《联邦自然保护法》
英国	国家公园设立的目的：保护与提高国家公园的自然美景，为公众理解与欣赏公园的特殊景观提供机会。
韩国	保护代表性的生态系统和自然/文化景观的、由陆地或海洋组成的自然区域
日本	由政府指定并管理的、具有日本代表性的和世界意义的自然风景地，分为国立公园、国定公园、都道府县立自然公园三类

2.1.2　国家公园入选标准

根据 IUCN 以及国际上典型的国家公园入选标准，总结如表 2.2，分别按照各个国家的国家公园入选标准的重要性递减，依次赋值 5、3、1，不涉及的不赋值。

表 2.2　国家公园遴选标准统计

标准 \ 国家（或国际组织）	IUCN	美国	加拿大	澳大利亚	新西兰	南非	德国	英国	得分/排名
生态保护	5	5	5	5	5	3	3	3	34/1
生态系统完整性	3	3	3	—	1	3	3	—	16/4
生态系统原真性	3	—	—	—	3	—	3	—	9/8
生态系统代表性	3	3	3	3	3	3	—	—	18/3
生物多样性	3	—	—	1	—	3	3	3	13/5
国家代表性	—	3	—	3	3	3	—	—	12/6
足够大的面积	1	3	—	—	3	—	5	—	12/6
具有文化价值	1	1	—	—	—	—	—	3	5/10
公众游憩	3	3	3	5	3	5	1	5	28/2
科学研究价值	3	1	1	1	3	—	1	—	10/7
教育价值	3	1	1	1	—	—	1	—	7/9

在以上国家的国家公园遴选标准中“生态保护”占比最大，说明建立国家公园要坚持保护第一的原则，接下来是“生态系统代表性”“生态系统完整性”“生物多样性”，说明国家公园要选择在具有生态系统完整性、生物多样性和生态系统代表性的区域内；特别是澳大利亚，还明确指出要选择具有国家代表性和国际意义的地区。德国尤其重视建立国家公园地块的面积，建立的面积要相对较大。“公众游憩”在国家公园准入标准中所占比例较大，认为国家公园在保护的前提下要尽可能保证公民的娱乐休闲。

1. IUCN 国家公园入选标准

表 2.3　IUCN 规定的国家公园入选标准

标准	要求
遴选标准	大面积自然或者毗邻自然的陆地或海洋区域，勘界用于保护大规模生态过程及该区域内的物种和生态系统特性；现在及将来一个或多个生态系统的完整性保护；禁止对该区进行不利开发及占用；为环境与文化兼容的精神、科学、教育、游憩和参观活动提供条件
首要目标	保护自然生物多样性及生态结构和其所支撑的环境过程，推动环境教育和游憩
其他目标	通过对自然保护地管理，使地理区域、生物群落、基因资源以及未受影响的自然过程的典型实例尽可能在自然状态中长久生存；维持可长久生存和具有健康生态功能的本地物种的种群和种群集合的足够密度，以保护长远的生态系统完整性和弹性；为生境需求范围大的物种、区域性生态过程和迁徙路线的保护做出特别贡献；对于该自然保护地开展精神、教育、文化和游憩为目的访客进行管理，避免对自然资源造成严重的生态退化；考虑土著居民和当地社区的需要，包括基本生活资源的使用，前提是不影响自然保护地的首要保护目标；通过开展生态旅游对当地经济做出贡献
显著特征	面积很大并且保护功能良好的“生态系统”，也可能需要对自然保护地周边区域进行协同管理；自然保护地应包括主要自然区域以及生物和环境特征或者风景的典型实例，其中的本地的动物和植物物种、栖息地以及地质多样性地点具有特别的精神、科研、教育、游憩价值；自然保护地应具有足够大的面积和生态质量，以维持其正常的生态功能和过程，使当地物种和群落在最低程度的管理干预下，得以在其中长久繁衍生息；生物多样性的组成、结构和功能，在很大程度上保持“自然”状态，或者具有恢复到这种状态的潜力，具有相对较小的受到外来物种的侵袭的风险

2. 美国国家公园入选标准

美国国家公园入选标准主要包括四个方面：国家重要性、适宜性、可行性和国家公园管理局(National Park Service，NPS)的不可替代性，具体的要求如表 2.4 所示。除了要拥有具全国性意义的资源以外，还必须符合适合性和可行性标准。重要的可行性因素包括：土地所有权、获取成本、可进入性、对资源的威胁、管理机构或开发需求。

3. 加拿大国家公园遴选机制

加拿大国家公园遴选机制(Selection of Canadian National Park System，SCNPS)得到了 IUCN 的大力推荐，以自然区域特征和生态代表性为基础，核心是保护加拿大生态系统代表性区域，维持生态系统的完整性。通过国家公园遴选探究加拿大对于国家公园的遴选标准。

表 2.4　美国国家公园入选标准

标准	解释
国家重要性	特定类型资源的杰出代表； 对阐明或解说美国国家遗产的自然或文化主题具有独一无二的价值； 为公众利用、欣赏或科学研究提供了最佳机会； 资源完整性，具备真实性
适宜性	所代表的自然或文化资源是否在国家公园体系中得到充分反映； 所代表的资源类型没有在其他保护体系中得到充分反映； 资源稀有性、用于解说和教育的潜力
可行性	具备足够大的规模和合适的边界保证资源持续、人民享用； 美国国家公园管理局可以通过合理的经济代价对该侯选地进行保护
NPS 的不可替代性	经过评估，清晰地表明候选地由美国国家公园管理局管理是最优选择，别的机构不可替代，否则变成“国家公园体系附属地”

表 2.5　加拿大国家公园评选步骤

遴选步骤	具体要求
确定典型自然景观区域	自然地理区域的评选主要包括六个方面：存在着潜在的对该区域自然环境威胁的因素；此区域的开发利用程度；现存国家公园的分布情况；保护目的；为公众提供游憩机会的数量；原住民的威胁程度。将全国划分为 39 个“自然地理区域” 在自然地理区域中进一步确认典型自然景观区域。确立“典型自然景观区域”涉及两个标准：在野生动物、植被和地质方面具有区域代表性；人类影响最小。典型自然景观区域的选择不受现有土地政策和法规的限制，由国家公园管理局、地方政府、其他联邦机构和有关公众共同确定
选择潜在的公园	在完成典型自然景观区域的选择后，进一步研究：自然区域代表性的质量；支持本地野生动植物物种生存种群的潜力；生态系统的生态完整性；特殊的自然现象，以及稀有、受威胁或濒临灭绝的野生动植物；重要的文化遗产特征或景观；公众了解、教育和享受的机会；相互竞争的土地和资源用途；对本区域生态系统长期可持续性的可能威胁；与本区域其他现有或规划的自然保护区的目标相辅相成；有可能建立一个代表其海洋区域的相邻国家海洋保护区；土著人民权力的适用，与土著人民的权利要求和条约；国家公园的国际标准
评估公园可行性	当为自然区域选定潜在公园区域时，将准备一份新的公园提案，作为详细可行性评估的基础，包括公众咨询。在省或地区政府的直接参与下，并与当地社区、原住民、非政府组织、相关行业、其他政府部门和有关公众协商，现在对上述因素进行了更详细的研究。评估要求：保护该地区的生态系统，并对该地区的土地利用状况进行初步研究；适应本地野生动物物种种群的栖息地要求；包括一个相对不受周围景观影响的未受干扰的地区；维护自然群落和流域的完整性；保护特殊的自然现象和脆弱的、受到威胁的或濒临灭绝的野生动植物；提供让市民了解和欣赏的机会；最小化减少周围区域社会和经济生活可能带来的伤害；包括重要的文化特征和景观，不包括永久社区
新的公园协议	根据加拿大《国家公园法》，国家公园所有权归联邦政府所有，但现实是大部分土地归省有，需要协商来达成协议，将土地管理控制权移交给联邦政府。 新的公园协议主要包括：公园最终的边界；公园土地征用的成本分担；土地转换的细节；传统资源的收获；规划和管理园区及园区周边地区；园区管理委员会的组成和作用
依法建立新公园	协商得到一致协议且土地权属归属联邦政府后，需要通过议会立法正式建立国家公园，让《国家公园法》的一系列规章得到实施。在受未解决的综合土地要求影响的地区，建立国家公园保留地。国家公园的边界和设立情况将在索赔解决后最终确定

4. 新西兰国家公园入选标准

新西兰对国家公园进行分区，主要分为法定分区和事实分区两种。法定分区是根据《国家公园法》对国家公园进行分区，主要分为设施区(amenities areas)、原野区(wilderness areas)、特别保护区(specially protected areas)和托普尼(Topuni)区四种。设施区指国家公园的设施、游客游憩区，设施区设施的新建或扩建也要遵守严格的要求，对国家公园的影响降到最小；原野区指原始自然区域，荒野区的设置一般面积较大，距离较远，设有缓冲地带，不受或者轻微受到人类影响；特别保护区保护本地物种和生态系统或者具有考古或历史文化价值的地点和物体，同时特别保护区对控制公众进入；托普尼区指具有毛利特色的文化所在区。事实分区是在国家公园规划管理过程中形成的，在规划管理园内生物多样性、设施区域以及游客游憩区域时形成分区。

新西兰国家公园的新建、扩建或除名一般要根据《新西兰国家公园法》(1980 年)和《新西兰国家公园一般性政策(2019 年 7 月修正)》规定的标准和程序进行。国家公园管理局对国家公园和其他保护地的愿景是“从山脉延伸到海洋，覆盖新西兰生态系统、自然特征和风景的全面和具有代表性的范围”。

表 2.6　新西兰国家公园标准

项目	具体要求
准入标准	被推荐为国家公园的土地，主要包括国家公园内在价值和公众的利益、使用和享受，包含：具有独特品质的风景，其永久保存符合国家利益；生态系统独特或具有科学重要性，永久保护符合国家利益； 新建国家公园的土地应相对较大，最好是数千公顷，最好包含毗连地区或相关地区；并且应当是自然区域； 主要的自然区域的条件：包含可以恢复或能够自然再生的经过改造的区域，如果国家公园的其他地方没有充分包括具有代表性的生态系统；现有国家公园中没有美景、独特或在科学上重要以至于需要受到保护的特征
新建国家公园的边界，增加或更改国家公园边界的条件	需要保护国家公园内的自然、历史和文化遗产，使其免受国家公园边界以外活动的不利影响，并避免国家公园地位对毗邻土地造成任何潜在的不利影响； 包含国家公园的代表性生态系统、自然特征和风景类型的目标； 包含完整的景观单元； 边界应当是容易识别的自然特征； 准入选择符合保护国家公园价值的需要
国家公园的除名	被除名的土地不具有国家公园价值； 创建一个更符合政策的边界； 为了提高安全性，需要对现有的合法公路或铁路路线进行升级

5. 德国国家公园入选标准

《联邦自然保护法》中规定：

(1) 国家公园是依法划定并按统一标准予以保护的区域。

国家公园的标准：面积大，特征显著，大部分地区呈完整状态；大部分地区能满足自然保护地的标准；大部分地区未遭受或只受到非常有限的人为干扰，或正在或已经恢复到未受干扰的自然状态，可进行自然演替。

(2) 国家公园是在大部分区域确保自然进程，在其自然动态中，以最不受干扰的方式进行。只要与保护目的相符，国家公园也可以用于科学的环境监测、自然教育以及使公众能够体验自然。

(3) 国家公园应以与自然保护区相同的方式进行保护，考虑到其特殊的保护目的以及鉴于其规模大和用于定居的必要的例外情况。

德国国家公园管理质量评估标准中，自然发展标准中对国家公园的标准表达如下。

(1) 国家公园中受保护的区域面积一般应超过园区总面积的 75%，同时确保保护时间在 30 年以上，保证对自然进程最小的干扰以及进行不间断的监测。

(2) 国家公园内存在 1 个或多个生态系统，为了自然生态系统的完整性，国家公园面积应该至少为 1 万 hm^2。

(3) 如果能够实现对生物多样性和生物资源的保护，具有代表性的小面积自然区域也可以被认定为国家公园。

(4) 国家公园内应该包含国家级重要自然栖息地，大部分生态系统具有较高的自然度和生物多样性。

但德国现存的 16 个国家公园也不是全部满足标准，所以 2002 年《联邦自然保护和景观保存法》的修订中，提出“发展中的国家公园”，意为在国家公园建立时不满足相关条件但要有发展计划。

建立国家公园确保范围内的大部分区域能维持自然演替状态，不受人类干扰。另外，国家公园还包括提供环境科研观察、自然历史教育、公众体验等服务功能；各州可以适度调整国家公园的面积和居民定居等标准，使得国家公园能够获得与自然保护地同等程度的保护。

2.2　中国国家公园准入条件

2.2.1　中国国家公园的发展背景与进程

自 1956 年建立第一个自然保护区以来，我国自然保护事业迅速发展，建立了包括自然保护地、风景名胜区、森林公园、湿地公园、地质公园等多种类型的保护地，总数量达到 1.18 万个，约占我国陆域国土面积的 18%。为彻底解决各类保护地范围交叉重叠、多头管理、边界不清、权责不明等问题，十八届三中全会通过的《中共中央关于全面深化改革若干重大问题的决定》首次提出建立国家公园体制，理顺管理体制，创新运行机制，强化监督管理，完善政策支撑；形成了政府主导、全民参与、多边治理、合作共赢的机制，积极推动建立以国家公园为主体、自然保护区为基础、各类自然公园为补充的自然保护地体系，确保重要自然生态系统、自然遗迹、自然景观和生物多样性得到系统性保护，提升生态产品供给能力，维护国家生态安全，为建设美丽中国、实现中华民族永续发展提供生态支撑。

1. 国家公园的探索阶段(1982—2014 年)

“国家公园”一词最早出现在我国风景名胜区制度之中，在建设部 1982 年发布的《风景名胜区规划规范》中对于国家级风景区的翻译为：national park of China。2006 年，云南省率先在普达措、丽江老君山、西双版纳等地方探索试点国家公园建设。2007 年党的十七大报告首次提出生态文明建设，但两者并没有明确关联起来。2008 年，国家林业局正式批复云南省开展国家公园建设试点，但这种探路没有在体制和管理方式上进行彻底根本上变革。2013 年 11 月 12 日，党的十八届三中全会通过《中共中央关于全面深化改革若干重大问题的决定》，在“生态文明制度建设和国土空间开发保护”一节中提出“划定生态保护红线。坚定不移实施主体功能区制度，建立国土空间开发保护制度，严格按照主体功能区定位推动发展，建立国家公园体制”。这说明，我国国家公园建设重在体制，且是生态文明建设的重要内容。

2. 国家公园体制试点阶段(2015—2021 年)

2015 年 1 月，国家发改委、环境保护部等 13 部委联合发布《建立国家公园体制试点方案》，明确了体制建设内容和试点省份； 9 月中共中央、国务院印发《生态文明体制改革总体方案》，专节定位了国家公园。2016 年起，陆续开展了东北虎豹、祁连山、大熊猫、三江源、海南热带雨林、武夷山、神农架、普达措、钱江源、南山等 10 处国家公园体制试点。2017 年 9 月，由中共中央办公厅、国务院办公厅印发的《建立国家公园体制总体方案》，提出要建成统一、规范、高效的中国特色国家公园体制。党的十九大报告更明确提出“建立以国家公园为主体的自然保护地体系”。2018 年《深化党和国家机构改革方案》提出：“组建国家林业和草原局，加挂国家公园管理局牌子”，由此实现了对自然保护地的统一管理。国家公园管理局的成立，与“十三五”规划纲要提出的“整合设立一批国家公园”和《三江源国家公园总体规划》提出的“2020年建成国家公园”一起，促使国家公园体制建设开始落地。

2019年出台的《关于建立以国家公园为主体的自然保护地体系的指导意见》提出建立分类科学、布局合理、保护有力、管理有效的，以国家公园为主体、自然保护区为基础、各类自然公园为补充的中国特色自然保护地体系。2020 年自然资源部、国家林业和草原局出台《关于做好自然保护区范围及功能分区优化调整前期有关工作的函》指导自然保护区优化调整，同时对各类自然保护地进行整合优化。党的十九届五中全会再次要求“坚持山水林田湖草系统治理，构建以国家公园为主体的自然保护地体系”。2020年国家林业和草原局组织第三方对 10 个国家公园体制试点区任务完成情况开展评估验收，国家公园被第三方评价为“生态文明体制改革中整体进展最快、制度改革最系统的领域”。

2021 年 10 月，国家主席习近平在《生物多样性公约》第十五次缔约方大会领导人峰会发表主旨讲话时指出，中国正式设立三江源、大熊猫、东北虎豹、海南热带雨林、武夷山等第一批国家公园，保护面积达 23 万平方公里，涵盖近 30%的陆域国家重点保护野生动植物种类。第一批国家公园正式设立，表明我国国家公园体制试点目标任务已基本完成，并在统一管理机构、健全法治保障、完善资金机制、推进共建共享、提升能力建设、促进合作交流等方面做出了大量卓有成效的工作，为全面推进国家公园体制建设奠定了坚实基础，有望在绿色发展理念指导下迈上新的台阶。《中共中央关于党的百年奋斗重大成就和历史经验的决议》将“建立以国家公园为主体的自然保护地体系”作为重大工作成就写入其中。按照《国家公园空间布局方案》，未来我国将建立 50 个左右的国家公园，将成为生态文明、美丽中国建设之路的引领者。

2.2.2 中国国家公园的目标及功能定位

2017 年 9 月中共中央办公厅、国务院办公厅印发的《建立国家公园体制总体方案》和 2019 年 6 月中共中央办公厅、国务院办公厅印发的《关于建立以国家公园为主体的自然保护地体系的指导意见》中，关于国家公园的重要内容如下所示。

国家公园：是指由国家批准设立并主导管理，边界清晰，以保护具有国家代表性的大面积自然生态系统为主要目的，实现自然资源科学保护和合理利用的特定陆地或海洋区域。

国家公园体制改革的目标：建立统一规范高效的中国特色国家公园体制，交叉重叠、多头管理的碎片化问题得到有效解决，国家重要自然生态系统原真性、完整性得到有效保护，形成自然生态系统保护的新体制新模式，促进生态环境治理体系和治理能力现代化，保障国家生态安全，实现人与自然和谐共生。

建立国家公园体制的具体目标：到 2020 年，建立国家公园体制试点基本完成，整合设立一批国家公园，分级统一的管理体制基本建立，国家公园总体布局初步形成。到 2030 年，国家公园体制更加健全，分级统一的管理体制更加完善，保护管理职能明显提高。

建立国家公园的目的：保护自然生态系统的原真性、完整性，始终突出自然生态系统的严格保护、整体保护、系统保护，把最应该保护的地方保护起来。

国家公园定位：国家公园是我国自然保护地最重要类型之一，属于全国主体功能区规划中的禁止开发区，纳入全国生态保护红线区域管控范围，实行最严格的保护。

国家公园的功能：国家公园的首要功能是重要自然生态系统的原真性、完整性保护，同时兼具科研、教育、游憩等综合功能。

面对全球生物多样性丧失和生态系统退化，中国秉持人与自然和谐共生理念，坚持保护优先、绿色发展，不断推进自然保护地建设，启动国家公园体制试点，构建以国家公园为主体的自然保护地体系，明确了生物多样性保护优先区域，保护了重要自然生态系统和生物资源，在维护重要物种栖息地方面发挥了积极作用。

2.2.3 中国国家公园准入条件和认定标准

1. 相关遴选方法论述

在《建立国家公园体制总体方案》和《关于建立以国家公园为主体的自然保护地体系的指导意见》发布以后，相关学者对国家公园的遴选和准入标准研究主要从两个方面进行：一是"生态保护第一、国家代表性和全民公益性"和"生态系统的原真性和完整性"；二是基于对自然资源基础、环境状况、开发利用条件等构建遴选指标开展评价优选。

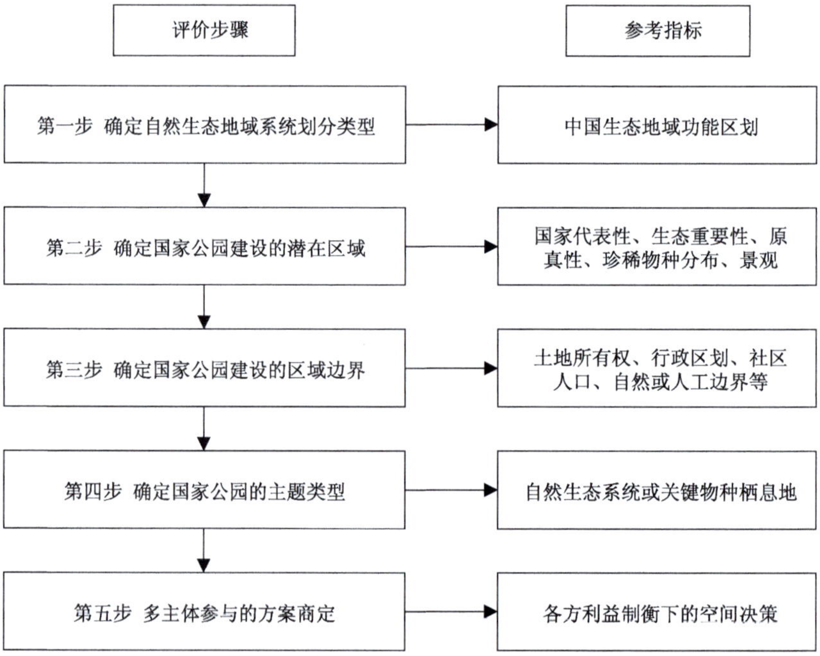

图 2.1 国家公园遴选的渐进式评价步骤和参考指标(虞虎等，2019)

杨锐从国家公园定义、设立原则等方面提出要依据中国特色设立具有国家代表性、原真性、完整性和适宜性的国家公园(杨锐，2018)。代云川等对生态系统完整性评价方法进行总结分析，为国家公园建设遴选标准提供参考(代云川等，2019)。虞虎、钟林生提出与加拿大国家公园遴选方案类似的"全局评价、类型比较"的渐进式评价方法(虞虎和钟林生，2019)。杜傲基于国外国家公园遴选的标准，结合我国的国情和自然资源状况，认为在我国国家公园的建设中要保护具有国家代表性的生态系统和自然景观，同时要具有全民公益性(杜傲等，2020)。赵志聪提出面向管理的国家公园的原真性与完整性概念，并据此构建国家公园原真性与完整性评价框架(赵志聪和杨锐，2021)；要建立以国家代表性、完整性、原真性为主的评价指标体系和标准，可以采取基于生态区划的国家公园建设模式。

唐芳林以国家公园的保护、科研、游憩、教育和经济发展 5 个功能为主导建立国家公园效果评价体系(唐芳林等，2010)。刘亮亮对保护地资源基础、环境状况、保护管理条件和开发利用条件进行评价，从而确立国家公园评价标准(刘亮亮，2010)。罗锦华对国外国家公园评价标准和国内现行其他自然保护地评价标准进行分析，将中国国家公园准入评价标准主要集中在自然条件、保育条件、开发条件和制度条件四个方面(罗金华，2015)。王梦君等分析各国对国家公园的设置条件，认为我国国家公园应具有资源条件优越、建设条件完备、管理条件有效三大设置条件，具体来说，就是典型性、独特性、感染力、面积适宜性、可进入性和管理的有效性(王梦君等，2014)。田美玲等依据 1974 年 IUCN 对国家公园的定义，将国家公园的准入标准概括为面积、资源级别、人类足迹指数和功能全面性四个方面进行综合评价(田美玲和方世明，2017)。杨凌云对辽宁省国家公园备选试点的遴选从资源条件、国家公园建设的适宜性和可行性方面进行(杨凌云，2019)。我国在遴选国家公园时，要彰显“坚持生态保护第一、国家代表性、全民公益性”的基本理念，体现国家公园体制精神，突出自然保护的基本国情。

2. 国家标准准入条件解读

2017 年 9 月、2019 年 6 月，中共中央办公厅、国务院办公厅先后印发《建立国家公园体制总体方案》和《关于建立以国家公园为主体的自然保护地体系的指导意见》，明确提出要制定国家公园设立标准。2020 年 12 月，在国家市场监督管理总局、国家标准化管理委员会大力支持下，《国家公园设立规范》等 5 项国家标准正式发布，为第一批国家公园的正式设立、构建统一规范高效的中国特色国家公园体制提供了重要支撑。

(1)准入条件

——国家代表性：具有国家代表意义的自然生态系统，或中国特有和重点保护野生动植物物种的集聚区，且具有全国乃至全球意义的自然景观和自然文化遗产的区域。

——生态重要性：生态区位极为重要，能够维持大面积自然生态系统结构和大尺度生态过程的完整状态，地带性生物多样性极为富集，大部分区域保持原始自然风貌，或轻微受损经修复可恢复自然状态的区域，生态服务功能显著。

——管理可行性：在自然资源资产产权、保护管理基础、全民共享等方面具备良好的基础条件。

(2)认定标准

国家代表性指标列于表 2.7。

表 2.7　国家代表性指标的具体指标及要求

认定指标	基本特征	认定要求
生态系统代表性	生态系统类型为所处自然生态地理区的主体生态系统类型； 大尺度生态过程在国家层面具有典型性； 生态系统类型为中国特有，具有稀缺性特征	至少符合 1 个基本特征
生物物种代表性	至少具有 1 种伞护种或旗舰种及其良好的栖息环境； 特有、珍稀、濒危物种集聚程度极高，该区域珍稀濒危物种数占所处自然生态地理区珍稀濒危物种数的 50%以上	至少符合 1 个基本特征
自然景观独特性	具有珍贵独特的天景、地景、水景、生景、海景，自然景观极为罕见； 历史上长期形成的名山大川及其承载的自然和文化遗产，能够彰显中华文明，增强国民的国家认同感； 代表重要地质演化过程、保存完整的地质剖面、古生物化石等典型地质遗迹	至少符合 1 个基本特征

生态重要性指标列于表 2.8。

表 2.8　生态重要性指标的具体指标及要求

认定指标	基本特征	认定要求
生态系统完整性	生态系统健康，包括大面积自然生态系统的主要生物群落类型和物理环境要素； 生态功能稳定，具有较大面积的代表性生态系统，植物群落处于较高演替阶段； 生物多样性丰富，具有较完整的动植物区系，能够维持伞护种、旗舰种等种群生存繁衍，或具有顶级食肉动物存在的完整食物链或迁徙洄游动物的重要通道、越冬(夏)地或繁衍地	至少符合 1 个基本特征
生态系统原真性	处于自然状态及具有恢复至自然状态潜力的区域面积占比不低于 75%； 连片分布的原生状态区域面积占比不低于 30%	至少符合 1 个基本特征
面积规模适宜性	西部等原生态地区，可根据需要划定大面积国家公园，对独特的自然景观、综合的自然生态系统、完整的生物网络、多样的人文资源实行系统保护； 东中部地区，对自然景观、自然遗迹、旗舰种或特殊意义珍稀濒危物种分布区，可根据其分布范围确定国家公园范围和面积	同时符合 2 个基本特征

管理可行性指标列于表 2.9。

表 2.9　管理可行性指标的具体指标及要求

认定指标	基本特征	认定要求
自然资源资产产权	全民所有自然资源资产占主体； 集体所有自然资源资产具有通过征收或协议保护等措施满足保护管理目标要求的条件	至少符合 1 个基本特征
保护管理基础	具有中央政府直接行使全民所有自然资源资产所有权的潜力； 原则上，人类生产活动区域面积占比不大于 15%，人类集中居住区占比不大于 1%，核心保护区没有永久或明显的人类聚居区(有成边等特殊需求除外)，人类活动对生态系统的影响处于可控状态，人地和谐的生产生活方式具有可持续性	至少符合 1 个基本特征
全民共享潜力	自然本底具有很高的科学普及、自然教育和生态体验价值； 能够在有效保护的前提下，更多地提供高质量的生态产品体系，包括自然教育、生态体验、休闲游憩等机会	同时符合 2 个基本特征

3. 国家公园体制试点区资源价值

从生物生态、地质地貌、人文价值以及景观美学等方面，对国家公园体制试点区，对比分析典型性、代表性和独特性等方面的特征，主要表现在以下几个方面：

——在全球、全国或生物地理区中具有代表性的或重要价值的自然生态系统。

——在全球、全国或地球演化历史上有重要地学意义的地质遗迹或地貌类型，属世界稀有、国内仅有或极特殊的地质遗迹和地貌景观。

——在全球、全国或区域有重要科学和保护价值的自然景观、人文景观或自然文化遗产。

结合我国国家公园体制试点区的遴选标准、资源价值等特征，国家公园体制试点区资源价值存在以下共同点：①生态系统原真性和完整性保持较好，维持生态系统服务功能能力强；②是生物多样性关键区，是野生动植物重要栖息地和适宜生境区；③历史人文价值和景观美学价值较为突出。

表 2.10　国家公园体制试点区资源价值

国家公园	自然价值	人文价值	景观美学价值
武夷山国家公园	(1)其地质构造是亚洲东部环太平洋带的构造的典型代表； (2)具有世界同纬度带现存最典型、面积最大、保存最完整的中亚热带原生性森林生态系统； (3)是我国生物多样性热点地区和亚热带中山森林保存完好的交汇地带，是我国陆地 11 个具有全球意义的生物多样性保护的关键区之一，而且是整个中国东南部唯一的关键区，是中亚热带野生动植物的种质基因库，是我国著名的动物模式标本产地	保存完好的宗教寺庙、遗址遗迹、摩崖题刻以及影响深远的理学文化、茶文化、宗教文化等，是武夷山国家公园特色文化的最突出体现	(1)我国东南区最为典型的丹霞地貌景观； (2)丰富的地质地貌形态、河流水系塑造了我国同类地貌中山体最秀、类型最多、景观最集中、山水结合最好、视域景观最佳的自然景观区，素有“武夷山水天下奇，千峰万壑皆如画”的美誉
神农架国家公园	保存了地球同纬度地带唯一完好的北亚热带原始森林生态系统，是北半球常绿落叶阔叶混交林生态系统的最典型代表，是全球生物多样性王国、世界地史变迁博物馆、第四纪冰川时期野生动植物的避难所和众多古老孑遗、珍稀濒危、特有生物的栖息地，是中国种子植物特有属三大分布中心之一，神农架川金丝猴是川金丝猴分布最东端的孤立种群，是湖北亚种目前的唯一现存分布地，是南水北调中线工程重要的水源涵养地和三峡库区最大的天然绿色屏障	传承了有汉民族史诗称谓的《黑暗传》，有被誉为“南方丝绸之路”的川鄂古盐道、出土距今约 10 万年前南方哺乳动物群化石和远古人类旧石器遗址等，有原始神秘的野人文化	众多垄断性的世界级景观资源，构成了公园内风格独特的 6 大游憩展示区，分别是以独特的高山景观为特色的神农顶景区、以生态休闲科教科普为特色的官门山景区、以神农文化为特色的神农坛景区、以巴人文化和地质奇观为特色的天生桥景区、以原始森林为特色的天燕景区和以亚高山湿地、高山草甸为特色的大九湖景区

续表

国家公园	自然价值	人文价值	景观美学价值
湖南南山国家公园	(1)是我国“两屏三带”生态安全战略中“南方丘陵山地带”典型代表，是长江流域沅江、资水和珠江流域西江源头及三大水系的分水岭，是南岭山地区域特征的典型代表，，是我国粤港澳大湾区的重要生态屏障； (2)位于全国35个生物多样性保护优先区域和全国14个具有全球意义的陆地生物多样性关键区域内，拥有全球性保护价值的资源冷杉和中国植被类型中的多种珍品；是云豹、林麝、白颈长尾雉、红嘴相思鸟等珍稀动物的重要分布区和栖息地； (3)处于中国东亚-澳大利亚候鸟的重要迁徙通道路线上，是野生动物栖息地和重要迁徙廊道	文物保护单位、传统村落及其他重要遗产点多达 20 个，历史悠久，种类多样。如“十万古田”，是瑶民耕作与聚落遗址，至清代形成灾难性历史遗存，至今已有上千年的历史。历史文化、红色文化、民族文化在这里交汇融合，丰富厚重而又异彩纷呈	有我国中南地区规模最大的中山泥炭藓沼泽湿地、“东南亚第一近城绿色长廊”两江峡谷、保存最完整的中亚热带低海拔常绿阔叶林、南方最大高山台地草地草甸，自然景观独特
钱江源国家公园	保存着大面积、全球稀有的中亚热带低海拔典型的原生常绿阔叶林地带性植被，是目前全国野生白颈长尾雉种群密度较高的区域	孕育了以钱塘文化为核心的良渚文化，并成为5 000年中华文明的具体实证	—
东北虎豹国家公园	我国东北虎、东北豹种群数量最多、活动最频繁、最重要的定居和繁育区域，也是重要的野生动植物分布区和北半球温带区生物多样性最丰富的地区之一。中国东北温带针阔混交林成为大量物种的避难所，成为世界少有的“物种基因库”和“天然博物馆”	传承极具代表性的森林文化，东北虎豹是当地民间文化中的神明，敬畏自然、顺应自然的朴素生态理念世代传承，促进人与自然和谐共生	保存相对完整的热带森林造就了独木成林、“空中花园”等丰富多样、独特典型的热带雨林景观。春风拂来，五颜六色的野花次第绽放，形成林下花海；夏季，绿涛阵阵，山涧潺潺；秋季，万山层林尽染；冬季，林海雪原气势磅礴
海南热带雨林国家公园	是热带雨林和季风常绿阔叶林交错带上唯一的“大陆性岛屿型”热带雨林，是我国分布最集中、保存最完好、连片面积最大的热带雨林，是海南热带雨林指示物长臂猿的重要栖息地，拥有众多热带特有、中国特有、海南特有的动植物种类，是全球重要的种质资源基因库，是我国热带生物多样性保护的重要地区，也是全球生物多样性保护的热点地区之一	是黎族、苗族等少数民族在海南的集中居住区，黎族作为海南的唯一世居民族是国家公园内人口数量最多的民族；以黎族、苗族等“雨林民族”为主的各族人民在漫长的历史发展中不仅创造了独特、灿烂的黎苗文化，更是在琼崖革命斗争过程中形成了以琼崖精神为核心的红色文化	—

注：青藏高原国家公园群已将祁连山国家公园、三江源国家公园、普达措国家公园、大熊猫国家公园列入，故不列入对比分析

《建立国家公园体制总体方案》中提出“统筹考虑自然生态系统的完整性和周边经济社会发展的需要，合理划定单个国家公园范围”，即要基于原真性、完整性、协调性和可操作性原则，对国家公园范围进行划分。国家公园范围的划定，不仅仅整合原来的自然保护地，为了最大限度地保存生态系统的完整性，避免破碎度，同时也需要将保护地周边属于生态系统范围的地块也整合到国家公园的范围中，同时还需要尽量回避城镇、开发区、人口密集区、基本农田集中区，平衡保护与发展的关系。

三江源国家公园在体制试点基础上，将长江的正源各拉丹东、长江的南源当曲、黄河源头的约古宗列等区域纳入国家公园范围，区划面积由试点期的 12.31×10^4 km^2 扩展至 19.07×10^4 km^2，实现了长江、黄河和澜沧江源头生态系统的整体保护。

大熊猫国家公园将四川、陕西、甘肃三省野生大熊猫密集区域及大熊猫局域种群的廊道和走廊带都划入国家公园范围，实行完整保护，将原来分属不同部门、不同行政区域的 69 个自然保护地连为一体，新划进了 20%左右保护地之间的连接地带，解决了原来各个保护地之间互不联通、存在保护空缺的问题。

东北虎豹国家公园立足于东北虎、东北豹栖息地森林生态系统的原真性、完整性，将近年来监测确认的东北虎、东北豹的跨境迁移通道、繁殖家域、定居区、活动频繁区、潜在栖息地以及连接区域划入国家公园范围，保护区域在原有 19 个自然保护地的基础上扩大了近 3 倍，野生东北虎、东北豹的进入、定居、繁殖和扩散通道都得到了系统保护，生态过程更加完整。

武夷山国家公园实现了福建和江西区域武夷山地生态系统的整体保护，也完整保护了武夷山世界文化和自然双遗产地。武夷山国家公园重塑治理体系，实现了管理体制从九龙治水到统一高效；以最严管控保护最好生态，达成生态系统的顶级保护。

海南热带雨林国家公园整合了海南中部尖峰岭、霸王岭等 20 个自然保护地，把保护地之间的生态廊道连接起来，解决人为割裂、保护空缺等问题，使保护面积从原来的 2 443 km^2 增加到 4 269 km^2，完整保护了海南岛五指山、鹦哥岭、猕猴岭等第一级山地生态系统，为野生动植物的繁衍提供了更加完整的生态空间，也保护了南渡江、昌化江、万泉河的发源地，被誉为海南岛“生命之源”。

第3章

国家公园资源价值评估体系

遵循“生态保护第一、国家代表性和全民公益性”的国家公园理念，确保国家公园在维护国家生态安全关键区域中发挥首位作用，同时兼顾科研、教育、体验、游憩等多维服务功能。基于地质多样性、生物多样性、文化多样性和景观多样性，解构国家公园资源价值要素及其相互关系，解读和阐释国家公园资源价值内涵，从自然价值、人文价值、景观美学价值等三个层面构建了国家公园资源价值体系。重点考虑“最重要的自然生态系统”“最独特的自然精华景观”“最富集的生物多样性”“国家代表性”“国家象征”“全球价值”，构建了国家公园资源价值评估指标体系，形成了国家公园资源价值适用性评估方法，并在实地科考的基础上不断验证优化，为青藏高原国家公园群大尺度空间识别与价值评估提供技术支撑。

3.1　国家公园资源价值体系构建

国家公园是我国自然生态系统最重要、自然景观最独特、自然遗产最精华、生物多样性最富集的自然保护地，显著的自然地理过程和生态演替过程形成了丰富的地质多样性和生物多样性(自然价值)，在人-地系统协同演化过程中形成的多元文化表现形式构成文化多样性(人文价值)，在此基础上形成的景观动态与景观格局表现为景观多样性(景观美学价值)，自然、人文、景观等价值要素相互关联、相互作用，构成完整的国家公园资源价值体系(图 3.1)。

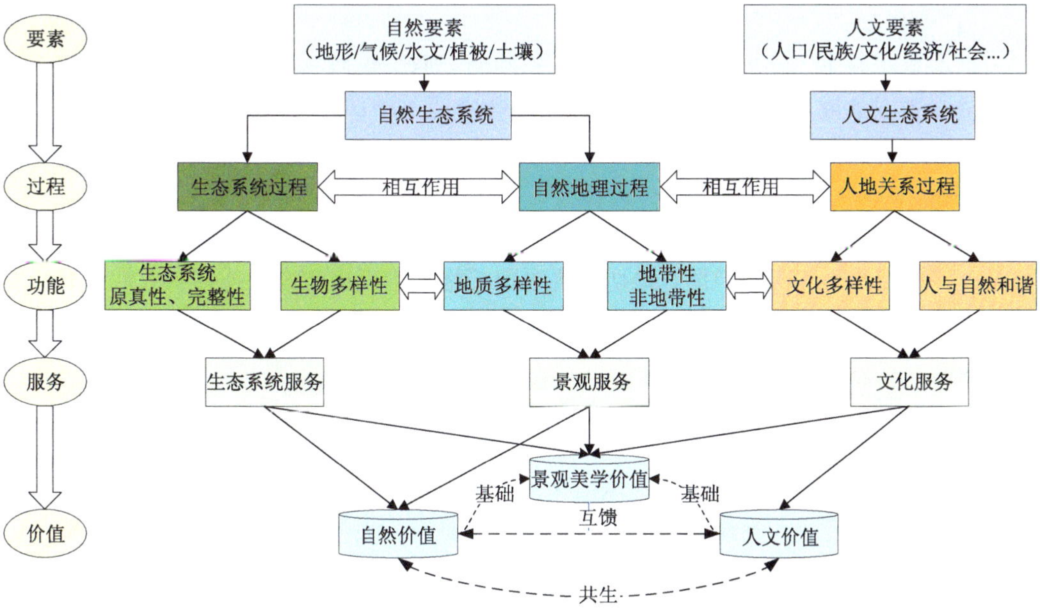

图 3.1　国家公园资源价值体系

3.1.1 自然价值及其内涵

国家公园以保护具有国家代表性的自然生态系统为主要目的，自然价值是国家公园的核心价值，从代表性、多样性、原真性、完整性、脆弱性等方面，反映国家公园核心资源的国家代表性或全球价值。

1. 生态价值

(1)代表性

生态区位极为重要，自然生态系统在全球、全国或生物地理区中具有代表性或重要价值；大尺度生态过程在国家层面具有典型性；生态系统类型为中国特有，具有全球稀缺性特征；野生动植物种群的保护价值在全国或全球具有典型意义。

(2)多样性

生态系统的组成与结构极为复杂，类型复杂多样；物种相对丰度极高，特有、珍稀、濒危物种集聚程度极高；中国重点保护野生动植物的集中分布区、主要栖息地和繁殖地。

(3)原真性

生态系统与生态过程大部分保持自然特征和进展演替状态，自然力在生态系统和生态过程中居于支配地位；处于原生状态或自然状态及具有恢复至自然状态潜力的区域面积占比大。

(4)完整性

生态系统健康，包含大面积自然生态系统的主要生物群落类型和物理环境要素；自然生境完整，能够有效保护生物多样性，有效维持伞护种/旗舰种等种群生存繁衍；自然生态系统的组成要素和生态过程完整，维持生态系统的结构和功能处于稳定状态。

(5)脆弱性

生态功能重要，具有全国层面重要的生态安全屏障作用；生态系统脆弱，可能面临气候变化或栖息地丧失等风险，迫切需要采取严格的管理措施来保持其有效性、维持生物多样性与生态系统的完整性。

2. 地学价值

(1)代表性

地貌与地质遗迹等构成代表地球演化史中重要阶段的突出例证；地质遗迹或地貌类型具有重要地学意义，在国内外同类自然遗迹中具有代表性。

(2)典型性

具有国际或国内大区域地层(构造)对比意义的典型部面、化石及产地，具有国际或国内典型地学意义的地质现象，属世界稀有、国内仅有或极特殊的地质遗迹。

(3)完整性

地质遗迹的形成过程和表观现象保存系统而完整，遗迹保持良好的自然性，受人为影响很小，遗迹周围具有相当面积的缓冲区。

3.1.2　人文价值及其内涵

国家公园是人与自然和谐共生的典范，人文价值是依附于自然价值而形成的文化多样性，从代表性、独特性、多元性等方面反映国家公园在历史、文化、艺术等领域对传承中华文明的重要意义。

(1) 代表性

文物或遗址遗迹能够反映一定时期、一定文化区域内的人类生产生活方式和自然文化观，为现存或已消逝的文明或传统文化提供突出例证；代表性建筑、文化景观、历史名胜等突出体现中华民族的创造力与精神追求，展现创造性的卓越艺术，展示人类非凡的技艺和智慧。

(2) 独特性

不同地理环境下形成的宗教信仰、语言文字、文学艺术、传统手工艺、民居建筑、风俗习惯等具有很强的地域差异和民族文化特征，某一区域或某一民族群体的文化资源在精神内涵、存在方式和表现形式等方面独具特色或具有唯一性。

(3) 多元性

不同地域、民族文化在同一文化空间内碰撞交汇，形成多民族和谐共居、多元文化共生共荣的格局，具有融合了不同文化与艺术元素的资源载体，作为鲜活展现各民族交往交流交融、多元文化兼容并包的典型例证，反映了中华民族多元一体格局的形成过程。

3.1.3　景观美学价值及其内涵

国家公园是我国自然景观最独特、自然遗产最精华的自然保护地，从代表性、独特性、多样性等方面反映国家公园精华自然景观在全国层面的美学重要性及审美意义。

(1) 代表性

名山大川等自然景观具有国家代表性的审美象征，能够彰显国家精神，国民认同度高；自然景观在全球或全国范围内同类景观资源中具有高度代表性。

(2) 独特性

自然美景在全球或全国范围内是独一无二，具有罕见的自然美；生态景观或地质景观极其特殊，属世界稀有或国内仅有；具有全球或全国范围内罕见的自然现象，且自然景象周期性发生或频率极高。

(3) 多样性

自然景观在形态、色彩、动态、季相等方面具有极高的观赏性；景观单体类型数量多，丰富度极高；自然景观类型多样，相对密度大，在空间分布上协调性好，组合度高。

3.2 国家公园资源价值评估指标体系

国家公园的保护价值和生态功能在全国自然保护地体系中处于主体地位，建立国家公园的目的，是保护具有国家代表性的大面积自然生态系统和大尺度生态过程的完整性。与此同时，国家公园以国家利益为主导，坚持国家所有，具有国家象征，代表国家形象，彰显中华文明。国家公园资源价值评估重点考虑“最重要的自然生态系统”“最独特的自然精华景观”“最富集的生物多样性”“国家代表性”“国家象征”“全球价值”等因素，确保国家公园在维护国家生态安全关键区域中的首要地位，同时兼顾科研、教育、体验、游憩等多维服务功能。基于自然价值、人文价值、景观美学价值的价值内涵，构建了国家公园资源价值评估指标体系(图 3.2)，并在实地科考的基础上不断验证优化，为青藏高原国家公园群大尺度空间识别与价值评估提供技术支撑。

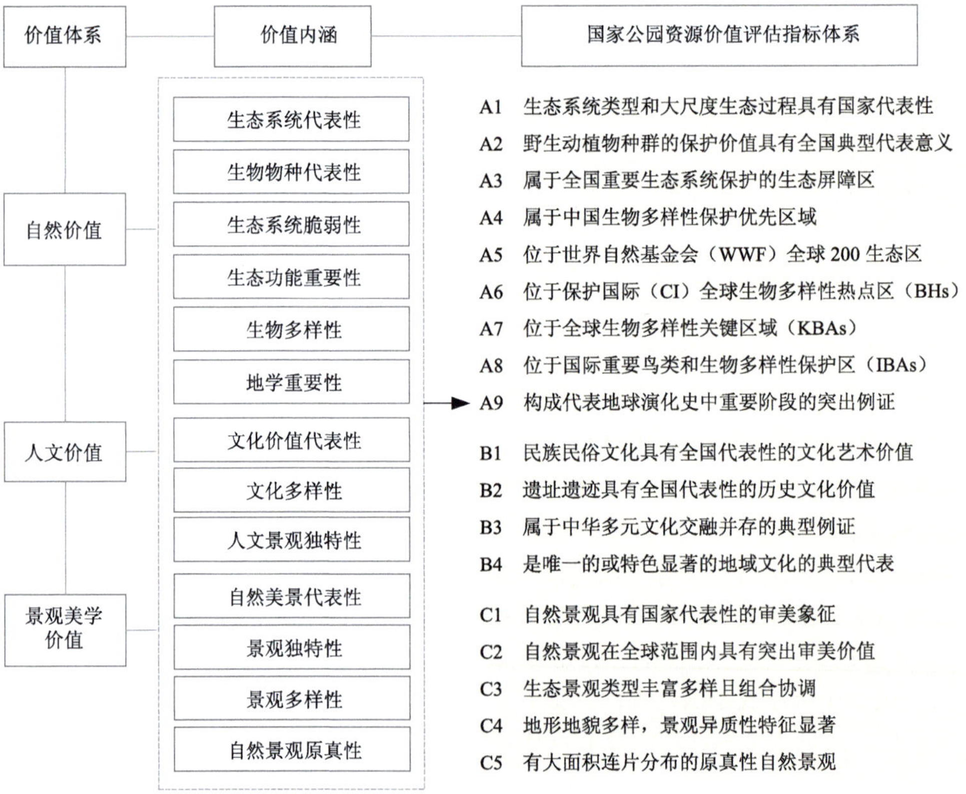

图 3.2 国家公园资源价值评估体系

3.2.1 自然价值评估指标

A1 和 A2：《国家公园设立规范》(GB/T 39737—2020) 中以《中国生态区划研究》(傅伯杰等，2013) 为基础，综合考虑“中国综合自然地理区划”(赵松乔，1983)、“中国植被区划”(吴征镒等，2010)，将全国划分出 39 个国家公园布局的自然生态地理分区 (表 3.1)。

表 3.1　国家公园空间布局的自然生态地理区

生态大区	自然生态地理区	特征
青藏高原高寒生态大区	(1) 喜马拉雅东段山地雨林季雨林生态地理区 (2) 青藏高原东缘森林草原雪山生态地理区 (3) 藏南极高山灌丛草原雪山生态地理区 (4) 羌塘高原高寒草原湿地生态地理区 (5) 昆仑山高寒荒漠雪山冰川生态地理区 (6) 柴达木盆地荒漠生态地理区 (7) 祁连山森林草甸荒漠生态地理区 (8) 青藏三江源高寒草原草甸湿地生态地理区 (9) 南横断山针叶林草甸生态地理区	约占全国总面积的 25%, 地处我国第一级阶梯，平均海拔在 4 500 m 以上，属青藏高寒气候区，气温低，干湿季分明，降水区域差异明显，生态系统类型以高寒草甸、高寒湿地为主
东部湿润半湿润生态大区	(1) 大兴安岭北部寒温带森林冻土生态地理区 (2) 小兴安岭针阔混交林沼泽湿地生态地理区 (3) 长白山针阔混交林河源生态地理区 (4) 东北松嫩平原草原湿地生态地理区 (5) 辽东-胶东半岛丘陵落叶阔叶林生态地理区 (6) 燕山坝上温带针阔混交林草原生态地理区 (7) 黄淮海平原农田湿地生态地理区 (8) 吕梁太行山落叶阔叶林生态地理区 (9) 长江中下游平原丘陵河湖湿地生态地理区 (10) 秦岭大巴山混交林生态地理区 (11) 浙闽沿海山地常绿阔叶林生态地理区 (12) 长江南岸丘陵盆地常绿阔叶林生态地理区 (13) 四川盆地常绿落叶阔叶混交林生态地理区 (14) 云贵高原常绿阔叶林生态地理区 (15) 武陵山地常绿阔叶林生态地理区 (16) 黔桂喀斯特常绿阔叶林生态地理区 (17) 岭南丘陵常绿阔叶林生态地理区 (18) 琼雷热带雨林季雨林生态地理区 (19) 滇南热带季雨林生态地理区	约占全国总面积的 45%，地处我国第二、第三级阶梯，地势较为平坦，属东部季风区，受海洋季风影响较为强烈，降水多，温暖湿润，生态系统类型以森林、湿地为主，包括落叶针叶林、落叶阔叶林、亚热带常绿阔叶林、热带雨林、季雨林等

续表

生态大区	自然生态地理区	特征
西部干旱半干旱生态大区	(1)内蒙古半干旱草原生态地理区 (2)鄂尔多斯高原森林草原生态地理区 (3)黄土高原森林草原生态地理区 (4)阿拉善高原温带半荒漠生态地理区 (5)准噶尔盆地温带荒漠戈壁生态地理区 (6)阿尔泰山草原针叶林生态地理区 (7)天山山地草原针叶林生态地理区 (8)塔里木盆地暖温带荒漠戈壁生态地理区	约占全国总面积的30%，地处我国第二级阶梯，平均海拔1 000～2 000 m，属西北干旱、半干旱气候区，降水少、蒸发快，生态系统类型以荒漠草原为主
海洋生态大区	(1)渤黄海海洋海岛生态地理区 (2)东海海洋生态地理区 (3)南海海洋生态地理区	四大海洋生态系统自北向南纵跨温带、亚热带和热带3个气候带，季风特征显著，热带气旋影响大

依据野生动植物种群的保护价值，选出全国主要伞护种/旗舰种34种、全国代表性生态系统128类(表3.2)。国家公园备选地生态系统类型为所处自然生态地理区的主体生态系统类型，或大尺度生态过程在国家层面具有典型性、稀缺性，则可认定生态系统类型或生态过程具备国家代表性。国家公园备选地具有全国主要伞护种或旗舰种及其良好的栖息环境，特有、珍稀、濒危物种集聚程度极高，则可认定生物物种具备国家代表性，保护价值在全国或全球层面具有典型意义。

表3.2　青藏高原高寒生态大区的全国代表性物种和生态系统类型

自然生态地理区	主体生态系统类型	伞户物种/旗舰物种
喜马拉雅东段山地雨林季雨林生态地理区	热带雨林生态系统	雪豹、云豹、黑麝、林麝
青藏高原东缘森林草原雪山生态地理区	温带草原生态系统 亚热带山地针叶林生态系统	大熊猫、金丝猴、云豹、雪豹、黑颈鹤、红豆杉、珙桐
藏南极高山灌丛草原雪山生态地理区	高寒草原生态系统 高寒草甸生态系统	黑颈鹤、雪豹、喜马拉雅麝
羌塘高原高寒草原湿地生态地理区	高寒草原生态系统	藏羚羊、野牦牛、雪豹、藏野驴、黑颈鹤
昆仑山高寒荒漠雪山冰川生态地理区	温带山地荒漠生态系统 高寒草原生态系统	藏羚羊、野牦牛
柴达木盆地荒漠生态地理区	温带荒漠生态系统 山地草原生态系统	-
祁连山森林草甸荒漠生态地理区	温带山地针叶林生态系统 温带荒漠草原 高寒草甸生态系统	雪豹、黑颈鹤

续表

自然生态地理区	主体生态系统类型	伞户物种/旗舰物种
青藏三江源高寒草原草甸湿地生态地理区	高寒草甸生态系统 高寒沼泽生态系统	雪豹、藏羚羊、野牦牛、黑颈鹤、白唇鹿
南横断山针叶林草甸生态地理区	亚热带山地针叶林生态系统 常绿阔叶林生态系统	马麝、金钱豹、雪豹、滇金丝猴、红豆杉

A3：《全国重要生态系统保护和修复重大工程总体规划(2021—2035 年)》以国家重点生态功能区、生态保护红线、国家级自然保护地等为重点，以全面提升自然生态系统稳定性和服务功能、着力解决重点生态问题为目标，以资源环境承载能力和国土空间开发适宜性评价为基础，以生态保护极重要区占比、单项生态系统服务功能性或脆弱性为主要依据，统筹考虑生态系统的完整性、地理单元的连续性和经济社会发展的可持续性，划分出 7 个全国重要生态系统保护的生态屏障区，布局全国重要生态系统保护的重点区域(国家发展改革委和自然资源部，2020)。

表 3.3　全国重要生态系统保护的生态屏障区

生态屏障区	重点区域
青藏高原生态屏障区	三江源草原草甸湿地生态功能区、若尔盖草原湿地生态功能区、甘南黄河重要水源补给生态功能区、祁连山冰川与水源涵养生态功能区、阿尔金草原荒漠化防治生态功能区、藏西北羌塘高原荒生态功能区、藏东南高原边缘森林生态功能区
黄河重点生态区	黄土高原丘陵沟壑水土保持生态功能区
长江重点生态区	川滇森林及生物多样性生态功能区、桂黔滇喀斯特石漠化防治生态功能区、秦巴山区生物多样性生态功能区、三峡库区水土保持生态功能区、武陵山区生物多样性与水土保持生态功能区、大别山水土保持生态功能区
东北森林带	大小兴安岭森林生态功能区、长白山森林生态功能区、三江平原湿地生态功能区
北方防沙带	京津冀协同发展区生态功能区、阿尔泰山地森林草原生态功能区、塔里木河荒漠化防治生态功能区、呼伦贝尔草原草甸生态功能区、科尔沁草原生态功能区、浑善达克沙漠化防治生态功能区、阴山北麓草原生态功能区
南方丘陵山地带	南岭山地森林及生物多样性国家重点生态功能区和武夷山等重要山地丘陵区
海岸带	辽东湾、黄河口及邻近海域、北黄海、苏北沿海、长江口—杭州湾、浙中南、台湾海峡、珠江口及邻近海域、北部湾、环海南岛、西沙、南沙等重点海洋生态区和海南岛中部山区热带雨林国家重点生态功能区

A4：《中国生物多样性保护战略与行动计划(2011—2030 年)》综合考虑生态系统类型的代表性、特有程度、特殊生态功能，以及物种的丰富程度、珍稀濒危程度、受威胁因素、地区代表性、科学研究价值、分布数据的可获得性等因素，划定了 35 个生物多样性优先保护区域(表 3.4)，包括 32 个内陆陆地及水域生物多样性保护优先区域和 3 个海洋与海岸生物多样性保护优先区域，是我国开展生物多样性保护工作的重点区域，集

中分布着中国绝大多数的生物物种及其栖息地生境(环境保护部，2011)。

表 3.4 中国生物多样性优先保护区域

自然区域	生物多样性优先保护区域
东北山地平原区	大兴安岭、小兴安岭、三江平原、长白山、松嫩平原、呼伦贝尔
蒙新高原荒漠区	阿尔泰山、天山-准噶尔盆地西南缘、塔里木河流域、库姆塔格、祁连山、西鄂尔多斯—贺兰山—阴山、锡林郭勒草原
华北平原黄土高原区	六盘山-子午岭、太行山
青藏高原高寒区	三江源-羌塘、喜马拉雅山东南缘
西南高山峡谷区	横断山南段、岷山-横断山北段
中南西部山地丘陵区	秦岭、武陵山、大巴山、桂西黔南石灰岩
华东华中丘陵平原区	黄山-怀玉、大别山、武夷山、南岭、洞庭湖、鄱阳湖
华南低山丘陵区	海南岛中南部、西双版纳、桂西南山地
海洋与海岸区	黄渤海、东海及台湾海峡、南海

A5：全球 200 生态区(Global 200 Ecoregions)是世界自然基金会(WWF)在全球层面确定区域尺度生物多样性优先保护区的一种方法，将全球划分为陆地、淡水和海洋生态系统三大类型，其中陆地生态系统确定了 12 个主要生境类型，淡水生态系统确定了 3 个主要生境类型，海洋生态系统确定了 4 个主要生境类型；通过对比物种丰富度、特有物种、珍稀濒危物种、栖息地的丧失和破碎化程度等生物多样性特征，评估其不可替代性或独特性，在 19 个主要生境类型中确定了 238 个生态区，包括 142 个陆地生态区(60%)、53 个淡水生态区(22%)和 43 个海洋优先生态区域(18%)，是全球范围内最具代表性的生物多样性优先保护区(赵淑清等，2000；Olson and Dinerstein, 2002)。全球 200 生态区中涉及中国的生态区有 17 个，其中 11 个陆地生态区、5 个淡水生态区和 1 个海洋生态区(表 3.5)，区内物种及其栖息地在全球范围内都具有高度重要性和不可替代性，可支撑国家公园资源的全球价值评估。

表 3.5 全球 200 生态区中涉及中国的生态区

生态系统类型	生境类型	生态区
陆地生态系统	热带亚热带湿润阔叶林	North Indochina Subtropical Moist Forests
		Southeast China-Hainan Moist Forests
		Taiwan Montane Forests
	温带针阔林	Altai-Sayan Montane Forests
		Middle Asian Montane Woodlands and Steppe
		Southwest China Temperate Forests
		Hengduan Shan Conifer Forests
		Eastern Himalayan Broadleaf and Conifer Forests
		Eastern Himalayan Alpine Meadows

续表

生态系统类型	生境类型	生态区
陆地生态系统	温带草原	Xizang Plateau Steppe
		Daurian/Mongolian Steppe
淡水生态系统		Russian Far East Rivers and Wetlands
		The Changjiang River（Yangtze R.）and Lakes
		Xijiang Rivers and Streams
		Mekong River
		Salween River
海洋生态系统		The Yellow Sea and East China Seas

A6：全球生物多样性热点区（biodiversity hotspots，BH）是保护国际（CI）确定的全球公认的优先保护区域，具有极丰富的物种多样性，但受到威胁的陆地区域，是全球生物多样性监测、保护、利用和相关政策制定的重要基础（林金兰等，2013）。当一个区域同时满足以下两个条件，被 CI 认定为生物多样性热点区：①至少拥有 1 500 种地方植物种或其数量占全球地方植物种总数的至少 0.5%；②物种原始生境已丧失比例至少达 70%（Myers et al., 2000）。已识别的 36 处生物多样性热点区代表了全球不同类型的生态系统，占地面积不足全球 2%的陆地生态系统，却包含全球已知维管束植物物种的 44%以及鸟类、哺乳动物、爬行动物和两栖类脊椎动物的 38%。涉及中国的生物多样性热点区包括 Mountains of Central Asia、Himalaya、Mountains of Southwest China、Indo-Burma，意味着这些地区的物种受到高度威胁，栖息地高度脆弱，并且基于其独特性而具有重要的全球价值。

A7：全球生物多样性关键区（key biodiversity area，KBA）由世界自然保护联盟（IUCN）、保护国际（CI）、世界自然基金会（WWF）等机构共同确定，是拥有独特丰富物种、具有全球保护意义的生物多样性关键区，是对保持全球生物多样性有显著作用的区域（IUCN，2016）。主要从物种和生态系统受威胁程度、特有物种、生态系统完整性、生物过程和不可替代性等五个方面建立了 11 个评价标准，满足其中的一个或多个标准，则有资格成为全球生物多样性关键区域。目前全球范围内已在 200 多个国家确定了超过 18 000 个 KBAs 覆盖全球约 4%的陆地表面。借助关键生物多样性区域识别全球标准，可以对一个区域的生物多样性进行定量评估，衡量生物多样性的全球重要性。

A8：国际重要鸟类和生物多样性区域（important bird and biodiversity areas，IBAs）是在全球范围内对保护鸟类种群具有重要意义的生物多样性保护网络。国际鸟盟（BI）、保护国际（CI）等为识别 IBA 形成了一套国际公认的标准，符合以下一项或多项标准，则可能有资格成为 IBA：①全球受威胁物种：已知或被认为有大量全球受威胁物种或受全球保护关注的物种（即被 IUCN 濒危物种红色名录列为极度濒危、濒危或易危的物种）；②限制范围物种：已知或被认为拥有至少两种限制范围物种的大量种群，地方特有鸟类的重要组成部分或次要区域（支持一种或多种非重叠特有物种的区域）；③受生物群落限制的物种：已知或被认为是该物种群的重要组成部分，其分布主要或完全局限于一个生物群落；④已知或被认为拥有 1% 的群居水鸟生物地理种群、拥有全球 1% 的群居海鸟或陆生物种。鸟类多样性是生物多样性的重要组成部分，依据受威胁鸟类的现状、分布和栖息环境，目前已在全球范围内划定了 13 000 多处具有重要生态学意义的鸟类栖息地(IBAs)，作为国际生物多样性优先保护的地区。

A9：地学重要性参照《世界遗产全球地质框架》从四个方面评价：①地球演化史中的重要阶段，涉及板块和构造运动的记录，如山脉形成和发展、火山、地层、板块和大陆运动等，陨石冲击和冰川作用记录；②记录生命的重要地质遗迹主要指化石遗迹；③重要的正在进行的地质地貌演变过程，包括干旱和半干旱荒漠过程、冰川作用、火山作用、陆地和浅海搬运堆积、河湖三角洲过程和海岸及海洋过程；④重要的地质地貌特征，包括荒漠、冰川和冰帽、火山及系统、山脉、流水地貌和河谷、海岸、海礁和岛屿、冰川和冰缘作用地貌以及洞穴和喀斯特(Dingwall，2005；Patrick，2021)。该分类体系可为国家、区域进行地学价值及相对重要性评估提供依据。

表 3.6 地学重要性分类评价

地学价值	地学主题	地学意义
地球演化史中的重要阶段	构造	全球尺度的板块运动包括大陆板块漂移和海洋板块扩张，有显著的线性跨区域特征
	地层	提供关键地球历史事件记录的岩层序列
	冰期	大陆冰盖扩展和退缩、地壳均衡、海平面变化的全球格局以及相关生物地理记录
	陨石冲击	陨石冲击的证据以及其所造成的重要变化，例如物种灭绝等
	山脉系统	世界主要山脉区域和大型山链
	火山系统	包括火山发育和演化的主要区域以及主要类型
记录生命的重要地质遗迹	化石	化石记录中所代表的地球生命记录
重要的正在进行的地质地貌演变过程，重要的地质地貌特征	河湖三角洲	由大范围河流侵蚀和冲积发育所形成的陆地系统：湖泊、湿地和三角洲
	洞穴/喀斯特	具有国际重要洞穴和喀斯特地貌特征
	海岸	大尺度的海岸侵蚀和堆积过程及所形成的地貌形态
	海礁/岛屿	海洋区域或受海洋影响所形成的特定生物地理特征
	冰川和冰帽	展示了高山和极地区域冰川在地貌形态塑造上的重要作用，也包括冰缘和积雪作用影响
	干旱和半干旱荒漠	代表了以风力作用为主，间受流水作用的地貌发育和景观演化的陆地系统

3.2.2 人文价值评估指标

B1：国家级非物质文化遗产是具有杰出价值的民间传统文化表现形式或文化空间，满足以下标准可列入：①具有展现中华民族文化创造力的杰出价值；②扎根于相关社区的文化传统，世代相传，具有鲜明的地方特色；③具有促进中华民族文化认同、增强社会凝聚力、增进民族团结和社会稳定的作用，是文化交流的重要纽带；④出色地运用传统工艺和技能，体现出高超的水平；⑤具有见证中华民族活的文化传统的独特价值；⑥对维系中华民族的文化传承具有重要意义，同时因社会变革或缺乏保护措施而面临消失的危险。国家级非物质文化遗产是各族人民世代相传并视为其文化遗产组成部分的各种传统文化表现形式，包括以下五类：①传统口头文学以及作为其载体的语言；②传统美术、书法、音乐、舞蹈、戏剧、曲艺和杂技；③传统技艺、医药和历法；④传统礼仪、节庆等民俗；⑤传统体育和游艺。中国各族人民在长期生产生活实践中创造的丰富多彩的非物质文化遗产，是中华民族智慧与文明的结晶，具有重要的历史、文学、艺术、科学价值，是对中华民族优秀传统文化的继承和弘扬。

B2：全国重点文物保护单位具有国家代表性的历史、艺术、科学价值和突出的社会、文化意义，主要体现在以下四个方面：①在人类起源和演化进程中具有典型性、代表性；②在中华文明起源，中华民族共同体意识形成、发展历程中具有标志性和代表性；③与重大历史事件、革命运动或者著名人物直接相关且具有重要纪念意义；④突出体现中华民族创造力与精神追求的代表性建筑、文化景观、历史名胜或建设规划成就。

表 3.7　全国重点文物保护单位类型及价值

类型	价值体现
古遗址	具有突出普遍价值的人类工程，是古代人类各种活动留下的遗迹
古墓葬	各历史时代墓葬制度随着社会生产力、生产关系和上层建筑的发展而不断演变，显示出一定的规律性
古建筑	中国传统文化影响下的建筑物、构筑物以及建筑方法和相关形制等承载了丰富的历史信息，反映了各个时代的审美趣味与艺术水平，蕴含着厚重的民族精神和文化内涵
石窟寺及石刻	包括石窟寺、摩崖石刻、碑刻、石雕、岩画和其他石刻，反映了不同历史时期的生活形态、民俗信仰、宗教意识，为研究早期历史、文化、艺术、宗教等提供了大量翔实、直观的材料，是历史学和考古学、美术学和艺术学、人类学和民族学等学科研究的重要对象
近现代重要史迹及代表性建筑	与近现代重大历史事件、革命运动或者著名人物有关以及具有重要纪念意义、教育意义
其他遗迹	未归入上述类别的具有重大价值的不可移动文物，如盐井古盐田、茶马古道等，充分体现了人类认识自然、尊重自然、合理利用自然的高超智慧，是人与自然和谐共处的典范

B3："文化独特性"是指某一区域或某一民族群体的文化资源在精神内涵、存在方式和表现形式等方面独具特色或具有唯一性，具备很强的地域差异和民族文化特征。中国幅员辽阔，多民族、多文化、多聚落景观，不仅自然地理景观存在巨大的地域差异，人文地理景观也存在显著的地域分异和集聚模式。各民族在探索认识自然规律、适应和改造生存环境、协调人与自然关系并实现与自然环境系统和谐相处的同时，形成了优秀的文化传统和独特的生态意识。不同人文地理单元之间具有人文要素的地域差异性和异质性，充分考虑全国人文要素的地域分异性和相似一致性，将全国划分为不同空间层级、

相对独立完整并具有有机联系的特色人文地理单元(方创琳等，2017)，包括八大人文地理大区和66个人文地理区(表3.8)。

表 3.8　中国人文地理分区

人文地理大区	人文地理区(特色人文地理单元)
东北人文地理大区	大兴安岭人文地理区、松嫩平原人文地理区、三江平原人文地理区、呼伦贝尔草原人文地理区、辽西关东人文地理区\辽中南都市人文地理区、辽东丘陵人文地理区、长白山地人文地理区、内蒙古高原东部人文地理区
华北人文地理大区	京津都市人文地理区、冀东北山地人文地理区、京西燕山人文地理区、内蒙古高原中部人文地理区、华北平原燕赵人文地理区、山东半岛齐鲁人文地理区、黄土高原晋商秦晋人文地理区
华东人文地理大区	长三角都市人文地理区、苏中人文地理区、江淮徽商人文地理区、浙南吴越人文地理区、苏鲁皖豫交界人文地理区
华中人文地理大区	江汉平原荆楚人文地理区、中原人文地理区、环鄱阳湖人文地理区、湖湘人文地理区、井冈山人文地理区、湘鄂渝黔北人文地理区
华南人文地理大区	珠三角都市人文地理区、海峡西岸闽台人文地理区、潮汕人文地理区、北部湾人文地理区、岭南人文地理区、南岭人文地理区、粤东客家人文地理区、武夷山人文地理区、雷州半岛人文地理区、海南旅游岛人文地理区、台湾宝岛人文地理区、南海诸岛人文地理区
西北人文地理大区	关中平原人文地理区、汉中谷地人文地理区、陕甘黄土高原人文地理区、鄂尔多斯高原人文地理区、银川平原人文地理区、宁夏南部人文地理区、河西走廊人文地理区、湟水谷地人文地理区、阿拉善高原人文地理区、吐鲁番盆地人文地理区、北疆丝路人文地理区、南疆西域人文地理区、伊犁河谷人文地理区
西南人文地理大区	四川盆地巴蜀人文地理区、秦巴山地人文地理区、滇中人文地理区、大小凉山人文地理区、滇西北人文地理区、滇西深山河谷人文地理区、滇南人文地理区、滇东桂西人文地理区、滇东北人文地理区、黔南人文地理区
青藏人文地理大区	青藏高原人文地理区、柴达木盆地人文地理区、藏南河谷人文地理区、川西山地人文地理区

资料来源：方创琳等，2017。

B4：“文化多样性”在《保护和促进文化表现形式多样性公约》中被定义为“各群体和社会借以表现其文化的多种不同形式”，体现为人类各民族和各社会文化特征和文化表现形式的独特性和多元性。民族多样性是文化多样性的主体，民族多样性决定了民族文化、地域文化、宗教文化的多样性。中国是一个多民族的国家，各民族因其生活的地理环境、气候条件、生产方式等不同，在历史的演化中逐步形成了各民族独具特色、多姿多彩的文化。各民族源远流长、历史悠久、文化璀璨，体现在生活方式、语言文字和民俗文化等多方面，多种民族文化的共生区形成了形态多样的文化类型和种类繁多的文化现象。文化多样性分布格局具有明显的时空分布特征和空间异质性，可借助文化多样性指数测算文化多样性分布格局(沈园等，2018)。文化多样性反映多民族和谐共居、多元文化共生共荣，体现中华民族多元一体格局。

3.2.3　景观美学价值评估指标

C1：自然景观是否具有国家代表性的审美象征，参考《中国国家地理》“选美中国”评选结果，由全国五家专业学会、十几位院士和近百名专家学者组成评审团，分为名山、峡谷、冰川、湖泊、森林、草原、湿地等 15 种类型，共选出 103 个“中国最美的地方”。

表 3.9　《中国国家地理》“选美中国”评选结果

类别	中国最美的地方
中国最美的十大名山	南迦巴瓦、贡嘎、珠穆朗玛、梅里雪山、黄山、稻城三神山、乔戈里、冈仁波齐、泰山、峨眉山
中国最美的十大峡谷	雅鲁藏布大峡谷、金沙江虎跳峡、长江三峡、怒江大峡谷、澜沧江梅里大峡谷、太鲁阁大峡谷、黄河晋陕大峡谷、大渡河金口大峡谷、太行山大峡谷、天山库车大峡谷
中国最美的六大冰川	绒布冰川、托木尔冰川、海螺沟冰川、米堆冰川、特拉木坎力冰川、透明梦柯冰川
中国最美的五大湖	青海湖、喀斯湖、纳木错、长白山天池、西湖
中国最美的六大瀑布	藏布巴东瀑布群、德天瀑布、黄河壶口瀑布、罗平九龙瀑布、诺日朗瀑布、贵州黄果树瀑布
中国最美的七大丹霞	仁化丹霞山、武夷山、大金湖、龙虎山、资江一八角寨—崀山丹霞地貌、张掖丹霞、赤水丹霞
中国最美的五大峰林	桂林阳朔、武陵源、兴义万峰林、三清山、罗平峰林
中国最美的十大森林	天山雪岭云杉林、长白山红松阔叶混交林、尖峰岭热带雨林、白马雪山高山杜鹃林、波密岗乡林芝云杉林、轮台胡杨林、西双版纳热带雨林、荔波喀斯特森林、大兴安岭兴安落叶松林、蜀南竹海
中国最美的六大草原	呼伦贝尔东部草原、伊犁草原、锡林郭勒草原、川西高寒草原、那曲高寒草原、祁连山草原
中国最美的六大沼泽湿地	若尔盖湿地、巴音布鲁克、三江平原湿地、黄河三角洲湿地、扎龙湿地、辽河三角洲湿地
中国最美的五大沙漠	巴丹吉林沙漠、塔克拉玛干沙漠、古尔班通古特沙漠、鸣沙山、沙坡头
中国最美的三大雅丹	乌尔禾、白龙堆、三垅沙
中国最美的十大海岛	西沙群岛、涠洲岛、南沙群岛、澎湖列岛、南麂岛、庙岛列岛、普陀山岛、大嵛山岛、林进屿(包括南碇岛)、海陵岛
中国最美的八大海岸	亚龙湾、野柳、成山头、东寨港红树林、昌黎黄金海岸、维多利亚海湾、崇武海岸、大鹏半岛

C2：世界自然遗产是具有全球突出价值的自然精华景观保护地，联合国教科文组织世界遗产委员会确定了 4 项评估标准用以筛选全球在自然美、地质过程、生态过程和生物多样性保护方面具有突出普遍价值的自然遗产，满足世界遗产标准(Vii)的自然景观在全球范围内具有突出审美价值(IUCN，2008)。联合国教科文组织在《保护世界文化与自然遗产保护公约》中明确指出，世界自然遗产是“从美学或科学角度看，具有突出、普遍价值的、由地质和生物结构或这类结构群组成的自然面貌”，或“从科学、保护或自然美角度看，具有突出、普遍价值的天然名胜或明确划定的自然地带”。世界自然遗产美学价值评估一般从两个方面进行：一是针对超凡绝妙的自然现象，进行客观的测量，如世界最深的峡谷、最高的山脉、最大的洞穴和最高的瀑布等；二是拥有罕见的自然美景或较高美学重要性的区域，由于美学价值多与独特的地质地貌特征、典型且丰富的生态系统类型以及珍稀濒危物种栖息地相关，从地质、地貌、植被、动物和气象等构景要素的形态、色彩、季相、意境、动态等美学特征、景观单体美景度及景观结构的美景丰富度、组合度和差异度等进行全球对比分析。

C3 和 C4：景观多样性是指景观单元在结构和功能方面的多样性，反映了不同类型景观要素的丰富程度、多样化和异质性。自然美的客观性强调美的本质特征和自然属性，因此景观美学价值是基于地质地貌要素(高原、山地、河谷、峡谷等)和生物生态要素(垂直自然景观带、森林/草原/湿地等)构成的景观单体的美学特征(规模、形态、色彩)以及景群的组合特征(景观多样性)。采用不同土地利用类型自然度分类方法，利用香农多样性指数(Shannon’s diversity index，SHDI)分析青藏高原生态景观多样性指数。采用地形起伏度模型(relief degree of land surface，RDLS)分析青藏高原复杂地形起伏特征，反映地形地貌多样性和景观异质性特征。

C5：自然景观原真性是指自然景观的自然状态和原始程度，自然性越高，景观吸引力越高，土地利用反映了地球表面不受人类干扰的程度，自然性与土地利用和土地覆被密切相关。采用土地利用和覆盖变化(LUCC)、归一化植被指数(NDVI)、人类活动足迹(HF)等评估青藏高原自然景观原真性，即自然景观没有遭到人类改造利用，是自然规律演变形成的，且是大面积连片分布的。

第4章

青藏高原国家公园群的自然–人文基础

青藏高原是世界上面积最大、海拔最高、年代最新的巨型地貌单元，一系列大起伏和极大起伏的高山极高山组成的巨大山系，与高位盆地谷地构成山系-盆地系统，形成地球上最独特的地质-地理-生态单元，垂直、经向和纬向环境分异显著，外营力地貌过程复杂多样，形成了千姿百态、类型丰富而壮观的地貌景观。青藏高原被誉为“亚洲水塔”，是全球中低纬度地区规模最大的现代冰川分布区，是黄河、长江、澜沧江、雅鲁藏布江等诸多亚洲河流的发源地，分布着世界上海拔最高、数量最多、面积最大的高原湖群。青藏高原独特的自然环境格局与复杂多样的生境类型，孕育了丰富的物种多样性，是全球生物多样性保护的热点地区、珍稀野生动物的天然栖息地和高原物种基因库、我国乃至亚洲重要的生态安全屏障。亘古傲立的雪峰、纵横起伏的山脉、积年不化的冰川、绵延无际的草甸、星罗棋布的湖泊、珍贵的文物古迹、特色传统聚落景观、多彩非遗文化景观，共同构成青藏高原人地和谐的美丽生态画卷。

4.1 青藏高原自然地理格局

青藏高原地域辽阔，北起阿尔金山-祁连山北侧，南至喜马拉雅山南侧，西界为帕米尔山结，东界为横断山，横跨 31 个经度，东西长 2 945 km；南起自喜马拉雅山脉南缘，北止于昆仑山-祁连山北侧，纵贯 13 个纬度，南北宽达 1 532 km；总面积 2.55×10^6 km^2，占中国陆地总面积的 1/4(张镱锂等，2002)；行政区域上包括西藏自治区(约占中国境内青藏高原面积的 45.72%)、青海省(28.03%)、云南省西北部(1.30%)、四川省西部(9.87%)、甘肃省西部(2.91%)和新疆维吾尔自治区南部(12.17%)的 37 个市级行政区划和 212 个县级区划(封志明等，2020)。

4.1.1 地形地势

青藏高原是国际公认的大陆动力学研究的最佳野外实验室，集中体现了喜马拉雅山脉的崛起、青藏高原的隆升、巨厚地壳的形成、青藏高原物质向东-东南和向西南的大逃逸、2 000 km 范围亚洲大陆内部的弥散变形、环青藏高原的盆地系统等科学问题(李德威和庄育勋，2006；许志琴等，2022)。青藏高原经历了新元古代以来至今的长期地质演化，古近纪晚期至新近纪早中期，发生两期强烈构造隆升和两期地面夷平，形成分布于各大山系顶部为现代冰川发育依托的山顶夷平面和占据高原大部分的主夷平面；3.6 Ma BP 以后青藏高原发生强烈隆起抬升，再度进入一个新的强烈整体隆升时期，主夷平面被抬升解体；经多次强隆升事件，青藏高原逐渐达到现在的高度，成为地球上面积最大、海拔最高、年代最新的巨型地貌单元(潘保田等，2004)。

青藏高原地势高耸，平均海拔为 4 385.51 m，4 000 m 以上的高海拔地区占青藏高原面积的 73.11%，构成地球上地势最高的一级台阶，素有“世界屋脊” 之称(图 4.1)。整体上地势西高东低，大致为自西北向东南倾斜，西北部海拔超过 5 000 m，高原中部黄河源、长江源地区海拔约 4 500 m，东南部的四川阿坝和甘肃西南则降至 3 500 m 左右(郑度和赵东升，2017)。高原面起伏和缓，但内部具有明显的高程差异，平均海拔分布不均匀，4 000～5 000 m 的地区面积占比高达 48.89%，集中分布在西藏阿里、那曲、日喀则及昌都，新疆和田地区，以及青海玉树、果洛藏族自治州等；4 000 m 以下面积占比为 26.89%，主要分布在青藏高原北部、东部及东南部的边缘(封志明等，2020)。高原地势起伏高度相差悬殊，在纬向(30°～36°N)上，青藏高原南北部地形起伏相对剧烈，中间起伏略为和缓；经向(85°～100°E)上，青藏高原东西部地形起伏相对和缓、中间起伏较为剧烈，且地形起伏度从南到北呈减少趋势。

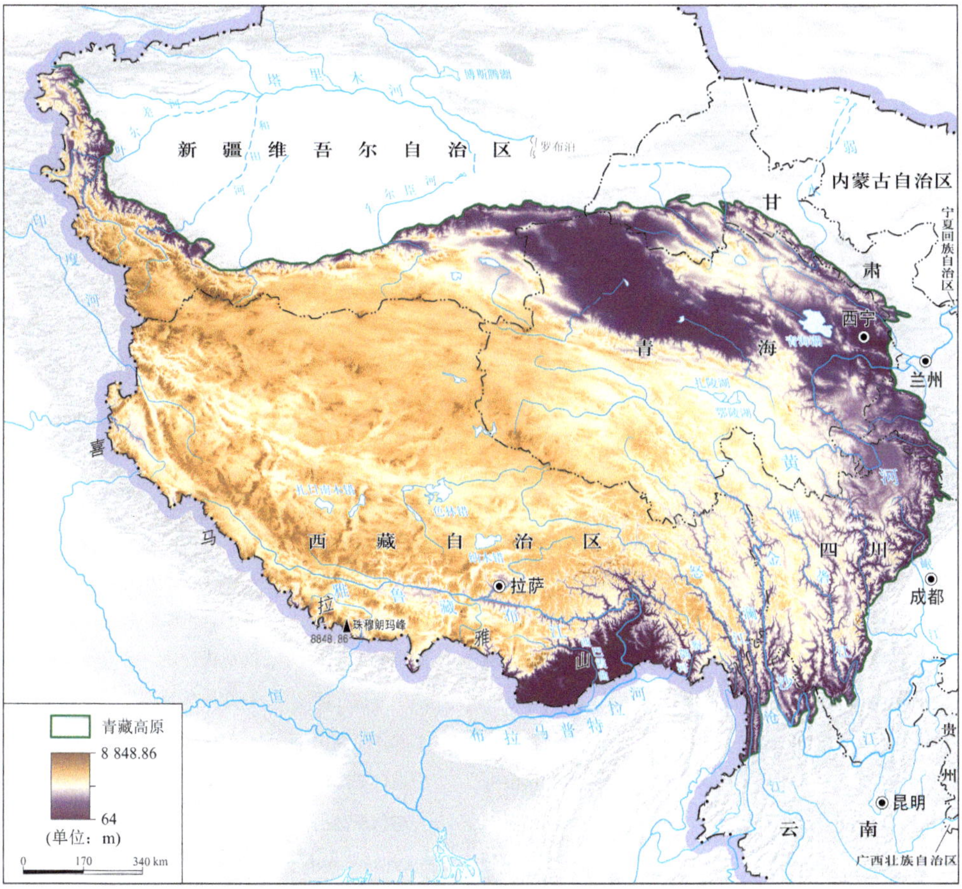

图 4.1　青藏高原高程图

注：青藏高原 90 m 数字高程数据来源于中国科学院地理空间数据云平台。

4.1.2　地貌类型

青藏高原气候和地质条件复杂多变，外营力地貌过程种类多样，各种地貌形态分布广泛。青藏高原边缘高山环绕，山脉绵延，峡谷深切，地形起伏增大，高原与其外围低地之间出现 2 500～5 000 m 高差，形成起伏高度达 2 500 m 以上的极大起伏高山、极高山，河流干流谷地多为深切峡谷，溯源侵蚀未及之地则为宽谷，深邃的大江峡谷，逶迤的宽谷河流，在山岭与高原、谷地交错排列的格局下发育演进。高原内部由高耸的山脉、辽阔的高原面、星罗棋布的湖泊和众多的水系等排列组合而成，以 5 000 m 左右的平原、台地、丘陵和小起伏高山为主，地貌起伏和缓，夷平面广泛分布并保存较完整；盆地中间湖泊广布，以其为中心形成封闭水系；高大的山脉是古代和现代冰川发育的中心，多年冻土发育，融冻作用盛行，冰缘夷平作用使地面起伏更趋缓和(杨逸畴等，1982)。

表 4.1　青藏高原基本地貌类型

地貌类型	面积/km^2	百分比/%
冰川	33 542.36	1.30
湖泊	26 219.73	1.02
梁峁	23 003.59	0.89
平原	612 329.91	23.74
丘陵	100 969.44	3.91
山地	1 709 541.76	66.27
台地	74 122.96	2.87

表 4.2　青藏高原地貌形态划分

形态类型	低海拔 <1 000 m	中海拔 1 000～2 000 m	高中海拔 2 000～4 000 m	高海拔 4 000～6 000 m	极高海拔 >6 000 m
平原	低海拔平原	中海拔平原	高中海拔平原	高海拔平原	—
台地	低海拔台地	中海拔台地	高中海拔台地	高海拔台地	—
丘陵（<200 m）	低海拔丘陵	中海拔丘陵	高中海拔丘陵	高海拔丘陵	—
小起伏山地(200～500 m)	小起伏山	小起伏中山	小起伏亚高山	小起伏高山	—
中起伏山地(500～1 000 m)	中起伏低山	中起伏中山	中起伏亚高山	中起伏高山	中起伏极高山
大起伏山(1 000～2 500 m)	—	大起伏中山	大起伏亚高山	大起伏高山	大起伏极高山
极大起伏山地(>2 500 m)	—	—	极大起伏亚高山	极大起伏高山	极大起伏极高山

资料来源：李炳元等，2008

高海拔基本地貌类型占青藏高原总面积的 3/4，连同极高海拔地貌类型则超过 4/5，山地和平原面积的比例接近 3∶1。高原边缘的喜马拉雅山、冈底斯山、喀喇昆仑山、昆仑山、阿尔金山以及祁连山都表现出了较大的起伏度。东南部的横断山区和西北部的喀喇昆仑山脉与昆仑山脉结合部地形起伏最大，分布有高海拔丘陵、小起伏高山、中起伏亚高山和中起伏高山。深切峡谷主要分布在横断山区、雅鲁藏布江及西藏“一河两江”流域，由澜沧江、金沙江以及雅鲁藏布江等长期剧烈的切割作用造成，表现出极大的切割度和起伏度。东北部的柴达木盆地、青海湖盆地、共和盆地、贵德盆地以及若尔盖盆地在地貌类型上都表现为亚高海拔、中海拔丘陵区，羌塘高原主要表现为高海拔丘陵区。

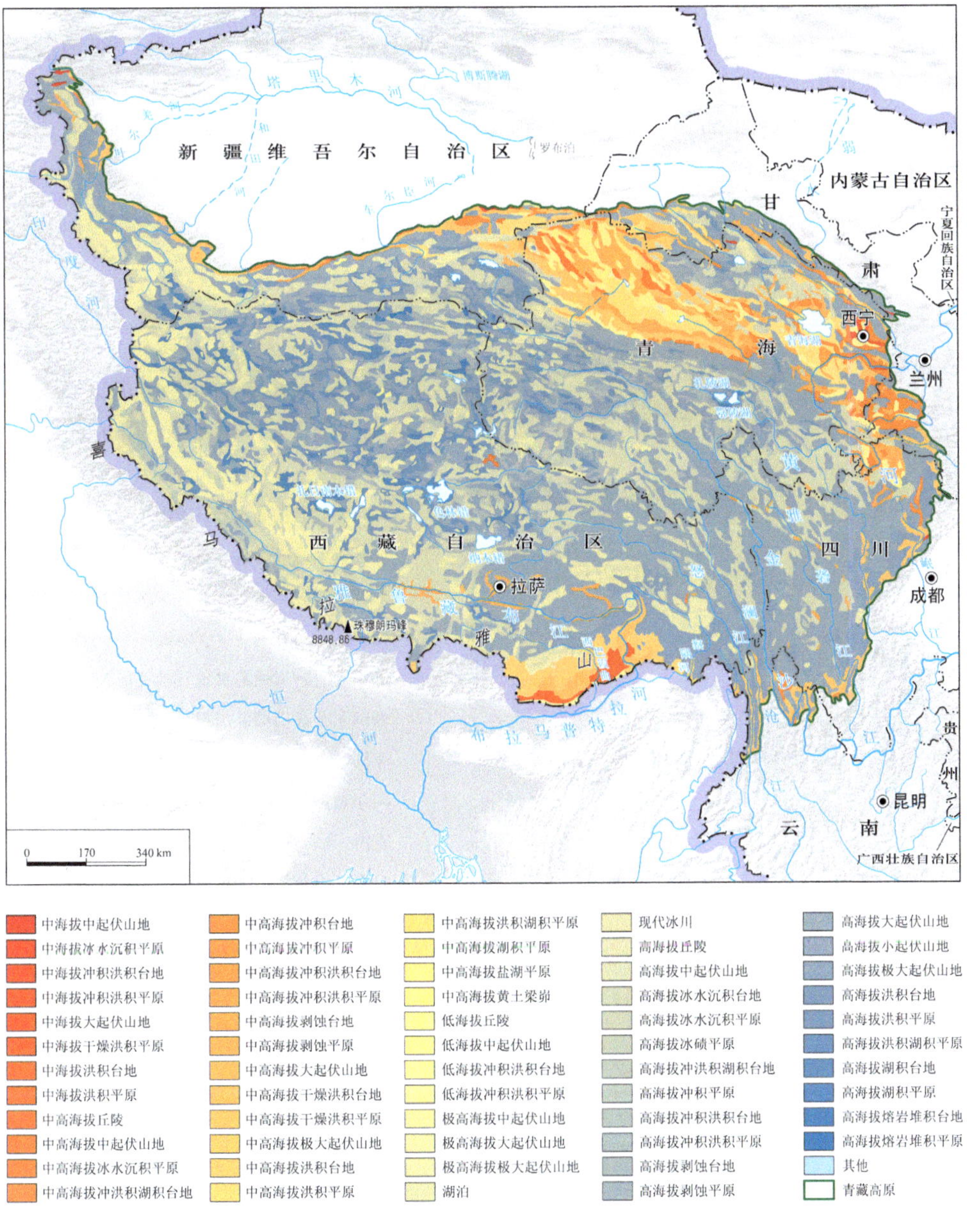

图 4.2　青藏高原地貌形态空间分布

4.1.3　地貌区划

青藏高原海拔高、起伏大、范围广，北起西昆仑山-阿尔金山-祁连山北侧，以 3 000～

4 000 m 的落差与塔里木盆地和河西走廊相接，南至喜马拉雅山的南侧，西界为帕米尔山结，东部边界中段为横断山脉东段，与四川盆地和川滇亚高山地相接。青藏高原是一系列巨大的山系、高原面、镶嵌以宽谷和盆地的组合体，根据青藏高原从北至南、由西向东的基本地貌类型及其组合特征、地貌格局、成因及其区域差异，划分四级地貌区划；包括喀喇昆仑山西昆仑山高山极高山、阿尔金山祁连山高山谷地、柴达木-黄湟高山盆地、中东昆仑高山、江河源丘状山原-江河上游高山谷地、羌塘高原湖盆地、喜马拉雅山高山极高山、横断山高山峡谷等 8 个二级地貌地区，以及 21 个三级地貌区、54 个四级地貌亚区(程维明，2019)。

表 4.3　青藏高原地貌区划

二级地貌区	三级地貌区	四级地貌区
喀喇昆仑山西昆仑山高山极高山地区 VIF	西昆仑高山极高山区 VIF1	西昆仑山极高山高山亚区 VIF1a
		西昆仑山山前中山谷地亚区 VIF1b
	喀喇昆仑高山极高山宽谷盆地区 VIF2	东喀喇昆仑极高山高山宽谷湖盆亚区 VIF2a
		西喀喇昆仑极高山亚区 VIF2b
阿尔金山祁连山高山谷地地区 VIA	北祁连山高山谷地区 VIA1	北祁连西段高山谷地亚区 VIA1a
		北祁连东段高山谷地亚区 VIA1b
	南祁连山高山谷地盆地区 VIA2	南祁连高山谷地亚区 VIA2a
		苏干-哈拉-大通河盆地谷地亚区 VIA2b
	阿尔金山高山极高山区 VIA3	西阿尔金高山极高山亚区 VIA3a
		东阿尔金高山极高山亚区 VIA3b
		阿尔金山间盆地亚区 VIA3c
柴达木-黄湟高山盆地地区 VIB	黄湟河谷盆地区 VIB1	青海-共和湖盆亚区 VIB1a
		拉脊高山黄河谷地亚区 VIB1b
		湟水谷地中山丘陵亚区 VIB1c
	黄南高山盆地区 VIB2	兴海-泽曲高山山原亚区 VIB2a
		西卿山-洮河山原高山河谷亚区 VIB2b
		鄂拉山高山亚区 VIB2c
	柴达木盆地区 VIB3	达布逊盐湖-茫崖冷湖风蚀残丘湖盆亚区 VIB3a
		昆仑山山前洪积河谷干燥丘陵亚区 VIB3b
中东昆仑高山地区 VIC	东昆仑山高山区 VIC1	布尔汗布达极高山高山亚区 VIC1a
		阿尼玛卿-迭山高山山原亚区 VIC1b
	中昆仑山东段高山山原区 VIC2	博卡雷克塔拉高山极高山亚区 VIC2a
		阿尔格高山极高山谷地亚区 VIC2b
	中昆仑山西段高山湖盆区 VIC3	拖库孜达坂-祁漫塔格高山极高山亚区 VIC3a
		库木库勒湖盆山原亚区 VIC3b
		木孜塔格极高山山原亚区 VIC3c

续表

二级地貌区	三级地貌区	四级地貌区
江河源丘状山原-江河上游高山谷地地区 VIE	江河源丘状山原区 VIE1	黄河源丘状山原盆地亚区 VIE1a
		长江源高山丘陵宽谷盆地亚区 VIE1b
		唐古拉山极高山亚区 VIE1c
		怒江源山原宽谷亚区 VIE1d
	江河上游高山谷地区 VIE2	若尔盖亚高山山原宽谷亚区 VIE2a
		长江上游高山山原亚区 VIE2b
		怒江澜沧江上游高山亚区 VIE2c
羌塘高原湖盆地区 VIG	可可西里丘状高原湖盆区 VIG1	可可西里极高山山原湖盆亚区 VIG1a
		可可西里南极高山山原湖盆亚区 VIG1b
	羌塘高原高山极高山湖盆区 VIG2	东羌塘高山湖盆亚区 VIG2a
		中羌塘高山湖盆亚区 VIG2b
		南羌塘极高山高山湖盆亚区 VIG2c
喜马拉雅山高山极高山地区 VIH	念青唐古拉-冈底斯山高山极高山区 VIH1	念青唐古拉极高山高山亚区 VIH1a
		冈底斯山极高山高山谷地亚区 VIH1b
	喜马拉雅山北-雅鲁藏布高山河谷盆地区 VIH2	札达-噶尔曲宽谷盆地亚区 VIH2a
		喜马拉雅山中段北麓高山盆地亚区 VIH2b
		雅鲁藏布江中游高山河谷亚区 VIH2c
	喜马拉雅山极高山高山区 VIH3	东-南喜马拉雅山极高山高山亚区 VIH3a
		中-西喜马拉雅山极高山高山亚区 VIH3b
横断山高山峡谷地区 VID	大雪岷山极高山高山区 VID1	大雪-邛崃极高山高山亚区 VID1a
		岷山极高山高山亚区 VID1b
	横断山北段高山峡谷区 VID2	北沙鲁里山高山山原亚区 VID2a
		南沙鲁里山高山亚区 VID2b
		宁静山高山亚区 VID2c
		伯舒拉他念他翁高山极高山亚区 VID2d
		贡嘎山极高山高山亚区 VID2e
	横断山南段高山峡谷区 VID3	玉龙老君高山亚高山亚区 VID3a
		三江中段高山峡谷亚区 VID3b

4.2　青藏高原自然生态系统

青藏高原是我国乃至亚洲的重要生态安全屏障区和全球生物多样性保护的热点区域。自然生态系统类型复杂多样，广阔高原边缘的深切谷地发育了热带季雨林、山地常绿阔叶林、针阔叶混交林及山地暗针叶林等森林生态系统类型，在宽缓的高原腹地形成了广袤的内陆湖泊、河流以及沼泽等水域生态系统类型，高原冰冻圈以及高寒环境孕育了高原特有的高寒草甸、高寒草原与高寒荒漠等生态系统类型。青藏高原独特的自然地域格局与丰富多样的生境类型，为不同生物区系的相互交汇与融合提供了特定空间，使青藏高原成为现代许多物种的分化中心，衍生出众多高原特有种，同时为古老物种提供了天然庇护场所。青藏高原高寒环境下发育的生态系统非常脆弱，对全球气候变化和人类活动响应十分敏感，是亚洲乃至北半球气候变化的“感应器”和“敏感区”。

4.2.1 地带性特征

1. 水平地带性

青藏高原的隆起改变了欧亚大陆上纬向地带分异的一般规律，在地势高亢、面积巨大的高原上，生态系统类型、自然景观特征以及自然界的地域分异不仅有别于同纬度低地，也与高纬度地区有所不同。青藏高原自然地带的水平分异是亚欧大陆东部低海拔区域相应水平地带在巨大高程上的变异，地势结构和海拔高度引起的太阳辐射、大气环流、温度和水分条件变化是主导因素。青藏高原南北跨越 13 个纬度的范围，纬向地带性明显，年均温自南向北递减，垂直自然分带界线的海拔高程也沿同一方向降低。青藏高原南缘的中喜马拉雅南翼山地与高原北侧祁连山中段北翼山地相比，森林上限和雪线分别高出 600～1 000 m。高原上辐射平衡和温度等要素在空间上以平均海拔 4 800～5 000 m 的羌塘和昆仑山为中心，向周围呈“同心弧状”分布态势(郑度和赵东升，2017)。青藏高原温度、水分条件地域组合呈现从东南暖热湿润向西北寒冷干旱递变的趋势，表现为山地森林—高山草甸—山地/高山草原—山地/高山荒漠的带状更迭，具有明显的水平地带分异特点(图 4.3)。

热带雨林主要分布于喜马拉雅山脉南坡低海拔地区，热带常绿、半常绿乔木占优势。高原东南部分布亚热带常绿阔叶林，优势类群为壳斗科的常绿乔木，高海拔区域分布有大量山地寒温性针叶林。高原东部以高寒灌丛和高寒草甸植被为主，高寒草甸优势植物主要是莎草科等。高原中部高寒草原和温性草原占优势，西部和北部主要分布高寒荒漠和温性荒漠，优势类群主要是藜科植物，禾本科和莎草科等共同组成荒漠草原(秦锋等，2022)。高寒草地作为青藏高原生态系统的主体，是高寒生态系统物种及遗传基因最丰富和最集中的地区之一，在全球高寒生物多样性保护中具有十分重要的地位(董世魁等，2016)。高山潮湿苔原、亚高山湿润森林和冰雪/冰原是青藏高原主要的植被类型。高山潮湿苔原主要分布在青藏高原的中部、西南部和东北部，亚高山湿润森林主要分布在青藏高原的南部和东北部，冰雪/冰原主要分布在青藏高原的中部、西北、西南和东北部的高海拔区域(范泽孟，2021)。

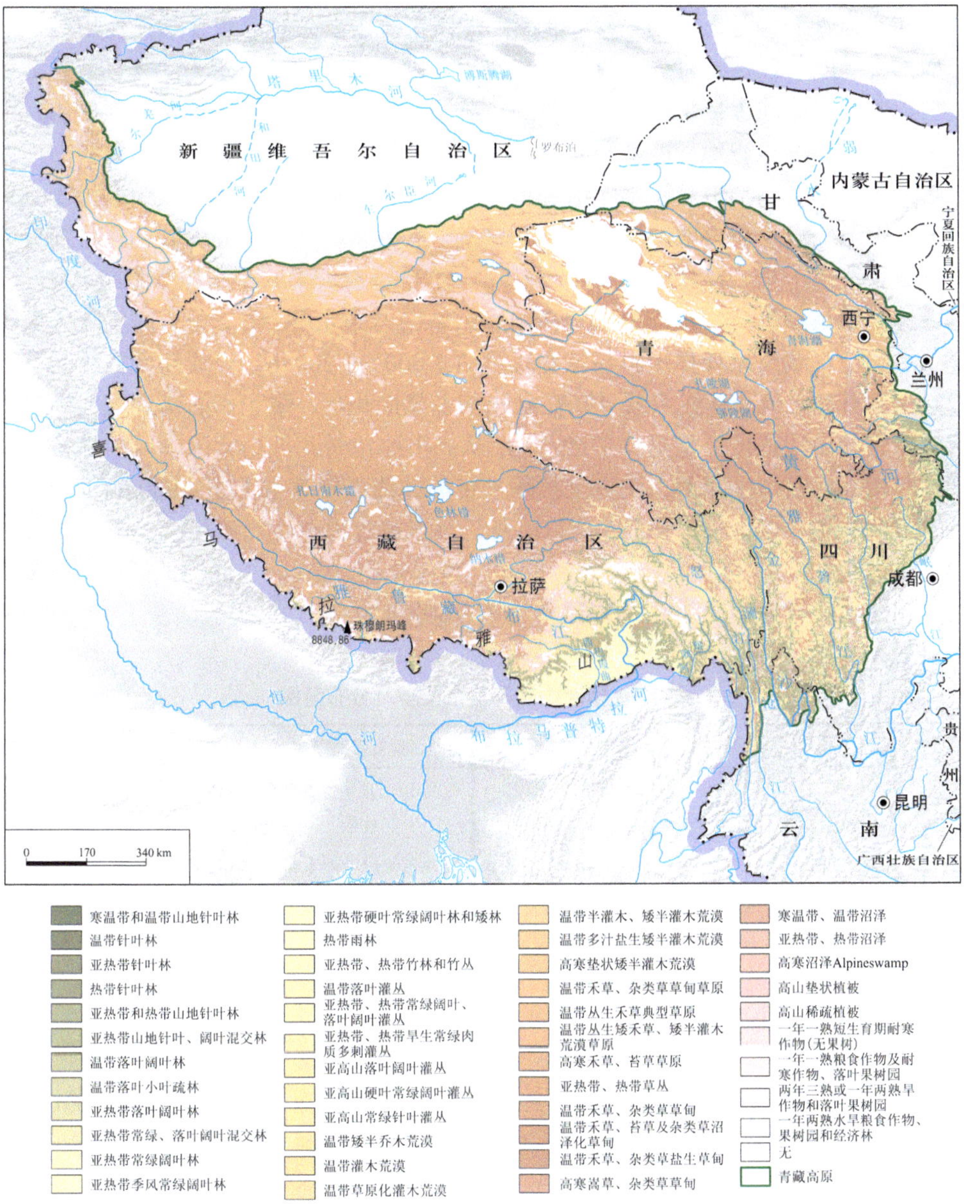

图 4.3　青藏高原植被型

注：青藏高原植被类型数据来源于中国科学院资源环境数据中心的 1:100 万中国植被图。

2. 垂直地带性

垂直自然带结构类型由多种因素共同决定，由山地所处的自然地区或自然地带的位置， 大气环流的作用，山体结构特点、地势及坡向差异等。根据青藏高原各山系垂直自然带谱的基带、类型组合、优势垂直带及温度水分条件等，高原山地垂直带可分为大陆性和季风性两种带谱类型系统。季风性带谱系统主要分布于受夏季风作用显著的高原东南部，温度条件在垂直分异中起主导作用，以山地森林各分带为主体，植被多属中生类型，发育着山地森林土壤，分为湿润、半湿润和高寒半湿润三种结构类型组。大陆性带谱系统广布高原腹地、西部和北部，以高山草原、高山荒漠、山地草原和山地荒漠各分带为主，植被以旱生及超旱生植物占优势，发育着高山草原土、高山寒漠土、山地栗钙土、山地棕漠土和山地灰漠土等，受温度、水分状况地域差异的制约，可细分为高寒半干旱、高寒干旱、高寒极干旱、半干旱、干旱、极干旱 6 个结构类型组。

森林上限是垂直自然带谱中区分高山和山地的一条重要界线，分布高度随区域不同而变化，整个青藏高原森林上限高差变幅可达 1 000～1 200 m。青藏高原林线沿着外部边缘向内部升高，最高林线主要分布在藏东南及横断山区。藏东南的南迦巴瓦峰形成了中国最完整的山地植被类型垂直带谱，包括从高山冰雪带到低山常绿季风雨林带的 9 个垂直自然带。横断山区北部、左贡至拉萨一带的林线高度基本上在 4 000 m 以上，部分地区的阳坡达到 4 600 m；东部边缘的川西、祁连山等地林线高度在 3 200～3 800 m；西部边缘林线高度大多低于 3 800 m，分布高度基本在 3 200～3 800 m 左右；青藏高原内部的林线比边缘地区高 400～1 700 m 左右(索南东主等，2020)。

表 4.4　横断山区垂直带类型及分布范围

垂直带类型	东坡	西坡	垂直带类型	东坡	西坡
山地季风常绿阔叶林带	1 300～1 900 m	—	亚高山/山顶寒温性矮曲林带	4 000～4 200 m	—
山地常绿阔叶林带	1 600～3 100 m	1 400～3 200 m	山地常绿硬叶灌木林带	3 700～4 000 m	3 700～4 000 m
山地半常绿阔叶林带带	1 900～2 800 m	—	亚高山/山顶常绿灌丛带	2 800～3 300 m	2 800～3 300 m
山地常绿硬叶阔叶林带	2 500～3 100 m	2 800～4 300 m	亚高山/山顶落叶灌丛带	—	3 680～4 280 m
山地常绿-落叶阔叶林带	1 600～2 400 m	—	亚高山/山顶灌丛草甸带	3 800～4 600 m	3 800～4 200 m
山地常绿阔叶-落叶阔叶-针叶混交林带	2 700～3 000 m	2 700～3 000 m	高山常绿革叶灌丛带	3 500～4 800 m	3 500～4 700 m
山地落叶阔叶林带	—	2 300～2 500 m	高山落叶灌丛带	3 500～4 100 m	3 500～4 700 m
山地针阔混交林带	1 600～3 300 m	2 000～3 500 m	高山灌丛草甸带	3 500～4 500 m	3 800～4 800 m
山地暖性常绿针叶林带	2 200～3 200 m	2 400～3 450 m	高山草甸带	3 700～4 600 m	3 500～4 900 m
山地温性针叶林带	2 500～3 6000 m	2 500～3 700 m	高寒荒漠带	4 200～5 000 m	—
山地明亮针叶林带	3 000～3 800 m	2 700～3 600 m	高山荒漠草原带	3 800～4 500 m	—
山地暗针叶林带	2 500～4 500 m	3 000～4 500 m	高山亚冰雪带	4 000～5 000 m	4 200～5 100 m
亚高山/山顶常绿苔藓矮曲林带	2 800～2 900 m	2 800～2 900 m	高山冰雪带	4 500 m 以上	4 600 m 以上

资料来源：姚永慧等，2010。

冰雪带下界的现代雪线是垂直自然带中另外一条重要界线，分布高低主要取决于温度和水分条件的变化。整个青藏高原范围内现代雪线分布高度相差达 1 600～2 200 m，总体上呈边缘向内部、东南向西北升高的趋势(郑度和赵东升，2017)。青藏高原东南缘的雪线高度约 4 500～5 000 m，至高原内部的中喜马拉雅山北翼、冈底斯山等区域雪线高度增至 5 800～6 000 m。珠穆朗玛峰北侧绒布冰川及羌塘高原的昂龙岗日雪线达 6 200 m，是北半球海拔最高的雪线。

4.2.2　生态地理区

青藏高原以草原和草甸(60.73%)、(高寒)荒漠(18.63%)、灌丛(7.09%)和森林(5.37%)等四种生态系统类型为主(傅伯杰等，2021)。草原生态系统分为草甸草原、典型草原、荒漠草原和高寒草原，草甸生态系统分为典型草甸、高寒草甸、沼泽化草甸和盐生草甸。森林生态系统包括针叶林(寒温性针叶林、温性针叶林、温性针阔混交林等)、阔叶林(落叶阔叶林、常绿落叶阔叶混交林、常绿阔叶林、硬叶常绿阔叶林、季雨林、雨林)、竹林、灌丛和灌草丛生态系统。

参照“中国植被区划”(吴征镒等，2010)、《中国生态区划研究》(傅伯杰等，2013)、《中国国家公园总体空间布局研究》(欧阳志云等，2018)，青藏高原从北向南依次划分为祁连山针叶林、高寒草甸生态地理区，柴达木盆地荒漠生态地理区，昆仑山荒漠生态地理区，青藏三江源高寒草原草甸生态地理区，羌塘高原高寒草原生态地理区，藏南山地灌丛草原生态地理区，喜马拉雅东段山地雨林、季雨林生态地理区，青藏高原东部森林、高寒草甸生态地理区，南横断山针叶林生态地理区(表 4.5)。

表 4.5　青藏高原生态地理区

生态地理区	生态系统类型	植被类型	分布区域
祁连山针叶林、高寒草甸生态地理区	温带山地针叶林生态系统 温带荒漠草原 高寒草甸生态系统	暗针叶林、高寒草甸 矮灌木荒漠草原 温带丛生禾草草原	青海东北部 祁连山
柴达木盆地荒漠生态地理区	温带荒漠生态系统 山地草原生态系统	半灌木荒漠植被 矮灌木荒漠植被	柴达木盆地
青藏三江源高寒草原草甸生态地理区	高寒草甸生态系统 高寒沼泽生态系统	高寒草甸、高寒草原 沼泽草甸、山地针叶林	青藏高原中部 江河源上游
昆仑山荒漠生态地理区	温带山地荒漠生态系统 高寒草原生态系统	半灌木、矮灌木荒漠植被 温带荒漠草原、高寒草原	昆仑山、喀喇昆仑山
羌塘高原高寒草原生态地理区	高寒草原生态系统	高寒草原 高寒草甸 草本沼泽湿地	唐古拉山 喜马拉雅山西部 雅鲁藏布江上游河谷 冈底斯山

续表

生态地理区	生态系统类型	植被类型	分布区域
藏南山地灌丛草原生态地理区	高寒草原生态系统 高寒草甸生态系统	温性草原、高寒草原 高寒草甸、高寒灌丛	青藏高原西南部 冈底斯山南麓 念青唐古拉山南麓 喜马拉雅山西部
喜马拉雅东段山地雨林、季雨林生态地理区	热带雨林生态系统	热带、亚热带雨林 山地常绿阔叶林 山地针阔叶混交林 高山灌丛草甸 亚高山针叶林	青藏高原东南缘 雅鲁藏布江下游
青藏高原东部森林、高寒草甸生态地理区	温带草原生态系统 亚热带山地针叶林生态系统	干旱灌丛、常绿阔叶林 高山栎林、亚高山针叶林 高山灌丛草甸、高山草甸	藏南山地以东 四川盆地以西 云贵高原西北
南横断山针叶林生态地理区	亚热带山地针叶林生态系统 常绿阔叶林生态系统	山地常绿阔叶林 针阔叶混交林 硬叶常绿阔叶林 山地常绿针叶林 亚高山常绿阔叶灌丛 高山草甸	横断山南段

4.2.3 物种多样性

青藏高原孕育了丰富的野生动植物资源，根据科考统计发现，青藏高原有维管植物 14 634 种，约占中国维管植物的 45.8%，是中国维管植物最丰富和最重要的地区；青藏高原记录有脊椎动物 1 763 种，约占中国脊椎动物的 40.5%(蒋志刚等，2016)。青藏高原物种多样性分布格局呈现出从东南部至西北部逐渐递减的趋势，东喜马拉雅和横断山脉地区是物种丰富度较高的区域，是全球生物多样性的热点地区之一，是我国特有植物最丰富的地区和高山植物区系的中心。

1. 特有物种

青藏高原自新近纪以来的强烈隆升形成了独特的自然环境，受遗传基因和生态习性的影响，形成了许多青藏高原特有种，如羽叶点地梅(*Pomatosace filicula*)、画笔菊(*Ajaniopsis penicilliformis*)、垫状驼绒藜(*Krascheninnikovia compacta*)、玉龙蕨(*Polystichum glaciale*)等植物物种，藏羚羊(*Pantholops hodgsoni*)、藏原羚(*Procapra picticaudata*)、藏野驴(*Equus* Kiang)、喜马拉雅旱獭(*Marmota himalayana*)、棕草鹛

(*Babax koslowi*)等动物物种。在古地中海西撤和第四纪冰期环境剧烈变化时期，古老残遗种或孑遗种在高原边缘或特殊地带寻觅到适合的“避难所”得以生存下来，如巨柏(*Cupressus gigantea*)、冬麻豆(*Salweenia wardii*)、独叶草(*Kingdonia uniflora*)等植物物种，大熊猫(*Ailuropoda melanoleuca*)、野牦牛(*Bos grunniens*)、斑尾榛鸡(*Bonasa sewerzowi*)等动物物种(郑度和赵东升，2017)。有些古老种由于高原隆起后造成的地理隔离，在生存、适应的驱使下，性状发生变异而演化为特有种。

根据第二次青藏科考统计发现，青藏高原特有脊椎动物 494 种，占脊椎动物物种数的 28.0%；青藏高原特有种子植物共有 3 764 种，占中国特有种子植物的 24.9%，隶属于 113 科 519 属；其中，多数为草本植物(2 873 种)，占青藏高原特有种数的 76.3%；灌木 769 种，乔木 122 种，分别占青藏高原特有种数的 20.4%和 3.3%(于海彬等，2018)。从科的组成上看，100 种以上的有菊科(Asteraceae)、毛茛科(Ranunculaceae)、列当科(Orobanchaceae)、杜鹃花科(Ericaceae)、报春花科(Primulaceae)等 15 科，共计 2 634 种，占青藏高原特有种数的 69.98%。从属的组成上看，含 30 个特有种以上的 23 个属，共包含物种 1 814 种，占青藏高原特有种数的 48.19%，马先蒿属(*Pedicularis*)、杜鹃花属(*Rhododendron*)、紫堇属(*Corydalis*)、报春花属(*Primula*)、虎耳草属(*Saxifraga*)、风毛菊属(*Saussurea*)和翠雀属(*Delphinium*)的物种数均超过 100 种。从空间分布来看，横断山高山峡谷区和藏东南地区特有种最多，羌塘高原、柴达木盆地和西昆仑山区的特有种很少。

2. 珍稀濒危物种

根据第二次青藏科考统计发现，据世界自然保护联盟(IUCN)红色名录的标准，青藏高原维管植物中有 662 种受威胁物种和灭绝物种，约占中国维管植物的受威胁和灭绝物种的 1/5；青藏高原脊椎动物中有 169 种为受威胁物种，占青藏高原所有脊椎动物物种数的 9.58%(傅伯杰等，2021)。青藏高原重点保护物种包括国家一级保护动物，藏羚羊(*Pantholops hodgsoni*)、雪豹(*Panthera uncia*)、黑颈鹤(*Grus nigricollis*)、白唇鹿(*Przewalskium albirostris*)、普氏原羚(*Procapra przewalskii*)、马鹿(*Cervus elaphus*)、长嘴百灵(*Melanocorypha maxima*)、玉带海雕(*Haliaeetus leucoryphus*)、藏雪鸡(*Tetraogallus tibetanus*)等 38 种，占全国一级保护动物 36.7%；二级保护动物 盘羊(*Ovis ammon*)、猞猁(*Lynx lynx*)、蓝马鸡(*Crossoptilon auritum*)等 85 种，占全国二级保护动物的 46%(郑度和赵东升，2017)。青藏高原珍稀植物物种有冬虫夏草(*Ophiocordyceps sinensis*)、红景天(*Rhodiola rosea*)、掌叶大黄(*Rheum palmatum*)、秦艽(*Gentiana macrophylla*)、雪莲(*Echeveria laui*)等。

3. 有蹄类物种

青藏高原分布有 28 种有蹄类动物，占中国有蹄类动物的 42%，是高原动物区系的典型代表(蒋志刚，2018)。高原有蹄类物种主要分布在昆仑山脉东段、巴颜喀拉山、横断山脉、祁连山脉、喜马拉雅山脉东段、羌塘高原北部、可可西里和三江源地区。藏野驴(*Equus* Kiang)、藏羚羊(*Pantholops hodgsoni*)、野牦牛(*Bos grunniens*)、白唇鹿(*Przewalskium albirostris*)、藏原羚(*Procapra picticaudata*)、普氏原羚(*Procapra przewalskii*)生存于高原夷平面、洪积扇、湖周盆地生境，鹅喉羚(*Gazella subgutturosa*)适应高寒荒漠生境，塔尔羊(*Hemitragus jemlahicus*)、岩羊(*Pseudois nayaur*)、西藏盘羊(*Ovis hodgsoni*)和帕米尔盘羊(*Ovis polii*)多栖息于高山悬崖生境，羚牛(*Budorcas taxicolor*)、林麝(*Moschus berezovskii*)、黑麝(*Moschus fuscus*)、喜马拉雅麝(*Moschus leucogaster*)、西藏马鹿(*Cervus wallichii*)、白唇鹿(*Przewalskium albirostris*)和喜马拉雅鬣羚(*Capricornis thar*)等主要分布在森林灌丛生境。

表 4.6　青藏高原有蹄类动物(蒋志刚，2018)

物种	红色名录等级			国家重点保护野生动物级别	CITES 附录	特有种	分布海拔/m
	1995 年	2004 年	2015 年				
野牦牛	VU	VU	VU	I	I	E	4 000～5 500
不丹羚牛	EN	CR	VU	I[3]	II		1 000～4 000
贡山羚牛			VU	I[3]	II		1 760～4 100
四川羚牛	EN	EN	VU	I	II	E	1 000～4 000
白唇鹿	EN	EN	EN	I		E	3 500～5 200
西藏马鹿	EN	VU	EN	II		E	3 500～5 000
梅花鹿	EN	EN	CR	I			100～5 000
水鹿	VU	VU	NT	II			2 000～4 000
毛冠鹿	VU	VU	VU				300～2 600
藏野驴	VU	EN	NT	I	II	E	3 800～5 100
鹅喉羚	VU	EN	VU	II			2 600～4 000
林麝	EN	EN	CR	I	II		1 600～4 000
高山麝	EN	EN	CR	I	II	E	3 300～5 200
喜马拉雅麝			EN	I	II		2 500～4 000
黑麝	VU	EN	CR	I	II		3 000～4 200
中华鬣羚	VU	VU	VU	II	I		2 000～4 200
西藏盘羊	EN	EN	NT	II	I	E	3 500～5 000
帕米尔盘羊			VU	II	II		1 500～5 500
藏羚	EN	EN	NT	I	I	E	3 250～5 500
藏原羚	VU	VU	NT	II		E	5 000～5 750
普氏原羚	CR	CR	CR	I		E	3 100～4 800
岩羊	VU	VU	LC	II	III		2 400～6 000
野猪	LC	LC	LC				800～3 500
小麂	VU	VU	VU				50～3 500

续表

物种	红色名录等级			国家重点保护野生动物级别	CITES 附录	特有种	分布海拔/m
	1995 年	2004 年	2015 年				
贡山麂	EN	EN	CR				900～3 000
北山羊	EN	EN	NT	I	III		2 000～5 000
塔尔羊	EN	EN	CR	I			3 000～4 000
赤斑羚	NT	EN	EN	I			2 000～4 500

注：红色名录等级：LC：无危； NT：近危；VU：易危；EN：濒危；CR：极危。

科考专栏 4-1　青藏高原有蹄类动物

藏羚羊是国家一级保护野生动物，被誉为“高原精灵”，是青藏高原动物区系的典型代表，是构成青藏高原自然生态的极为重要的组成部分。科考发现，藏羚羊多分布在海拔 4 000 m 以上的高寒草原和高寒草甸，在长江源、可可西里、羌塘、色林错等区域多见，禾本科、莎草科及豆科植物为藏羚羊主要食谱构成。藏羚羊形成了按季节迁徙和繁殖的规律，每年 5 月雌性藏羚羊逐渐集结并向夏季产羔区迁徙，6 月 20 日至 7 月 10 日小羊羔陆续出生，完成生产后雌性藏羚羊于 7～8 月陆续回迁越冬栖息地，藏羚羊迁徙被誉为全球最壮观的有蹄类动物大迁徙之一。

长江源藏羚羊科考照片

野牦牛是青藏高原特有物种和旗舰物种，属典型的高寒区动物，主要分布在青藏高原以及周围邻近地区海拔 3 200～6 100 m 的高寒生境。野牦牛是青藏高原乃至中国现存最大的有蹄类动物，体长 200～280 cm，肩高 160～180 cm，体重在 500 kg 以上。在羌塘、可可西里、三江源、阿尔金山等区域科考时多见，本次调查发现野牦牛垂直分布范围从海拔 4 300～5 525 m，多栖息在植被丰富的雪山或临近冰川、湖泊等水源的高大山体附近，高寒草地是野牦牛适宜的栖息地，食物以针茅、薹草、莎草、蒿草等高山寒漠植物为主。

阿尔金山野牦牛科考照片

4.2.4 自然保护地体系

1. 国内自然保护地

青藏高原是珍稀野生动植物的天然栖息地和高原物种基因库，是中国乃至亚洲重要的生态安全屏障，羌塘-三江源区、喜马拉雅东南部区、岷山-横断山北段区、横断山南段、祁连山区等区域是我国生物多样性保护优先区域。目前，青藏高原已建立的国家级自然保护区涉及森林生态、荒漠生态、野生动物、内陆湿地等类型，保护对象涵盖珍稀动植物及其生境、湿地生态系统、森林生态系统、荒漠生态系统等(表 4.7)。基本涵盖了高原独特和脆弱生态系统及珍稀物种资源，形成了布局较合理、类型较齐全、功能较完善的自然保护区网络，有效保护了青藏高原生物多样性，改善了生物栖息地环境质量，提高了生态系统服务功能，极大地增强了高原生态安全屏障功能的稳定性。

表 4.7 国家级自然保护区名录

自然保护区	主要保护对象	类型
可可西里	藏羚羊、野牦牛等动物及高原生态系统	野生动物
色林错	黑颈鹤繁殖地、高原湿地生态系统	野生动物
雅鲁藏布江中游河谷黑颈鹤	黑颈鹤及其生境	野生动物
类乌齐马鹿	马鹿、白唇鹿等野生动物及其栖息地	野生动物
芒康滇金丝猴	滇金丝猴及其生态系统	野生动物
尕海-则岔	黑颈鹤等野生动物、高寒沼泽湿地森林生态系统	野生动物

续表

自然保护区	主要保护对象	类型
多儿	大熊猫、扭角羚、梅花鹿等珍稀濒危野生动	野生动物
白河	川金丝猴、大熊猫等珍稀野生动物及其栖息地	野生动物
九寨沟	大熊猫等珍稀野生动物及森林生态系统	野生动物
王朗	大熊猫、金丝猴等珍稀动物及森林生态系统	野生动物
白水江	大熊猫、金丝猴、扭角羚等野生动物	野生动物
唐家河	大熊猫等珍稀野生动物及森林生态系统	野生动物
雪宝顶	大熊猫、川金丝猴、扭角羚及其生境	野生动物
千佛山	大熊猫、川金丝猴等珍稀野生动物及其栖息地	野生动物
小寨子沟	大熊猫、扭角羚及森林生态系统	野生动物
卧龙	大熊猫等珍稀野生动物及森林生态系统	野生动物
蜂桶寨	大熊猫等珍稀野生动物及森林生态系统	野生动物
小金四姑娘山	野生动物及高山生态系统	野生动物
察青松多白唇鹿	白唇鹿、雪豹等野生动物	野生动物
格西沟	四川雉鹑、绿尾虹雉以及大紫胸鹦鹉等珍稀动物	野生动物
栗子坪	大熊猫、红豆杉、连香树等珍稀野生动植物	野生动物
罗布泊野骆驼	野骆驼及其生境	野生动物
安南坝野骆驼	野骆驼、野驴等野生动物及荒漠草原	野生动物
盐池湾	白唇鹿、野牦牛、野驴等珍稀动物及其生境	野生动物
青海湖	黑颈鹤、斑头雁、棕头鸥等水禽及湿地生态	野生动物
雅鲁藏布大峡谷	山地垂直带带谱及野生动植物	森林生态
察隅慈巴沟	山地亚热带森林生态系统及扭角羚、孟加拉虎	森林生态
珠穆朗玛峰	高山森林、荒漠生态系统及雪豹等野生动物	森林生态
长沙贡玛	森林生态系统、野生动植物、冰川	森林生态
洮河	森林生态系统	森林生态
白水河	森林生态系统、大熊猫、金丝猴等珍稀野生动物	森林生态
龙溪—虹口	亚热带山地森林生态系统、大熊猫、珙桐等	森林生态
贡嘎山	高山森林生态系统及珍稀动物	森林生态
亚丁	森林生态系统、野生动植物、冰川	森林生态
高黎贡山	森林植被垂直带谱、珍稀动植物	森林生态
白马雪山	高山针叶林、滇金丝猴	森林生态
甘肃祁连山	水源涵养林及珍稀动物	森林生态
甘肃莲花山	森林生态系统	森林生态
连城	森林生态系统及祁连柏、青扦等物种	森林生态
太子山	水源涵养林及野生动植物	森林生态
循化孟达	森林生态系统及珍稀生物物种	森林生态

续表

自然保护区	主要保护对象	类型
大通北川河源区	高原森林生态系统及白唇鹿等珍稀动物	森林生态
三江源	珍稀动物及湿地、森林、高寒草甸等	内陆湿地
麦地卡湿地	高寒湿地生态系统	内陆湿地
拉鲁湿地	高寒湿地生态系统	内陆湿地
玛旁雍错湿地	玛旁雍错湿地生态系统	内陆湿地
三江源	珍稀动物及湿地、森林、高寒草甸等	内陆湿地
黄河首曲	黄河首曲高原湿地生态系统	内陆湿地
若尔盖湿地	高寒沼泽湿地及黑颈鹤等野生动物	内陆湿地
南莫且湿地	湖泊、沼泽等高原湿地生态系统	内陆湿地
海子山	高寒湿地生态系统及白唇鹿、马麝、藏马鸡	内陆湿地
羌塘	藏羚羊等有蹄类动物及高原荒漠生态系统	荒漠生态
阿尔金山	有蹄类野生动物及高原生态系统	荒漠生态
柴达木梭梭林	以梭梭为主的荒漠植被类型	荒漠生态

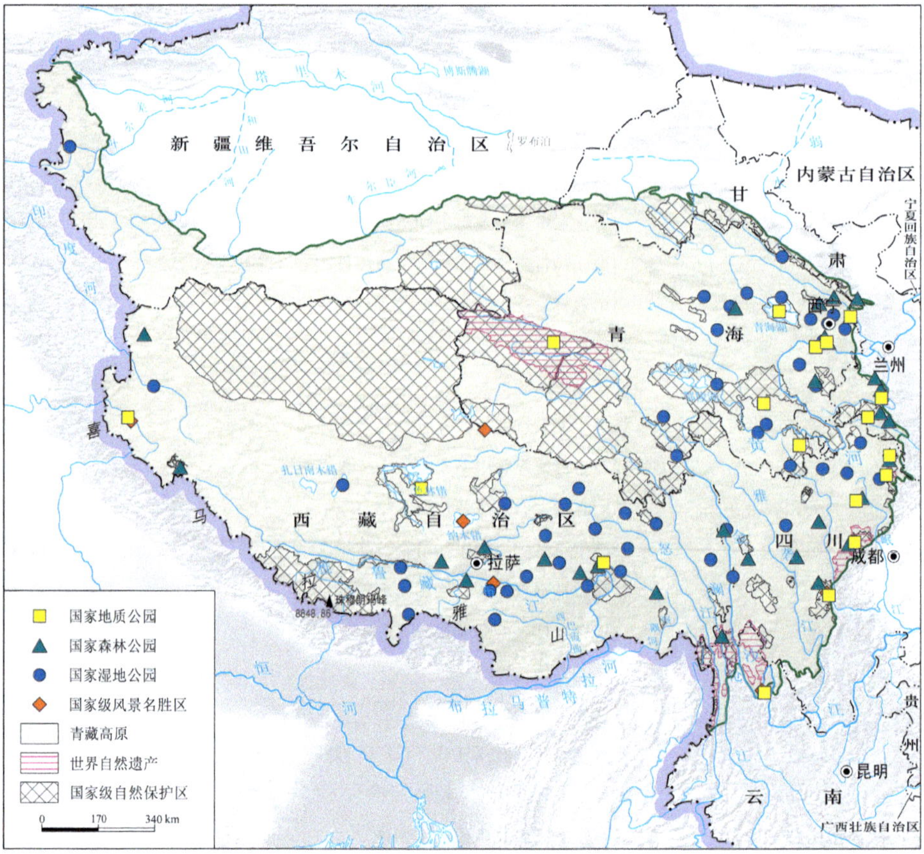

图 4.4　青藏高原自然保护地空间分布

青藏高原的国家级风景名胜区、地质公园、森林公园、湿地公园等(图 4.4)，在保护自然生态系统与自然景观的基础上，开展生态游憩、环境教育和科研考察活动，为工作提供了亲近自然、认识自然的机会，同时为保护生物多样性和区域生态安全作出了重要贡献。

2. 国际自然保护地

世界自然遗产是地球演化过程中形成的具有突出科学与保护价值的自然精华区域，联合国教科文组织世界遗产委员会确定了 4 项评估标准，用以筛选全球在自然美、地质过程、生态过程和生物多样性保护方面具有突出普遍价值的自然遗产，符合其中一项或多项标准并通过评估的自然遗产地可列入《世界遗产名录》。青藏高原已创建可可西里、黄龙、九寨沟、三江并流、四川大熊猫栖息地等 5 处世界自然遗产(详见表 4.8)，帕米尔-喀喇昆仑、札达土林、神山圣湖、青海湖等列入《世界遗产预备名录》，青海昆仑山列入世界地质公园，涉及山地、高原、峡谷、冰川、森林、草原、野生动植物等，综合展现了青藏高原全球突出的生物生态学、地学和美学价值。

表 4.8　青藏高原的世界自然遗产地及其全球价值

遗产地	遗产价值
可可西里	(VII)：是世界上最大、最年轻高原的组成部分，拥有非凡的自然美景，叹为观止。可可西里充满着极具冲击力的反差对比，得天独厚的高原生态系统宏伟壮观，无遮无挡的草原背景下是活跃的野生动植物，微小的垫状植物与高耸的皑皑雪山形成鲜明对比。 (X)：可可西里植物区系的高度特有性，与高海拔和寒冷气候的特点结合，共同催生了同样高度特有的动物区系。可可西里是藏羚羊、藏野牦牛、藏野驴、藏原羚、狼和棕熊的主要生境区，藏羚羊是青藏高原特有的濒危大型哺乳动物之一，该区域完整保存着的藏羚羊在三江源和可可西里间的迁徙路线，支撑着藏羚羊不受干扰的迁徙
三江并流	(VII)：金沙江、澜沧江、怒江，江水并流而不交汇，峡谷深邃，川峡是该地区的主要风景元素。连绵的高山，与梅里、白马和哈巴雪山峰顶构成了一道壮观的天际线风景。明永冰川是北半球中低纬度(28 °N)下海拔下降最低的冰川，形成了怒江峡谷月亮石和阿尔卑斯式丹霞风化层“龟甲”等众多自然美景。 (VIII)：在展现近 5 000 万年印度洋板块、欧亚板块碰撞的地质历史、古地中海的闭合以及喜马拉雅山和西藏高原的隆起方面具有十分突出的地学价值。高山带的喀斯特地形、花岗岩巨型独石以及丹霞砂岩地貌等多样的岩石类型记录了这一阶段的地球历史。 (IX)：三江并流区域的生态过程是地质、气候和地形影响的共同结果。具有 6 000 m 几乎垂直的陡坡降，是更新世时期的残遗种保护区，并位于生物地理的汇聚区，为高度生物多样性的演变提供了良好的物理基础。 (X)：三江并流地区是世界生物多样性最丰富的地区之一，是世界级物种基因库，是北半球生物景观的缩影。三江并流地区集中了北半球南亚热带、中亚热带、北亚热带、暖温带、温带、寒温带、温带、寒带的多种气候和生物群落，是地球最直观的体温表和中国珍稀濒危动植物的避难所，具有突出的全球价值

续表

遗产地	遗产价值
黄龙	(VII)：黄龙以其美丽的山地风光而闻名，拥有相对不受干扰和高度多样化的森林生态系统，以及钙华池、瀑布和石灰岩浅滩等更为壮观的局部喀斯特地貌。石灰华阶地和湖泊在整个亚洲无疑是独一无二的，并跻身于世界三大杰出典范之列
九寨沟	(VII)：九寨沟是著名的风景名胜与艺术胜境。其众多的湖泊、瀑布和石灰石梯田景观，与清澈、富含矿物质、宛如仙境的湖水，在壮观的高寒山区组成一个高度多样化的森林生态系统，展示了非凡的自然美景
大熊猫栖息地	(X)：四川大熊猫栖息地生存着全世界30%以上的野生大熊猫，是全球最大最完整的大熊猫栖息地。是全球除热带雨林以外植物种类最丰富的区域，被保护国际(CI)选定为全球生物多样性热点地区，被世界自然基金会(WWF)确定为全球200生态区

青藏高原边界外国外自然保护地共有 76 处，其中纳入 IUCN 自然保护地管理分类指南的有 57 处，包括 Ia 严格的自然保护区 2 处，II 国家公园 19 处，III 自然历史遗迹或地貌 1 处，IV 栖息地/物种管理区 13 处，VI 自然资源可持续利用保护地 22 处；另外，还有世界遗产 10 处，联合国教科文组织人与生物圈保护区 1 处，以及其他暂未列入 IUCN 分类的保护地 8 处。青藏高原所在的喜马拉雅-兴都库什山脉是全球重要的生物多样性热点地区，对于维护生态系统完整性和生物多样性具有重要意义，为了最大限度地减轻行政区划界线对生态保护的阻隔作用，实现最大程度的联合跨境保护；此外，开展跨地区跨境联合保护对于保障边境地区繁荣发展、推进“一带一路”建设、维护地区和平稳定具有重大政治意义。结合我国东北虎豹国家公园和俄罗斯、朝鲜合作保护的经验，将青藏高原周边国外跨境自然保护地也纳入长远考虑，主要涉及吉尔吉斯斯坦、塔吉克斯坦、阿富汗、巴基斯坦、印度、尼泊尔、不丹、缅甸等国家的自然保护地。

4.3 青藏高原人文地理特征

4.3.1 多民族融合聚居的分布格局

1. 多民族和谐共居

文化的起源和发展紧紧依托自然环境，青藏高原地区具有气候、地貌、土壤、植被等自然环境多样性，为文化过程及信仰体系的发展提供了孕育的场所和环境，形成了与高原环境相适应的社会文化特征。青藏高原地理环境和历史背景的特殊性，使其构成了一个具有独特生态和文化特征的区域单元。青藏高原地区是藏族聚居区，同时还生活着汉族、蒙古族、纳西族、门巴族、珞巴族、土族、羌族、彝族、白族、保安族、东乡族、哈萨克族、回族、傈僳族、怒族、撒拉族等世居民族，是多民族共居、民族关系和谐共生的典型区域。

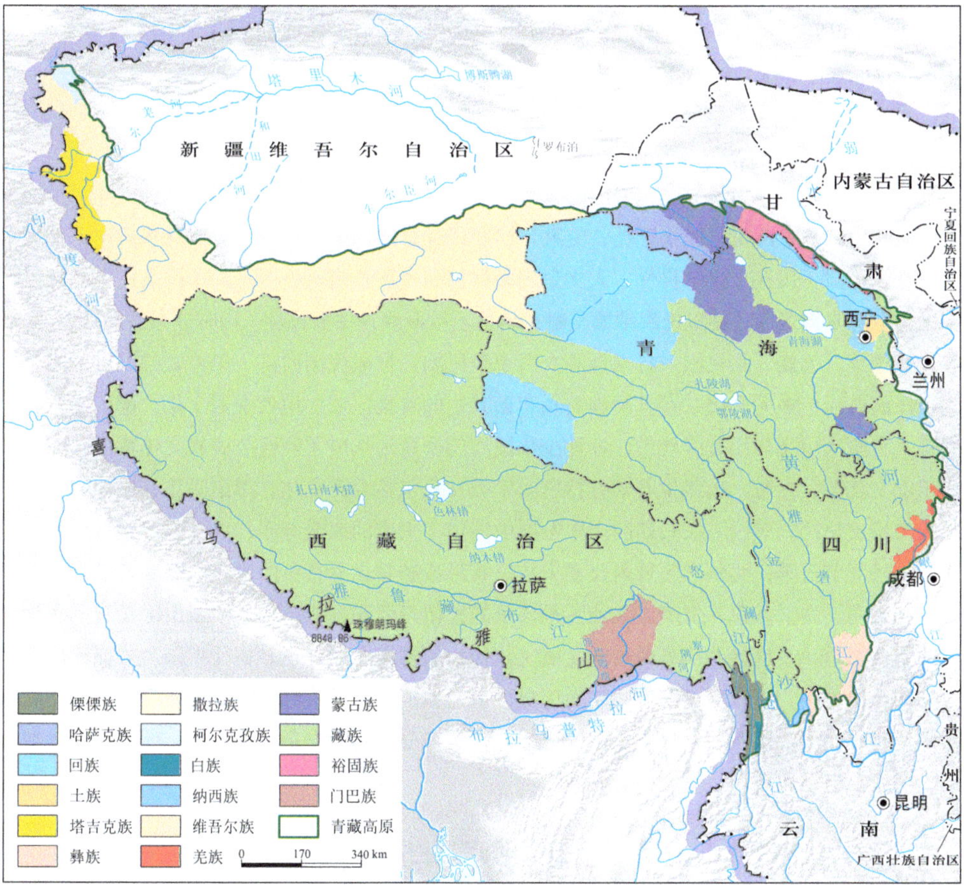

图 4.5　青藏高原主要民族县域分布

以第七次人口普查数据作为数据来源，选取民族人口数据中少数民族人口数最多的民族作为各县域的主体民族。从县域主体民族的构成来看，藏族占 61.57%，维吾尔族占 15.72%，回族占 5.68%，哈萨克族占 4.37%，彝族占 2.18%，柯尔克孜族、傈僳族、蒙古族、羌族均占 1.75%，塔吉克族、白族、门巴族、纳西族、撒拉族、土族和裕固族均不足 1%(图 4.5)。从县域主体民族的空间分布来看，青藏高原腹地是藏族聚居区，横断山高山峡谷区东部和南部的主体民族主要为羌族、彝族、傈僳族、纳西族、白族等；祁连山区域的主体民族主要为回族、哈萨克族、蒙古族、裕固族、土族等；帕米尔-昆仑山的主体民族主要为维吾尔族、哈萨克族、塔吉克族等。

2. 传统聚落景观丰富

青藏高原地区涵盖高原、盆地、谷地、峡谷等自然地貌，面域广阔，各地区环境差异显著，且因其特殊的地理位置自古即为重要的民族流通、文化传播和商贸运输的区域，在多种因素作用下，青藏高原地区形成了丰富的聚落类型。依据显著的文化特征可将传统聚落归纳为农耕聚落、游牧聚落、宗堡聚落、防御聚落、寺院聚落和商贸聚落。

科考专栏 4-2　横断山区——多元民族文化融合的典型代表

横断山区是中国南北民族迁徙、交融、演变最频繁的地区，形成了少数民族最多、密度最高的聚集地，形成了民族文化多样性、人文景观多样性、民居建筑风格多样性、民风民俗多样性。横断山区是藏彝走廊民族迁徙、民族频繁交融的地区，以藏族为主要民族，同时分布着纳西族、彝族、白族、傈僳族、怒族、独龙族、普米族等众多少数民族，形成我国西部一条重要的民族走廊，发展成为多民族共居、多元文化共存、民族关系和谐共生的典型区域。地处中原文化、南亚文化、东南亚文化、青藏高原文化的边缘地带，各种少数民族的聚居地形成了鲜明的民族文化特色，如康巴文化、东巴文化等。同时，也伴生着富有特色的宗教文化包括寺庙文化、神山文化、民间信仰文化以及宗教节庆文化等。该区域在长期的历史发展中遗留下大量的宗教寺庙，以及围绕宗教所形成的各种习俗、民间节日等；此外，区域内众多少数民族形成独具自身特色的碉楼、藏寨等建筑形式、村落结构和布局、生活习惯、生产方式及各种传统的民俗习惯和民族节庆。横断山区是我国古代茶马古道的重要通道，是世界上地势最高的文明文化传播的古道之一，也是古代中国对外交流的第三条通道，同丝绸之路、海上之道有着同样的历史价值和地位。茶马古道是汉藏民族和民族团结的象征和纽带，也是迄今我国西部文化原生态保留最好、最多姿多彩的一条文化走廊，保存了大量城镇、寺庙、村寨等历史遗迹。

横断山科考照片

青藏高原的游牧聚落以高海拔草原牧场为主要的生活场域，游牧聚落主要分布在安多藏区东部草原，部分分布在卫藏藏区的藏北高原。散落在高山峡谷、江河湖畔、广袤草原的宫殿、寺院，庄园、民舍等西藏建筑，与苍茫原野浑然一体，古朴粗犷，充满了最纯朴的原始美。传统聚落建筑的布局、体量、形态，始终在变化之中。如果是依山而建，那建筑则是漫山遍野，随着山峦地形的起伏，有高有低。如果是平川建房，那建筑则是星罗棋布，没有统一的体量，没有统一的高度，没有约束地自由展开，建筑有大有小，有聚有散。高原民族传统文化是高原自然环境的产物，民族文化又影响、塑造了高原自然环境；高原自然环境与民族传统文化是具有同源共生、内在统一的生态文化整体，文化的保护传承必须连同与它的生命休戚与共的生态环境一起加以保护。

3. 非遗文化活态传承

非物质文化遗产(以下简称“非遗”)是一种特殊的文化景观，主要以人为载体，以传统文化为表现形式，具有重要的文化、历史、审美和游憩价值。截至 2021 年年底，青藏高原的西藏、青海、甘肃、云南、四川、新疆等六省区拥有国家级非遗 270 项，其中格萨尔史诗、青海热贡艺术、藏医药浴法、藏戏、羌年等 5 项入选了联合国教科文组织非物质文化遗产名录。从非遗类型在青藏高原的分布来看，传统舞蹈类非遗的数量在整个区域内占据优势，一共有 63 项，主要分布在西藏(31 项)、四川(14 项)。民俗和传统音乐也是青藏高原地区分布较多的非遗项目，分布有 49 项和 41 项。民俗类非遗主要分布在西藏(12 项)和青海(15 项)，传统音乐类非遗主要分布在青海(15 项)和四川(11 项)，传统技艺类非遗分布也比较多，主要分布在西藏(15 项)和青海(9 项)，传统美术类非遗主要分布在西藏(8 项)和青海(8 项)，传统戏剧类非遗主要分布在西藏(9 项)，民间文学类非遗主要分布在青海(9 项)，传统体育、游艺与杂技、传统医药和曲艺等类型非遗项目在青藏高原地区的分布较少，数量均少于 10 项。

表 4.9　青藏高原各行政区非遗项目分布表

非遗数量 (国家级/省级)	甘肃省	青海省	四川省	西藏 自治区	新疆维吾尔自治区	云南省
传统技艺	1/10	11/30	7/35	11/78	0/0	2/9
传统美术	1/2	11/17	6/6	4/19	0/0	0/2
传统体育、游艺与杂技	0/3	3/9	1/2	1/7	1/4	0/0
传统舞蹈	1/4	9/22	12/30	25/95	1/1	2/4
传统戏剧	0/0	3/7	2/4	8/11	0/0	0/0
传统医药	1/0	6/12	1/0	0/20	0/0	1/1
传统音乐	1/3	14/25	8/13	2/18	1/1	1/4
民间文学	0/3	9/21	3/6	3/14	0/0	1/2
民俗	0/5	16/46	5/22	10/47	3/4	3/9
曲艺	0/1	4/4	0/2	0/9	0/0	0/0
合计	5/31	86/193	45/120	64/318	6/10	10/31

非物质文化遗产是人类文化活动的产物，其受区域内人地关系两个系统相互影响、相互作用的影响，其形成和分布受地理环境(地形、气候、降水、河流等)、交通条件、人文社会因素(人口、经济)的共同影响。作为历史“活态”文化的非物质文化遗产，是在特定的历史时期和地域由民间创作的文化现象，深深根植于其生长的自然、地理环境和深厚的人文环境。青藏高原特定的环境、气候等因素决定了青藏高原非物质文化遗产类型中藏医药、格萨(斯)尔、藏戏、热贡艺术等民族特色类非物质文化遗产类型多样且挖掘较为充分。

4.3.2 民族文化走廊的交汇融合

青藏高原连接河西走廊、黄土高原、四川盆地、云贵高原、南亚、西亚等区域，青藏高原内高山峡谷、河流水系等地理要素成为历史上多民族迁徙、互动、交流、商贸的重要途径和通道，各个民族在区域内和区域间流动，由此产生了复杂的文化交流网络。

史前时期青藏高原分布有旧石器时代文化、新石器时代的仰韶中晚期文化、马家窑文化和卡若文化、曲贡文化、青铜时代的齐家文化、卡约文化、辛店文化、诺木洪文化等多种文化类型。史前时期的主要交通线路包括大通河谷线、湟水河谷线、黄河河谷线、柴达木盆地线、雅鲁藏布江线等，其中最为著名的是“藏北雪山道”，是青藏高原与西域文化相连接的文化与贸易走廊。这些交通走廊的开辟促进了青藏高原与黄土高原、四川盆地、云贵高原以及南亚地区沟通与联系(朱燕等，2018)。路线的形态由新石器时期的东北—东部—东南—西南边缘呈月牙形环绕发展至青铜时期的由边缘延伸至腹地呈网络化发展的趋势，由高原边缘的交流逐步演化成“边缘-腹地”的交流、并不断强化的表现(侯光良等，2021)。

秦汉至明清时期，先后开辟了“古河湟道”、“古青海丝路”(羌中道)、“西平张掖道”(河西道)、“河南道”(吐谷浑道)、“武威道”、“合罗谷道”、“邯川道”、“氐羌道”、“唐蕃古道”、“茶马古道”等(邹怡情，2020)。秦汉时期形成的“羌中道民族文化走廊”将中亚、新疆、柴达木盆地与关中地区联系起来;吐蕃时期佛教经“藏北雪山道”走廊、“青海路”、“西平张掖道”等传入青藏高原；“唐蕃古道”促进汉藏文化的交流、互动与融合；“丝路河湟道”民族文化走廊奠定了青藏高原东部河湟谷地成为一个多民族文化相互依存、兼容并蓄的文化底蕴；北连黄土高原、南接云贵高原的藏彝民族走廊促进了汉、藏与藏、彝民族接触与互动，造成藏彝走廊地区民族或族群在宗教信仰上不同程度地对藏文化接纳和吸收，形成了藏文化在藏彝走廊边缘地带与其他民族文化并存、共融的特殊人文景观(王志强和余丽娟，2015；石硕，2018)。“茶马古道”不仅是西南地区民族之间进行商贸往来的交通要道，也是民族间增进文化交流的重要纽带，更是推动民族和睦、维护边疆安全的团结之道。尽管青藏高原的古代陆路交通走廊经历兴盛与衰落，但其在传播中西文化、加强商业贸易、促进民族融合、增进民族团结、巩固边疆稳定等方面发挥了重大的历史作用。

人类向青藏高原扩散直至定居的不同阶段发展过程，均留下大量古遗址遗迹，包括马家窑文化遗址、卡若文化遗址、齐家文化遗址、辛店文化遗址、卡约文化遗址、诺木洪文化遗址、格布赛鲁遗址、皮央东嘎遗址、皮洛遗址、曲贡遗址等，反映了人类在向高原扩散和定居的过程中经历了漫长的生理与文化适应(陈发虎等, 2022)。相关研究发现，青藏高原历史遗迹数量多达 14 000 余处，青铜器时期历史遗迹数量最多(金孙梅等, 2019)。青藏高原文化遗址总体呈现“西疏东密”的特征，分布重心经历了由高原腹地(旧石器时期)—东南边缘谷地(新石器—青铜器时代)—东部地域(吐蕃部落时期以来)的转变。遗址分布形态特征则经历了均匀广布型(旧石器时期)、边缘河谷型(新石器时期)、河谷集聚型(青铜器时期)、退化分散型(吐蕃部落时期)、半月广布型(吐蕃王朝时期)、斑块广布型(元代)、连片集聚型(明清时期)的变化过程(侯光良等, 2021)。从历史遗迹的空间分布来看，青藏高原地区历史遗迹集中分布在河湟谷地、藏南谷地、甘南、大雪山-邛崃山等区域，历史遗迹具有沿河流、沿交通廊道分布的特征。遗址点分布的区域往往伴随着贸易、交流等人类活动而出现，而贸易与交流则依托于道路进行。

遗址遗迹是文化遗产的重要组成部分，蕴含着中华民族特有的精神价值、思维方式、想象力，体现了中华民族的生命力和创造力。全国重点文物保护单位具有重大的历史、艺术、科学价值和突出的社会、文化意义，在人类起源和演化进程中具有典型性、代表性；在中华文明起源、发展，和中华民族共同体意识形成、发展历程中具有标志性和代表性；突出体现中华民族创造力与精神追求的代表性建筑、文化景观、历史名胜。截至 2020 年，全国文保单位已发布八批，其中青藏高原范围内共有 168 个，类型涵盖古建筑、古遗址、古墓葬、近现代重要史迹及代表性建筑、石窟寺及石刻等；其中古建筑类占比最大，约 51.7%，建筑类文保单位中以寺庙建筑最多，共计 64 座，约占总数的 36.3%。保护和利用好文物，对于继承和发扬民族优秀文化传统、增进民族团结和维护国家统一、增强民族自信心和凝聚力、促进社会主义精神文明建设，都具有重要而深远的意义，是识别青藏高原地区传统物质遗产的重要依据。

4.3.3　崇拜自然圣境的生态文化

高原独特的地理环境使得生活在青藏高原的各族人民对赖以生存的自然环境有着本能的敬畏和珍爱，做出了尊重自然、与万物和谐共处的生态选择，逐渐形成了崇尚自然、敬畏自然和珍爱自然的生态意识，创造了与自然环境相适应的生态文化。青藏高原崇拜自然圣境的生态文化是以语言、宗教、心理、禁忌及各种象征符号构建起的一个完整系统，是一种价值观念、一套符号系统。作为一种自然与文化融合的产物，自然圣境是以信仰文化载体的形式出现，人们对自然圣境的崇拜也是以信仰的方式加以体现。自然圣境文化具有较高的原真性，形成了“自然圣境-文化活动-非物质文化遗产”体系(杨立新等，2019)。

自然景观被赋予了一种带有浓厚民间氛围的传统信仰模式，产生了一系列具有区域性乃至世界影响力的神山圣湖。神山是青藏高原的世代居民形成的一种精神创造和象征性符号，神山的神话构建既是适应高原环境的生存需要，也是献身于崇高信仰的精神文化追求(苏发祥，2016)。神山往往是地域的最高峰，文化地位高的自然圣境往往最优美或具有重要的地理标志意义(赵智聪等，2021)，例如有冈仁波齐、卡瓦格博、阿尼玛卿、念青唐古拉山等。湖泊景观也是青藏高原重要的自然景观，湖泊数量多、分布广、面积大，为产生原始的圣湖朝圣观念提供了天然的沃土，其中比较著名的有纳木错、羊卓雍错、玛旁雍错、当惹雍错、扎日南木错、巴松措、拉昂错、拉姆拉错、色林错、青海湖等。神山圣湖文化中的人与自然和谐相处、万物平等的思想深刻影响着世代居民，因“圣”而尊山、水的过程中保护了有限的自然资源，协调了社会发展与自然资源利用之间的矛盾，形成了良性的生物圈运转，对保护青藏高原生态环境和生物多样性具有重要意义(杜爽和韩锋，2019)。

表 4.10　青藏高原主要山脉及代表性神山

山系	代表性神山
昆仑山	乔戈里峰、公格尔峰、慕士塔格、布洛阿特峰、阿尼玛卿山等
祁连山	冷龙岭、青海南山、拉脊山、日月山等
巴颜喀拉山	巴颜喀拉山、年保玉则峰等
唐古拉山	格拉丹东峰等
冈底斯山	冈仁波齐峰、念青唐古拉山等
喜马拉雅山脉	珠穆朗玛峰、洛子峰、马卡鲁山、希夏邦马峰、纳木那尼峰、南迦巴瓦峰、卓奥友峰、雅拉香波山、扎日山等
横断山脉	贡嘎山、梅里雪山（卡瓦格博峰）、墨尔多山等

世世代代生活在青藏高原的各族人民，为适应青藏高原特殊环境而创造了传统生态文化，并渗入到民俗信仰、生活习俗、生产劳作以及民间艺术等领域。自然景观的独特性、生物多样性与地域民族文化交相辉映，敬畏自然、顺应自然的朴素生态理念世代相传，为子孙后代留下了原始的生态文化风貌。在世代传承中不断赋予时代精神，与先进文化紧密结合，与社会主义核心价值观紧密结合，与区域发展战略紧密结合，使其发扬光大，形成了特定的生态文化体系，使人与自然和谐共生的信念和文化传统得到弘扬，是中华优秀文化的重要组成部分。

4.4　青藏高原自然景观特征

4.4.1　山脉高耸

青藏高原是世界上海拔最高、面积最大、地质年代最年轻、自然景观最独特的高原，纵横分布的巨大山系和山脉构成了高原地貌的骨架，使其巍峨挺拔、地域辽阔、秀美壮丽的雄姿傲然屹立于地球之巅。从南向北分别为喜马拉雅山、冈底斯山脉-念青唐古拉山、唐古拉山、横断山、喀喇昆仑山、昆仑山、阿尔金山、祁连山。各大山系通常由两列以上的山脉组成，各大山系及其内部山脉之间镶嵌亚高海拔、高海拔谷地、盆地、台地、丘陵和小起伏山地。受区域构造控制具有明显的方向性，在高原西部呈南东-南东东走向，至中部逐渐转为近东西走向，念青唐古拉山、唐古拉山和昆仑山的南支巴颜喀拉山在高原东部转向东南，进而转为近南北走向，然后汇集成由一系列的平行岭谷组合的横断山脉(李炳元等，2013)。

喜马拉雅山系自西北向东南延伸，呈向南突出的弧形耸立在青藏高原的南缘，全长 1 700 km，平均海拔 6 000 m 以上，海拔最高的中段屹立着包括世界第一高峰——珠穆朗玛峰 8 848.86 m 在内的多座海拔 8 000 m 以上的高峰，成为地球表面极高峰汇集区。耸立在高原西北侧的喀喇昆仑山，绵延数千千米，呈西北-东南走向，构成了连结帕米尔和喜马拉雅山的链环。喀喇昆仑山脉总共有 19 座山超过 7 260 m，山峰通常具有尖削、陡峻的外形，周围簇拥着数以百计的石塔和尖峰。绵延在高原北侧的昆仑山，西起帕米尔高原东部，横贯新疆、西藏间，伸延至青海境内，全长约 2 500 km，是亚洲中部巨大山系，也是中国西部山系的主干。平均海拔 5 500～6 000 m，山势宏伟峻拔，海拔 6 000 m 以上的峰顶终年积雪。高原东北部的祁连山由相互平行的一系列西北-东南走向的山系和山间盆地组成，自北而南包括有 8 个岭谷带，其间夹杂有湖盆、河流和谷地，山峰多海拔 4 000～6 000 m，山间谷地也在海拔 3 000～5 000 m 之间。高原的东部是近于南北走向的横断山系，岭谷间列，山高谷深，是中国最长、最宽和最典型的南北向山系。区内汇集了高山峡谷、雪峰冰川、高原湿地、森林草甸、湖泊瀑布、地热温泉等奇异景观，是世界上罕见奇特的自然风光最为多样、最为丰富的地区之一。在高原内部则近于东西向分布，有唐古拉山、冈底斯山和念青唐古拉山等，和高原边缘的喜马拉雅山、喀喇昆仑山、昆仑山和横断山系等一起，在总体上大致都作弧形展布，中间撒开，两头收敛，在高原的西端形成帕米尔“山结”，在东端构成横断山“山束”“山结”“山束”所在，群山汇集，地势特别高峻。

4.4.2　冰川广布

青藏高原是全球中低纬度地区规模最大的现代冰川分布区，是除南北极地区之外全球最重要的冰川景观资源富集地(姚檀栋等，2019)。青藏高原是中国现代冰川集中分布地区，发育有现代冰川 36 793 条，占中国冰川总数的 79.4%；冰川面积 49 873.44 km^2，占中国冰川总面积的 84.0%；冰储量约 4 560 km^3，占中国冰川总储量的比例超过 80%(郑度和赵东升，2017)。青藏高原冰川根据其物理性质分为海洋型冰川、亚大陆型冰川和极大陆型冰川(邬光剑等，2019)。青藏高原冰川主要分布在喀喇昆仑山、昆仑山、喜马拉雅山、冈底斯山、念青唐古拉山、唐古拉山、羌塘高原、横断山、阿尔金山及祁连山等各大山脉(程维明和赵尚民，2009；叶庆华等，2016)。

喀喇昆仑山脉是世界山岳冰川最发达的高大山脉之一，是中国冰川密度和规模较大的山系，音苏盖提冰川是中国面积最大、长度最长、冰储量最大的山谷冰川。昆仑山是中国冰川面积最大的山系，集中了10条面积大于100 km^2的大冰川。羌塘高原是多年冻土区，分布着十多个规模巨大的平顶冰川，普若岗日冰原中国最大的冰原，是世界上中低纬度最大的冰川群。念青唐古拉山是中国外流河水系中冰川最集中的山区，是中国冰川主要受益于丰沛降水的典型代表地区。喜马拉雅山是青藏高原冰川最发育的山系，共发育冰川18 065条，总面积达34 560 km^2，占青藏高原总冰川面积的32%，珠穆朗玛峰是喜马拉雅山最大的冰川作用中心。雅鲁藏布江是冰川最多的外流水系，形成中国最大的易贡帕隆山地冰川中心，卡钦冰川是中国最大的海洋型冰川。横断山脉在第四纪经历多次冰川作用，古冰川侵蚀与堆积地貌广布，现代冰川作用发育，海螺沟冰川冰瀑布是中国落差最大的冰瀑布，玉龙雪山冰川是中国乃至亚欧大陆纬度最低的冰川区，岷山雪宝顶冰川是中国现代冰川作用的最东缘。

4.4.3 湖泊密集

青藏高原拥有世界上海拔最高、面积最大、数量最多的高原内陆湖群，湖泊数量约占全国三分之一，总面积约占全国湖泊总面积的46%，星罗棋布的湖泊是青藏高原区域自然景观的重要特征之一。青藏高原湖泊类型多样，有淡水湖、咸水湖、盐湖等，湖泊成因复杂丰富，有构造湖、堰塞湖、热融湖、冰川湖等。纳木错、色林错、扎日南木错、当惹雍错、塔若错、昂拉仁错等，依次沿冈底斯山-念青唐古拉山脉北麓纵向断裂带排列，羊卓雍错、普莫雍错、多庆错、佩枯错、玛旁雍错等依次沿喜马拉雅山脉北麓成东西向排列，形成了世界上最罕见、最壮丽的湖泊密集带之一。

据调查，青藏高原面积大于10 km^2的湖泊有346个，水面1 km^2及以上的湖泊约1 400个，总面积约4万km^2，占全国湖泊总面积的近50%，是我国乃至亚洲水资源产生、存储和运移的战略要地(张国庆等，2022)，成为维护高原生态系统和流域生态安全的重要屏障，也是珍稀野生动植物的避难所和光辉灿烂的高原文化源泉。

青藏高原的大湖主要集中于南部、中部和东部，其中大型湖泊(>1 000 km^2)有青海湖(4 449.00 km^2)、色林错(2 411.30 km^2)、察尔汗盐湖(2 087.51 km^2)、纳木错(2 032.61 km^2)和扎日南木错(1 020.62 km^2)(张闻松等，2022)。青藏高原内流水系的发育受湖盆地形的影响，湖泊率高，最为典型的是藏北大湖群，发育了包括色林错、纳木错、扎日南木错、当惹雍错等西藏四大湖泊(面积均大于1 000 km^2)，以及众多的中小型湖泊群。柴达木、祁连山和藏南地区，绝大多数大湖泊为构造成因的内流湖，以咸水湖或盐湖为主；外流湖泊除黄河源地区的鄂陵湖、扎陵湖外，一般数量众多，规模较小，超过10 km^2仅10个，多数面积小于1 km^2，大多属堰塞湖，主要散布于藏东、藏南地区。

4.4.4　江河纵横

青藏高原是亚洲众多河流的发源地，孕育了黄河、长江、澜沧江-湄公河、雅鲁藏布江、怒江-萨尔温江、独龙江、塔里木河、恒河、印度河、阿姆河等 10 条重要河流，集水面积 50 km^2 以上的河流有 13 266 条，水系发达，河网交错。河流湿地由于受地形特别是昆仑山、喀喇昆仑山、横断山和喜马拉雅山脉的影响，形成了外流水系和内流水系，冈底斯山、念青唐古拉山、巴颜喀拉山和祁连山是内外水系分界线。内流水系多分布在高原西北部腹地，主要以羌塘高原为主，绝大部分属季节性或间歇性河流；外流水系主要在高原东部和藏南地区，分为太平洋水系(长江、黄河和澜沧江上游)和印度洋水系(怒江和雅鲁藏布江)。

雅鲁藏布江源于喜马拉雅山北麓，河床形态自然，受人类干扰较少，沿河分布着广袤的沼泽化草甸和星罗棋布的湖泊，是湿地动物的乐园。澜沧江发源于唐古拉山，与萨尔温江、长江在横断山区从北向南并流 170 km，河床狭窄，峡谷深陷，两江最窄处相距不足 20 km。怒江发源于青藏高原唐古拉山南麓，上游河谷平缓，沿河广布湖沼，中游山高谷深，水流湍急，下游河谷开阔。独龙江发源于青藏高原东南缘，与澜沧江、怒江、金沙江四江并流，是中国原始景观和生态系统保存最完整的区域。

科考专栏 4-3　横断山高山峡谷

横断山位于青藏高原东南部，南北向河谷水系的深切作用塑造了一系列南北走向的平行山脉，是中国山区河网水系最密集、地形最复杂、集中高山、深谷最多的地区。南北纵贯的山脉和河流组成典型的“平行岭谷”的地貌特征，自东向西有邛崃山、大渡河、大雪山、雅砻江、沙鲁里山、金沙江、芒康山、澜沧江、碧罗雪山、怒江、高黎贡山、独龙江、担当力卡山等。

复杂地质构造塑造了丰富的地质遗迹资源，具有品质高、分布广、独特性强、观赏性价值高等特点。区内山川交错、山高谷深、江河纵横，复杂的地质构造塑造了罕见的深切峡谷和一系列峡谷群，分布有怒江大峡谷、澜沧江大峡谷、金沙江大峡谷、独龙江大峡谷、尼丁峡谷、定曲河峡谷、硕曲河峡谷、毛屋大峡谷、莫木大峡谷、香格里拉峡谷群(巴拉格宗大峡谷、碧壤峡谷、色仓大峡谷)、珠巴洛河谷等，峡谷高差一般在 2 000～3 000 m。

金沙江、澜沧江和怒江等发源于青藏高原自北向南并行奔流 170 km，穿越高黎贡山、怒山和云岭等崇山峻岭之间，形成世界上罕见的“江水并流而不交汇”的奇特自然地理景观，与独龙江组成“四江并流”世界奇观；澜沧江与金沙江最短直线距离为 66 km，澜沧江与怒江最短直线距离不到 19 km；梅里雪山、白马雪山和哈巴雪山构成了壮观的空中风景轮廓、区域中立体的三维风景奇观。

横断山区江河峡谷科考照片

4.5 划定国家公园重点科考区

根据青藏高原的自然地貌格局、生态地理单元以及主要保护对象、人文地理和自然景观特征等因素，将青藏高原划分为祁连山高山谷地区、帕米尔-昆仑山高山极高山区、羌塘-三江源高寒草甸草原区、喜马拉雅高山极高山区、岷山-横断山森林草甸区、横断山高山峡谷区等6个自然地理区域；综合考虑代表性和典型性的生态系统类型，珍稀濒危物种、特有物种、生物多样性保护的关键区和典型生境区，以及现有自然保护地体系空间格局，在6个自然地理区域中划定15处重点科考区，包括祁连山、青海湖、帕米尔-喀喇昆仑、昆仑山、羌塘、神山圣湖、札达土林、珠穆朗玛峰、雅鲁藏布大峡谷、若尔盖、贡嘎山、香格里拉、高黎贡山等国家公园备选地和三江源、大熊猫国家公园(表4.11)。

表4.11 青藏高原国家公园群重点科考区

自然地理区域	重点科考区	涉及的主要保护地
祁连山高山谷地区	祁连山	甘肃祁连山国家级自然保护区
		盐池湾国家级自然保护区
		青海祁连山自然保护区
		天祝三峡/门源仙米国家森林公园
		祁连黑河源国家湿地公园
	青海湖	青海湖国家级自然保护区
		青海青海湖风景名胜区

续表

自然地理区域	重点科考区	涉及的主要保护地
帕米尔-昆仑山高山极高山区	帕米尔-喀喇昆仑	塔什库尔干野生动物自然保护区 帕米尔高原阿拉尔国家湿地公园 喀拉库勒-慕士塔格风景名胜区 帕米尔高原湿地自然保护区
	昆仑山	阿尔金山国家级自然保护区 昆仑山世界地质公园 新疆中昆仑自然保护区
羌塘-三江源高寒草甸草原区	三江源	青海可可西里世界自然遗产 三江源国家级自然保护区
	羌塘	羌塘国家级自然保护区 色林错国家级自然保护区
喜马拉雅高山极高山区	神山圣湖	玛旁雍错湿地国家级自然保护区 神山圣湖风景名胜区
	札达土林	土林-古格国家级风景名胜区 札达土林国家地质公园
	珠穆朗玛峰	珠穆朗玛峰国家级自然保护区
	雅鲁藏布大峡谷	雅鲁藏布大峡谷国家级自然保护区 色季拉国家级森林公园 雅尼国家湿地公园 西藏工布自然保护区 巴松措国家森林公园
	若尔盖湿地	若尔盖湿地国家级自然保护区 黄河首曲国家级自然保护区
岷山-横断山森林草甸区	大熊猫栖息地	四川大熊猫栖息地世界自然遗产 黄龙国家级自然保护区 四姑娘山国家级风景名胜区 卧龙国家级自然保护区 王朗国家级自然保护区 唐家河国家级自然保护区 龙溪-虹口国家级自然保护区等
	贡嘎山	贡嘎山国家级自然保护区 贡嘎山国家级风景名胜区 海螺沟国家地质公园
横断山高山峡谷区	香格里拉	三江并流世界自然遗产 白马雪山国家级自然保护区 玉龙雪山国家级风景名胜区 亚丁国家级自然保护区
	高黎贡山	高黎贡山国家级自然保护区

第5章

祁连山高山谷地区

祁连山高山谷地区由走廊南山-冷龙岭-乌鞘岭、大通山-达坂山、青海南山-拉背山三列平行山岭与党河谷地、大通河谷地、湟水谷地、哈拉湖盆地和青海湖盆等共同组成。祁连山脉和青海湖流域是我国西部重要生态安全屏障和重要水源产流地，也是我国重点生态功能区和生物多样性保护优先区域。运用野外实地考察、地面观测和无人机低空观测、卫星遥感解译相结合的天-空-地协同调查技术，针对祁连山和青海湖国家公园重点备选地的代表性自然生态系统、生物多样性、地貌与地质遗迹、历史人文景观、典型自然景观等进行科学考察研究，基于科考初步提出其核心资源的全球价值和国家代表性，科考成果为系统保护青藏高原典型自然生态空间及优化青藏高原生态安全屏障体系提供科学支撑。

5.1　祁连山

祁连山国家公园位于青藏高原东北部边缘，地处甘肃、青海两省交界处，行政范围涉及甘肃省肃北蒙古族自治县、阿克塞哈萨克族自治县、肃南裕固族自治县、民乐县、永昌县、天祝藏族自治县、武威市凉州区、中农发山丹马场、国营鱼儿红牧场和国营宝瓶河牧，青海省海西蒙古族藏族自治州德令哈市、天峻县和海北藏族自治州祁连县、门源回族自治县(图 5.1)；考察涉及的保护地包括祁连山国家级自然保护区、盐池湾国家

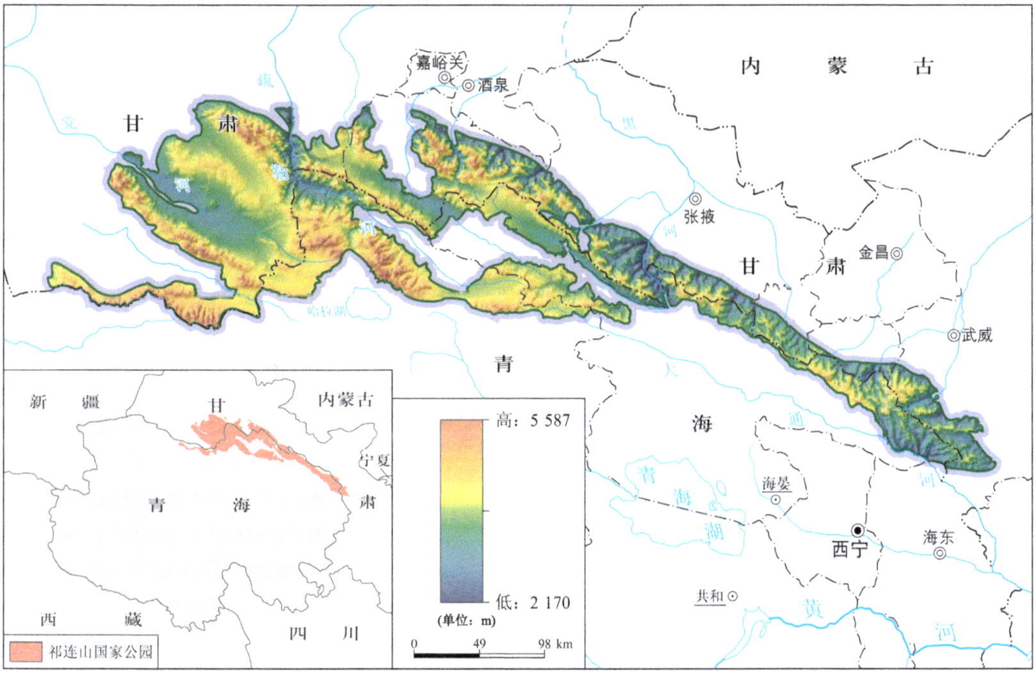

图 5.1　祁连山国家公园范围

级自然保护区、青海祁连山省级自然保护区、甘肃天祝三峡国家森林公园、马蹄寺省级森林公园、冰沟河省级森林公园、青海门源仙米国家森林公园、祁连黑河源国家湿地公园。通过科考发现，祁连山国家公园在地质演化、生态系统服务、生物多样性、多元文化融合、景观多样性等方面，具备国家代表性的科学保护与科普游憩价值。

5.1.1 自然价值特征

1. 青藏高原东北缘高原隆升与扩展的关键构造带

祁连山造山带是特提斯构造域最北部典型的增生型造山带，是中央造山带的重要组成部分，属秦祁昆造山带的祁连山褶皱系，是青藏高原东北缘高原隆升与扩展的关键构造带，对揭示青藏高原构造生长过程及动力学机制等具有重要意义(陈宣华等，2019)。受青藏高原北东向扩展影响，祁连山呈现出典型的盆-岭地貌格局，由一系列大致呈西北-东南走向的高山与宽谷盆地平行排列组成；山峰多海拔 4 000～6 000 m，有走廊南山-冷龙岭、托来山、野马山-大雪山-托来南山、野马南山、疏勒南山、党河南山、土尔根达坂山、柴达木山等，最高峰为疏勒南山团结峰(海拔 5 827 m)；其间夹杂有湖盆、河流和谷地，山间盆地和宽谷平均海拔 3 000 m 以上。祁连山东部地貌以流水侵蚀为主，西部地貌风蚀作用明显，形成了丰富多样的地貌类型。山地南北两侧海拔 1 400 m 以上，洪泛、冲积平原及台地发育良好。大多数山地和河流上游发育有冰缘地貌，3 500～3 700 m 为多年冻土的下界。海拔 4 500 m 以上现代冰川和古冰川的寒冬风化及强烈剥蚀。

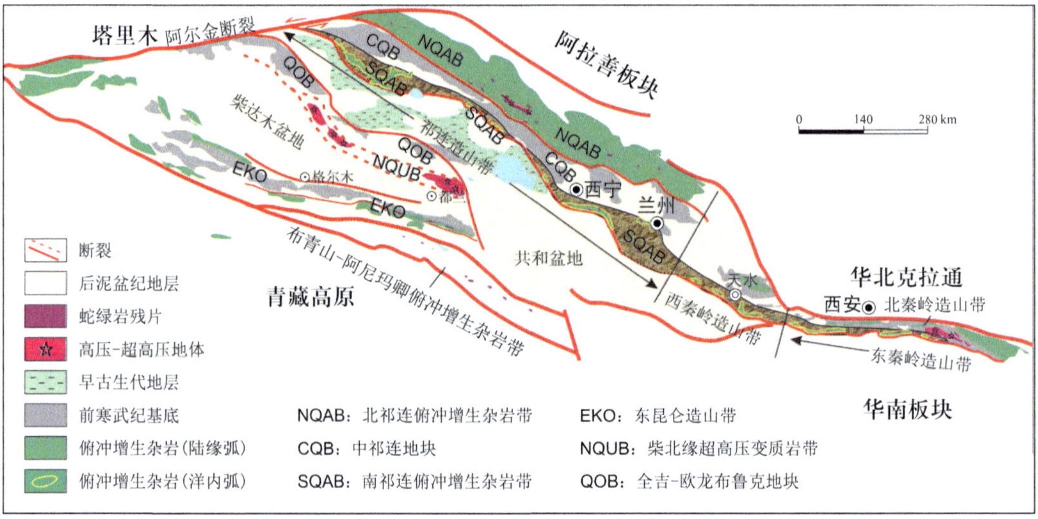

图 5.2 秦-祁-昆造山带地质简图(宋述光等，2019)

2. 中国西部“湿岛”和重要生态安全屏障

祁连山西与阿尔金山相接，东与秦岭、六盘山相连，北靠甘肃河西走廊，南临青海柴达木盆地北缘。深居内陆，长期受西风气流的控制，形成大陆性高寒半湿润山地气候，孕育了丰富的冰川资源，使我国西北干旱荒漠地带呈现出绿岛景观。冰川主要分布在祁连山主脉与支脉脊线两侧，重点分布在疏勒南山团结峰地区。根据中国第二次冰川编目数据，有冰川 2 683 条，冰储量约 84.48 km^3，总面积约 1 597.8 km^2，占中国冰川总面积的 3.09%，多年平均冰川融水量为 9.9 亿 m^3(孙美平等，2015；任小凤等，2018)。冰川融水补给了发育于祁连山的众多河流，包括黑河、托勒河、疏勒河、党河、石羊河、八宝河等。黑河是我国西北第二大内陆河，全长 821 km，流域面积约 14.29 万 km^2。疏勒河流域位于天峻县境内，发源于疏勒南山东段，往西北流经苏里地区，出青海省后入甘肃省称昌马河。党河是疏勒河的一级支流，流经甘肃省肃北蒙古族自治县和敦煌市。石羊河发源于祁连山脉东段冷龙岭北侧的大雪山，入河西走廊东段为中游，过武威接纳冲积扇缘泉水复向东北。八宝河位于祁连县东部，源于祁连山南麓景阳岭南侧拿子海山，河源海拔 3 870 m，自东向西流经峨堡、阿柔、八宝三乡，至宝瓶河与黑河汇合。祁连山冰川和湿地在流域水源涵养、水土保持方面有着无可替代的重要作用，是河西走廊重要的生态屏障，承担着维护青藏高原生态平衡，保障黄河和河西内陆河径流补给的重任，在国家生态建设中具有十分重要的战略地位。

3. 我国气候交汇区和野生动物迁徙重要廊道

祁连山地处中国温度带分界线以及西北干旱半干旱区与青藏高寒区分界线上，是我国季风和西风带交汇的敏感区，西南季风、东南季风和西风带在此交汇。植被地带性分布特征明显，依次为山地草原带(海拔 1 800～2 800 m)、温带灌丛草原带(2 000～2 200 m)、山地森林草原带(2 600～3 400 m)、亚高山灌丛草甸带(3 200～3 500 m)和高山亚冰雪稀疏植被带(>3 500 m)，是具有重要生态意义的寒温带山地针叶林、温带荒漠草原、高寒草甸复合生态系统的代表。天然森林植被类型主要有青海云杉林、祁连圆柏林、油松林、青杆林、山杨林、桦树林等。灌木植被主要有金露梅、银露梅、高山柳、箭叶锦鸡儿、杜鹃、柽柳、白刺、沙棘、膜果麻黄、小叶锦鸡儿等。草原植被主要有各种针茅、蒿草、早熟禾、披碱草、委陵菜、棘豆、芨芨草、冰草等。

祁连山是我国 35 个生物多样性保护优先区之一、世界高寒种质资源库和野生动物迁徙的重要廊道，是中亚山地生物多样性旗舰物种雪豹的重要栖息地，是野牦牛、藏野驴、白唇鹿、岩羊、冬虫夏草、雪莲等珍稀濒危野生动植物物种栖息地及分布区(李俊生等，2016；马蓉蓉等，2019)。分布有雪豹、白唇鹿、马麝、黑颈鹤、金雕、白肩雕、玉带海雕等国家一级保护野生动物 15 种，有棕熊、马鹿、盘羊、岩羊、藏原羚、猞猁、荒漠猫、蓝马鸡、雪鸡、蓑羽鹤、猎隼、游隼、大鵟、苍鹰、黑耳鸢、雀鹰、草原雕、高山兀鹫、白尾鹞、灰鹤、藏雪鸡等国家二级重点保护野生动物 39 种。有国家重点保护野生植物 34 种，其中国家一级重点保护野生植物裸果木、绵刺 2 种；国家二级重点保护野生植物星叶草、野大豆、桃儿七、红花绿绒蒿、山莨菪等 32 种(国家林业和草原局, 2019)。经过多年的生态保护，祁连山具备较好的自然生态系统完整性和原真性。

图 5.3　祁连山植被科考照片

5.1.2　人文价值特征

祁连山系是我国三大自然区的交汇和过渡地带，独特的地理环境同时孕育了农业文明和游牧文明，地处青藏高原文化、蒙古高原文化、新疆绿洲文化、黄土高原文化四大区域文化的边界，是一个多元文化的耦合地带，丝绸之路文化、敦煌文化、农耕文化、游牧文化、河湟文化、民族文化和红色文化等在此源远流长，区域文化极具多元性和复杂性，是华夏文明的主要发祥地之一。

祁连山区域聚居汉、藏、回、蒙古、土、裕固、哈萨克、撒拉族等 30 多个民族，裕固族帐篷、肃北马奶酒、蒙古族袍子等民族文化资源丰富，肃北蒙古族长调、珠固喇嘛藏戏、阿柔逗曲等非物质文化遗产多种多样，马家窑、齐家、辛店等古文化遗址遗迹广泛分布，马蹄寺、黄藏寺、仙米寺、阿柔大寺、天堂寺、妙音寺、祝贡寺、天梯山石窟、景耀寺石窟等建筑文物资源丰富，形成了特有的“祁连山文化圈”。

祁连山既是古丝绸之路的咽喉地带，也是“一带一路”重要的经济通道和战略走廊，承载着联通东西、维护民族团结的重大战略任务。河西走廊是古丝绸之路的枢纽路段，连接着亚非欧三大洲的贸易与文化交流，东西方文化在这里交融相汇积淀下蔚为壮观的历史文明。

图 5.4　祁连山马蹄寺科考照片

5.1.3　景观美学价值特征

——谷岭相间的组合美

祁连山由一组大致平行的呈西北-东南走向的山脉和宽谷组成，山连着山，岭连着岭，沟壑纵横，蜿蜒延绵，如山的海洋，磅礴雄伟；代表性山地景观有团结峰、岗什卡雪峰、雪龙红山、焉支山、马牙雪山、照壁山、卓尔山、五台岭、素珠链峰、祁连石林、冰沟丹霞等；宽度造就了祁连山丰富多样的自然景观，高山沟谷相间，森林雪峰相衬，草原农田相邻，湿地荒漠相随，丹霞石林相伴，冰川冰瀑壮观，河流湖泊密布。

图 5.5　祁连山景观科考照片

——四季变幻的色彩美

祁连山东部降雨丰富，生长着茂密的森林，有青海云杉林、祁连圆柏林、桦树林、山杨林、杜鹃灌丛等；分布着天祝三峡国家森林公园、马蹄寺森林公园、冰沟河森林公园、门源仙米国家森林公园等；夏季，翠峰叠嶂，延绵起伏；秋季，色彩斑斓，层林尽染；冬季，白雪皑皑，森林草原又成为一幅浓妆艳抹总相宜的水墨画卷。

——山地草原的辽阔美

祁连山草原被评为中国最美六大草原之一，如画卷般铺就在山间盆地之中；祁连山自古就是游牧民族的金色牧场，草原丰盛，有夏日塔拉草原、大马营草原、康乐草原、央隆草原、默勒草原、苏里草原等；夏季，远处祁连山脉高峰耸立，近处起伏的山丘高低错落，绿如碧玉的辽阔草原一直延伸至祁连山脚下，星星点点的野花色彩斑斓，一群群牛羊点缀其中，呈现出一派安静祥和的田野风光。

5.2 青海湖

青海湖国家公园备选地位于青藏高原东北部，地处一个四周高山环绕、呈西北-东南走向的封闭式山间内陆盆地中。行政范围涉及青海省海西蒙古族藏族自治州天峻县、海北藏族自治州刚察县和海晏县、海南藏族自治州共和县，共计 3 州 4 县 25 个乡(镇)，以及 5 个国有农牧场。考察涉及的保护地包括鸟岛国际重要湿地、青海湖国家级自然保护区、青海湖国家级风景名胜区、青海湖裸鲤国家级水产种质资源保护区、青海湖国家地质公园、布哈河国家湿地公园等(图 5.6)。通过科考，发现青海湖国家公园在高原内陆湖泊生态系统、珍稀濒危物种保护、多元文化融合、景观原生性等方面，具备国家代表性的科学保护与科普游憩价值。创建青海湖国家公园，对构建青藏高原国家公园群、保护高寒湿地生态系统及生物多样性、维护国家生态安全具有重要意义。

5.2.1 自然价值特征

1. 高原内陆湖泊湿地生态系统的典型代表

青海湖流域属于高原半干旱内流水系，河流大多发源于四周高山，进而向中间聚集，最终汇聚于青海湖。环湖 40 余条河流以及众多泉水形成了大面积高原湿地，主要河流有布哈河、泉吉河、沙柳河、哈尔盖河、甘子河、倒淌河、黑马河等。流域内形成了独立的水循环，从淡水生态到咸水生态的完整过程，是中国内流区完整水循环水生态过程的典型区域。青海湖拥有典型的高原湖泊、高原河流湿地生态系统，形成了特有的“草-河-湖-鱼-鸟”共生生态链，流域复合生态系统连续完整，并保持着极高的原真性，极具国家代表性。青海湖流域作为江河源头及环湖水源的主要产流区，是我国水汽循环的重要通道和屏障气候变化的敏感区，是高原高寒干旱地区重要的水汽源，是环青海湖及周边更大区域的气候调节器(李舟，2018)；青海湖是维系青藏高原东北部生态安全的重要水体，是阻挡西部沙漠化向东延伸的天然屏障，是保护河湟谷地生态安全的最后一道天然屏障。

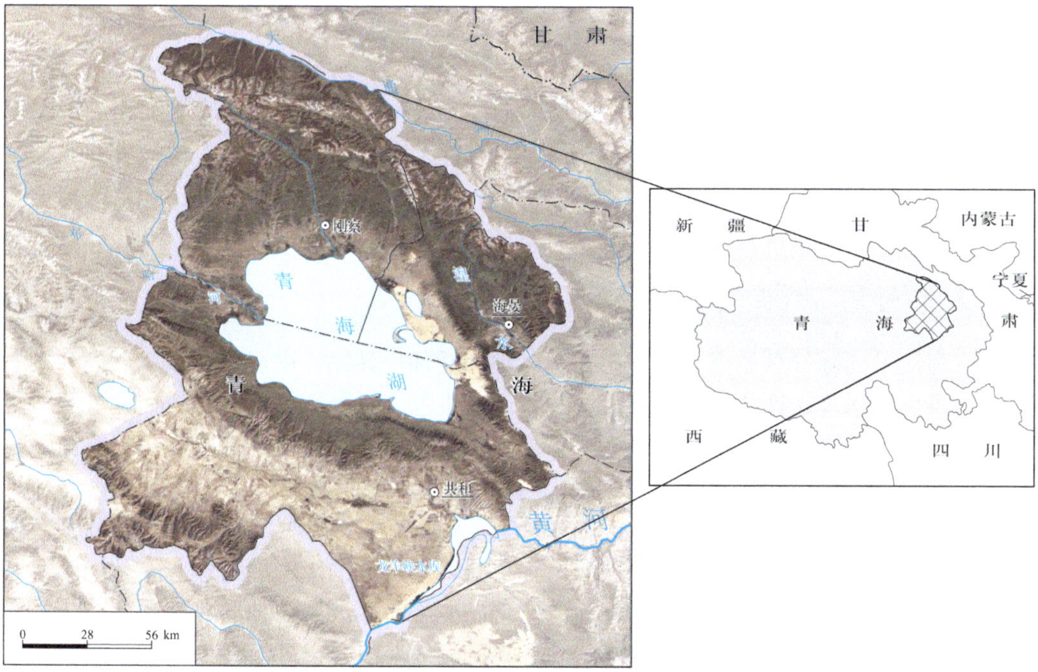

图 5.6　青海湖科考区域

图 5.7　青海湖航拍照片

2. 珍稀濒危物种普氏原羚的唯一栖息地

青海湖地处生物地理古北界、东洋界、青藏高原特有物种分布区的交汇处，动植物区系完整。根据第二次青藏科考，青海湖流域内已查明的种子植物775 种，分属64 科264 属；已查明高等动物中，兽类 42 种、鸟类 225 种、 鱼类 6 种、两栖动物 2 种、爬行动物 3 种(刘超明和岳建兵，2021)。珍稀濒危动物多样聚集，其中包括普氏原羚、白唇鹿、黑颈鹤等国家一级保护野生动物 15 种，猞猁、棕熊、大天鹅等国家二级保护野生动物 42 种。其中，仅生活在青海湖周围的普氏原羚是中国特有的最稀有的哺乳动物物种，也是世界上最稀有的有蹄类动物之一，被 IUCN 列为“濒危”(EN)物种，随着保护力度不断加大，青海湖普氏原羚种群数量不断增加。

3. 国际候鸟迁徙通道的重要节点

青海湖是国际候鸟的重要繁殖地、越冬地和迁徙中转站，中亚—印度、东亚—澳大利亚两条国际水鸟迁徙路径在此交汇，是我国首批加入《湿地公约》的国际重要湿地之一，建立了青藏高原第一个以水鸟为保护对象的自然保护区，重点保护鸟岛、泉湾、沙岛、三块石、海心山、倒淌河和布哈河等各入湖口湿地的鸟类资源。青海湖水鸟种类97 种，占青藏高原水鸟种类的 70%，约占全国水鸟种类的 33%，每年在青海湖繁殖的斑头雁、棕头鸥、渔鸥、普通鸬鹚种群达到全球繁殖种群的 30%，每年春、秋两季，途经青海湖迁徙停留的水鸟达 10 万余只，其中有 11～14 种水鸟的种群数量达到或超过全球分布种群数量的 1%，每年冬季在青海湖越冬水鸟达 1 万余只，其中国家二级保护动物大天鹅约 1 500 只(侯元生等，2019；刘增力等，2020)。

5.2.2 人文价值特征

青海湖南北两岸曾是丝绸之路青海道和唐蕃古道的必经之地，古道遗址、古城遗址、岩画遗址、墓葬遗址等历史遗迹丰富，如西海郡古城遗址、尕海古城遗址、舍布齐岩画、哈龙岩画等，是该地区厚重的历史文化积淀的有力见证。

青海湖区域是中原文化、藏传文化、伊斯兰文化的过渡区中心地带，有多种古文化的丰厚沉积，国家代表性明显。以刚察大寺、沙陀寺等为代表的藏传佛教文化资源广泛分布，宗教文化氛围浓厚，有祭海、转湖、放生等历史悠久的文化习俗(青海国家公园建设研究课题组，2018)。

青海湖是一个以藏族为主体的多民族聚集地，藏族、汉族、回族、蒙古族、撒拉族、土族等民族在此繁荣发展，形成了多元民族文化，糌粑、藏袍、赛马等民俗文化异彩纷呈。历史文化、民族文化、宗教文化与红色文化、体育文化、诗歌文化构成了青海湖国家公园独有的文化氛围。以青海湖为核心的自然景观、悠久的历史、少数民族及宗教文化是青海乃至世界第三极青藏高原自然生态及文化最集中的体现。

图 5.8　青海湖人文景观科考照片

5.2.3　景观美学价值特征

——高原湖泊的浩瀚壮阔之美

青海湖是中国最美湖泊和最大的内陆咸水湖，是典型的高原湖泊景观，是名副其实的“高原明珠”“神海”“圣湖”。青海湖四周被巍巍高山环抱，南傍青海南山，东靠日月山，西临阿木尼尼库山，北依大通山。从山下到湖畔，是辽阔平坦、苍茫无际的千里草原。烟波浩淼、碧波连天的青海湖，镶嵌在高山、草原之间，湖畔千亩油菜花田竞相绽放。蓝天、白云、雪山、碧湖、草原、花田等构成一幅气势磅礴的壮美画卷。

——生态景观的和谐共生之美

青海湖是典型的构造断陷湖，湖东岸由北而南分布有尕海、新尕海、海晏湾、洱海 4 个子湖，湖中有海心山、三块石、鸟岛、沙岛等形态各异的岛屿，湖周分布着仙女湾沼泽湿地、布哈河和沙柳河等风景河段；由沙漠、沙丘与大型内陆湖泊相互作用形成的沙水交融景观，为国内仅有、世界罕见，有水上龙卷风、海市蜃楼、开湖等奇特的天象和声景，鱼鸥、棕头鸥、斑头雁等候鸟迁徙繁衍景观、湟鱼洄游景观、普氏原羚景观、天鹅越冬景观等生物景观和谐共生。

图 5.9　青海湖景观科考照片

第6章

帕米尔–昆仑山高山极高山区

帕米尔高原、昆仑山被誉为“万山之祖”，昆仑山西起帕米尔高原东部，横贯新疆、西藏，延伸至青海境内，成为亚洲中部的大山系、中国西部山系的主干。帕米尔-昆仑山高山极高山区是全球第二大极高峰聚集区，是世界最为典型的亚大陆性冰川的集中分布区，是高原物种基因库和珍稀野生动物的天然栖息地，是全球生物多样性保护的关键区。运用野外实地考察、地面观测和无人机低空观测、卫星遥感解译相结合的天-空-地协同调查技术，针对帕米尔-喀喇昆仑、昆仑山国家公园重点备选地的代表性生态系统、物种多样性、地学重要性、文化多样性与景观独特性等进行科学考察研究，基于科考初步提出其核心资源的全球价值和国家代表性，科考结果为系统保护青藏高原典型自然生态空间提供科学支撑。

6.1 帕米尔-喀喇昆仑

帕米尔-喀喇昆仑国家公园备选地位于青藏高原西端，地处新疆喀什地区塔什库尔干塔吉克自治县、克孜勒苏柯尔克孜自治州阿克陶县境内，考察涉及的保护地包括塔什库尔干野生动物自然保护区、帕米尔高原阿拉尔国家湿地公园、喀拉库勒-慕士塔格风景名胜区、帕米尔高原湿地自然保护区等。通过科考发现，帕米尔-喀喇昆仑国家公园备选地在地质构造、大型山岳冰川、野生动物跨境保护、帕米尔文化、典型高原景观等

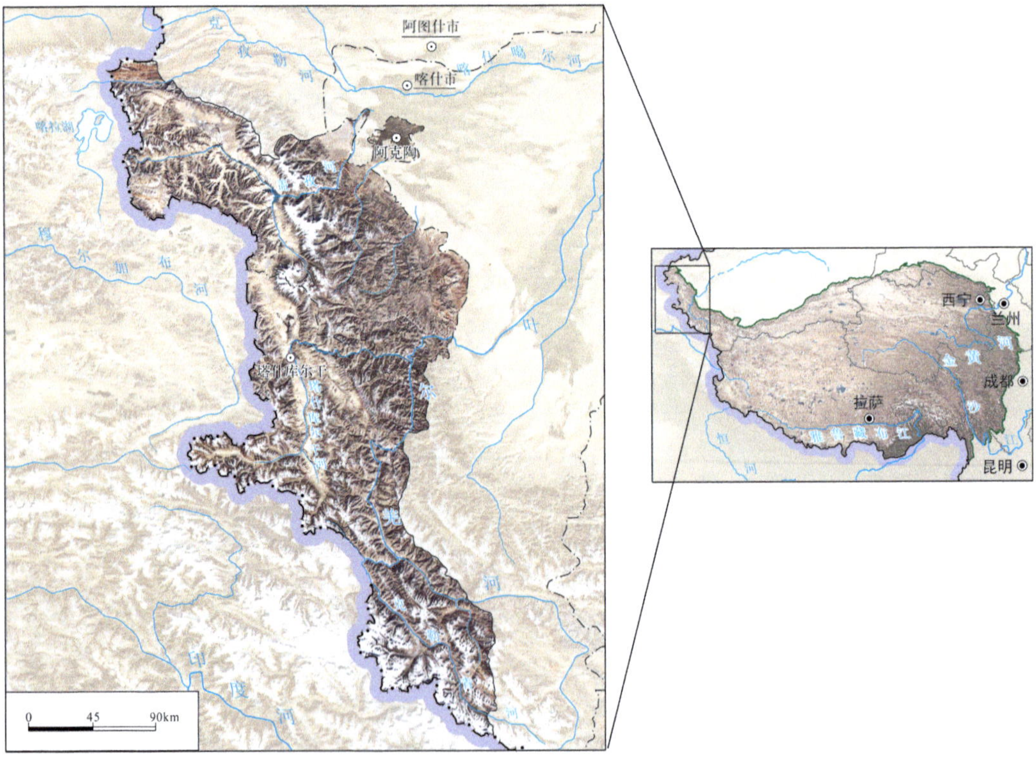

图 6.1　帕米尔-喀喇昆仑科考区域

方面具备国家代表性的科学保护与科普游憩价值。帕米尔-喀喇昆仑国家公园地处中国与塔吉克斯坦、阿富汗和巴基斯坦接壤的边境区域，西南分布有巴基斯坦中央喀喇昆仑国家公园和巴基斯坦红其拉甫国家公园，西北分布有塔吉克国家公园，具有建设跨境和平公园的潜力，对维护国家边境生态安全意义重大。

6.1.1　自然价值特征

1. 世界最大构造山结和全球第二大极高峰聚集区

帕米尔高原是由天山、喀喇昆仑山脉、喜马拉雅山脉、兴都库什山脉和吉尔特尔-苏莱曼山脉五大山系汇聚而成的巨大山结。中国境内的帕米尔指帕米尔高原的东部，塔吉克斯坦的南部和阿富汗的东北部属西帕米。兴都库什-帕米尔地区帕米尔弧形构造带是印度-欧亚板块碰撞变形和地震活动最强烈的地区之一，是研究构造过程、地貌演化以及气候变化及其相互作用的理想场所，是陆陆碰撞过程中地壳缩短增厚的典型地（陈汉林等，2019；葛进等，2022）。喀喇昆仑山脉是仅次于喜马拉雅山的世界第二高大山脉，由多列西北-东南延伸的山地组成，全长 700 km，宽约 100 km；喀喇昆仑山地

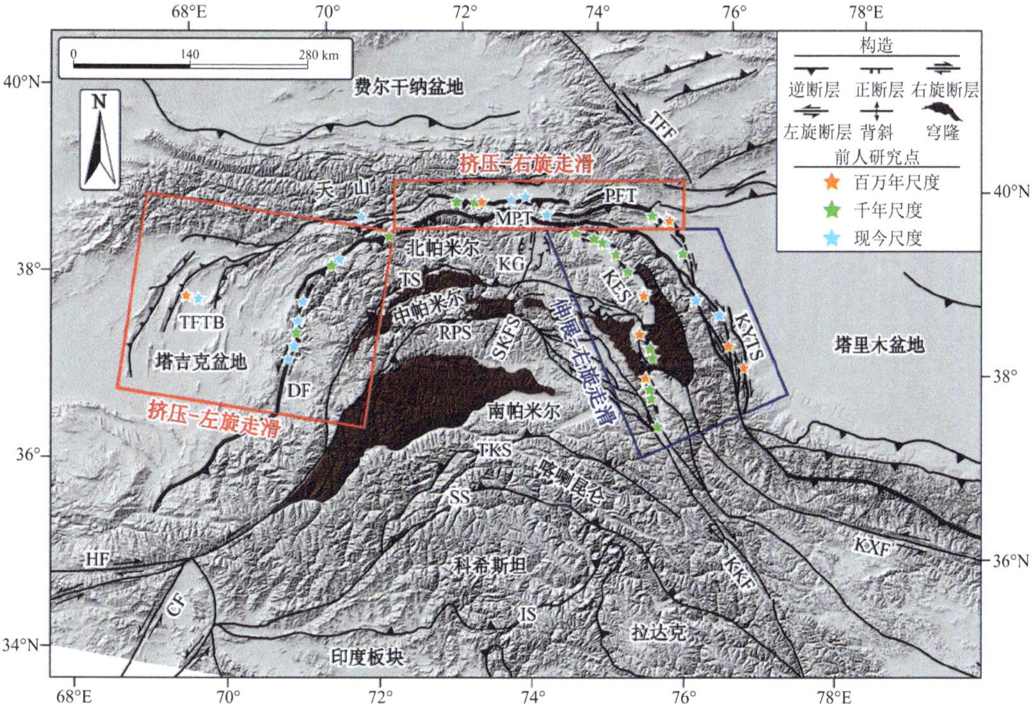

CF—恰曼断层；DF—达瓦孜断裂；HF—Herat断层；IS—印度河-雅鲁藏布江缝合带；KES—公格尔伸展系统；KG—卡拉库尔地堑；KKF—喀喇昆仑断裂；KXF—喀拉喀什断裂；KYTS—喀什-叶城转换带；MPT—主帕米尔逆冲断层；PFT—帕米尔前缘冲断带；RPS—Rushan-Pshart缝合带；SS—什约克缝合带；SKFS—Sarez-Karakul断裂系统；TFF—塔拉斯-费尔干纳断裂；TFTB—塔吉克褶皱冲断带；TKS—Tirich-Kilik缝合带；TS—Tanymas缝合带

图 6.2　帕米尔弧形构造带及邻区构造背景图（葛进等，2022）

形上是典型的深切极高山，相对高差达 3 000～5 000 m，主脊平均海拔 6 500 m；有超过 7 000 m 以上的山峰 20 余座，有海拔 8 000 m 以上的山峰 4 座；主峰乔戈里峰(K2)，海拔 8 611 m，为世界第二高峰；附近有布洛阿特峰(8 051 m)、加舒尔布鲁木 I 峰(8 080 m)、加舒尔布鲁木 II 峰(8 034 m)，形成全球第二大极高峰聚集区。公格尔峰(7 719 m)、公格尔九别峰(7 530 m)和慕士塔格峰(7 546 m)并称为帕米尔高原昆仑三雄。

2. 亚欧内陆腹地干旱极高山区山岳冰川的典型代表

帕米尔-喀喇昆仑群峰是全球典型的大陆性冰川的集中分布区，是中纬度地带冰川雪线最高的冰川，对于研究极高山冰川的地貌特征和冰川活动以及评估全球气候变化具有重要意义。喀喇昆仑山和帕米尔高原的主峰区，是全球重要的冰川作用中心，冰川面积分别占两山脉的 36%和 48%(刘星月等, 2018)。喀喇昆仑山有冰川 2 991 条，冰川面积 6 295.19 km^2，帕米尔冰川 1 530 条，冰川面积 2 361.4 km^2(王杰等, 2011)。超大型现代山岳冰川集中发育，且类型齐全，规模宏大，世界中低纬度冰川长度超过 50 km 的冰川共有 8 条，其中 6 条分布于喀喇昆仑山。乔戈里峰北坡的音苏盖提冰川是中国境内面积最大冰川，长度为 42 km，面积 379.97 km^2，发育了典型独特的山岳冰川类型。慕士塔格冰芯完整记录了不同时期的粉尘粒径特征，反映了搬运动力和物质来源，对中亚粉尘源区环境变化、大气活动、沙尘运动等方面具有重要意义。

图 6.3　喀喇昆仑群峰冰川科考照片

3. 高原特有物种马可波罗盘羊的重要栖息地

帕米尔高原是保护国际(CI)全球生物多样性热点地区的“中亚山地”，以及世界自然基金会（WWF）“全球 200”生态区中的中亚山地温带森林和草原的关键区域，属于喜马拉雅喀喇昆仑和帕米尔交汇区的高原动物区系，在全球高山区域占有独特的席位。帕米尔高原是雪豹、马可波罗盘羊、棕熊等特有和濒危物种的重要栖息地，构成了特有的高山生态系统，具有重要的全球生物多样性保护意义。马可波罗盘羊是帕米尔高原的特有和旗舰物种，跨境分布于中国、塔吉克斯坦、吉尔吉斯斯坦、阿富汗和巴基斯坦五国交接区域。新疆塔什库尔干野生动物自然保护区是我国唯一以马可波罗盘羊为主要保护对象的自然保护区，种群数量约占我国马可波罗盘羊种群总数的 70%，是我国马可波罗盘羊最重要的分布区（陈强强等，2018）；还分布有北山羊、胡兀鹫、金雕等国家一级重点保护动物，藏原羚、岩羊、藏雪鸡、暗腹雪鸡等国家二级重点保护动物。

图 6.4　帕米尔高原马可波罗盘羊科考照片

6.1.2　人文价值特征

帕米尔高原古称“葱岭”，是世界多种文化的荟萃之地，是古代东西文明、南北农牧交往的十字路口，是中国、印度、波斯、西亚、东欧、中亚进行文化交流的重要平台，演绎着文明与史诗，不同文明的交融留下了丰厚的文化遗产，对人类文明发展和东西方文化交流作出巨大贡献。千年古道瓦罕走廊曾是古丝绸之路连接中亚、南亚地区的主要通道，是古代东西方经济、文化、宗教交流、碰撞、融汇的大通道。石头城是丝绸之路穿越帕米尔高原的重要驿站，也是东西方交流的必经之路，见证了古代丝绸之路的繁荣昌盛。象征和平友好的中巴走廊重新贯通，在帕米尔高原之上继续书写全新的篇章。

图 6.5 帕米尔人文景观科考照片(石头城遗址)

帕米尔高原生活着塔吉克、柯尔克孜、维吾尔等常住民族，民族文化多元，在长期的交流与互动中，共同缔造了帕米尔高原的生存智慧。塔什库尔干县是我国唯一的塔吉克族自治县，是我国塔吉克族的发祥地和聚居区，塔吉克文化在新疆众多少数民族文化中占有独特而重要的地位，塔吉克族民歌、鹰舞、马球、婚俗、服饰等非遗文化源远流长。帕米尔是原始宗教、袄教、佛教、伊斯兰教等辐射传播的交汇地区，宗教文化合流现象为探索各种异质文化交流融合规律提供了丰富的实例。

6.1.3 景观美学价值特征

—— 巍峨群峰的雄浑壮美

帕米尔-喀喇昆仑区域是世界极高山的集中分布区，密集的山脊线纵横穿插，连绵横亘的山脉层层叠叠，无数座洁白晶莹的雪峰耸入云天。乔戈里峰呈金字塔形，是世界上 8 000 m 以上高峰垂直高差最大的山峰，冰崖壁立，如同利剑一般直插云霄，雄伟壮阔。公格尔峰、公格尔九别峰并肩而立，巨峰拱列，连绵逶迤，山顶常年白雪皑皑，山腰悬挂着规模庞大的冰川，在阳光的照射下反射出耀眼光芒，蔚为壮观。慕士塔格峰终年积雪覆盖，被称为“冰山之父”，一条条晶莹剔透的冰川从四面八方绵延而下，巍峨壮丽的雪山下，喀拉库勒湖面如镜，倒映着圣洁的雪山。由雪山群峰、山间谷地、湖泊湿地、高寒草甸等组成一幅幅雄浑壮丽的立体画卷。

—— 山岳冰川的壮丽奇美

帕米尔-喀喇昆仑是亚欧内陆腹地干旱极高山区山岳冰川的典型代表，有“冰川王国”的美誉，在雪峰与山谷之间，孕育着一条条形状规模各异的冰川，巨大的冰川从山谷中奔腾而下，气势磅礴，蔚为壮观。冰川形状多样，音苏盖提冰川呈树枝状山谷冰川，慕士塔格冰川平面呈放射状，公格尔冰川平面呈羽状；巨大的冰川上屹立着高达数十米的冰塔林，呈金字塔状，是大自然鬼斧神工的艺术杰作。冰川微地貌千姿百态、瑰丽罕见，包括冰坎、冰茸、冰桥、冰塔、冰溶洞、冰蘑菇、冰湖、冰川皱褶、冰舌逆掩断层等，展示了各种极高山特有的冰川类型和冰川微地貌，是干旱区极高山冰川的突出例证和冰川博物馆。

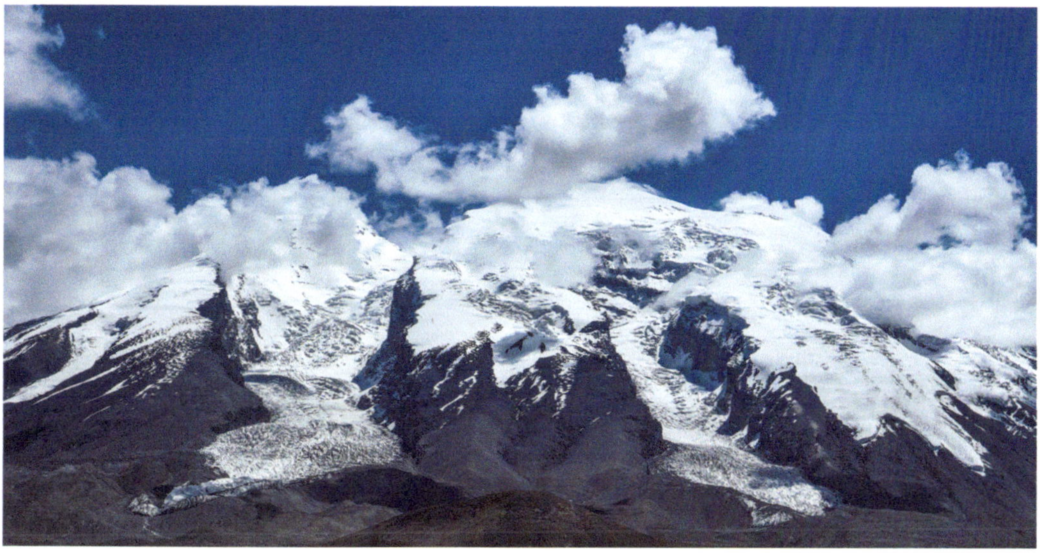

图 6.6　慕士塔格雪峰冰川景观科考照片

6.2　昆仑山

昆仑山国家公园备选地位于青藏高原北缘，地处新疆、青海两省(区)交界处，行政范围涉及新疆维吾尔自治区和田地区的于田县和民丰县、巴音郭楞蒙古自治州的且末县和若羌县、青海省格尔木市；考察涉及的保护地包括阿尔金山国家级自然保护区、中昆仑自然保护区、昆仑山世界地质公园等。通过科考发现，昆仑山国家公园重点备选地在冰川与地质遗迹、高原生态系统、珍稀濒危野生动物栖息地、昆仑文化、山地景观等方面，具备国家代表性的科学保护价值与科普游憩价值。昆仑山是我国乃至亚洲的生态安全屏障和重要水源涵养地，其生态保护价值意义重大。按照生态系统完整性保护的要求，具备跨省共建昆仑山国家公园的潜力。

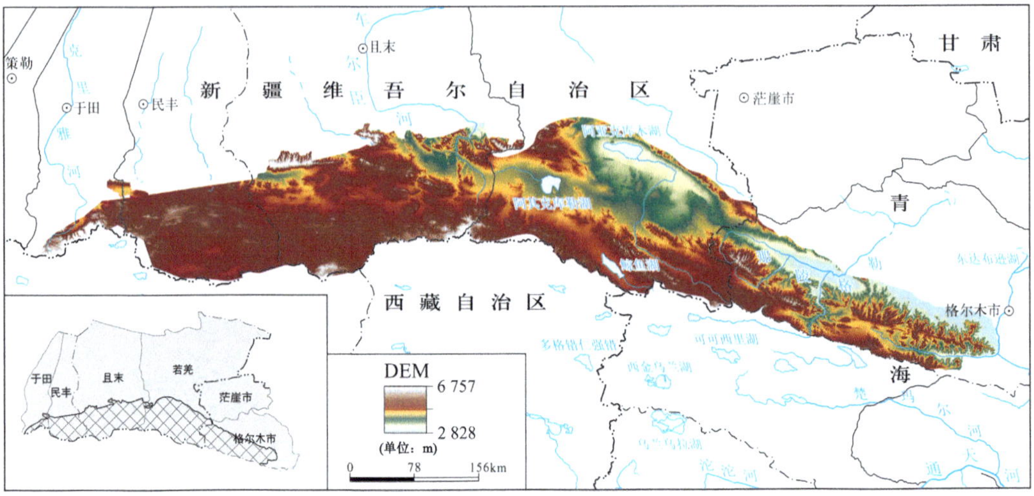

图 6.7　昆仑山科考区域

6.2.1　自然价值特征

1. 第四纪冰川遗迹是古气候变化的重要历史记录

中昆仑山海拔 6 000 m 以上的山峰有 8 座，有琼木孜塔格(6 920 m)、慕士山(6 638 m)等，平均海拔 5 000～5 500 m，雪线 5 100～5 800 m；东昆仑山海拔 6 000 m 以上的山峰有 4 座，平均海拔 4 500～5 000 m，积雪分布在 5 800 m 以上的山峰。木孜塔格峰是昆仑山第二大冰川分布区，是昆仑山中部最大的冰川作用中心，主峰海拔 6 973 m，主脊线呈 NE-SW 走向(孙永等，2018)；现代冰川极为发育，根据我国第二次冰川编目，区内共发育现代冰川 214 条，面积共 662.2 km^2(蒋宗立，2019)。玉珠峰位于昆仑山东段，海拔 6 178 m，南北坡均有现代冰川发育，南坡冰川末端海拔约 5 100 m，北坡冰川延伸至 4 400 m。玉珠峰北坡共有现代冰川 117 条，冰川总面积 115.09 km^2，其中玉珠峰 3 号冰川是玉珠峰北坡最大的冰川，冰川面积 6.13 km^2，长 4 900 m，末端海拔 4 480 m，是区内末端最低的冰川(张成功等，2021)。玉虚峰位于昆仑山口的西侧，海拔 5 980 m，冰川覆盖面积达 80 km^2，共有 30 余条冰川分列南北坡。昆仑山第四纪冰川遗迹完整地记录了冰雪堆积、冰川形成、冰川运动、侵蚀岩体、搬运岩石的全过程，是中国西部古气候变化和地质演化的历史记录，对研究全球古气候变化和地质发展史具有极高的科学价值。

2. 高原野生动物基因库，独特原始的高原生态系统

昆仑山是由昆仑地体抬升后形成的高大山脉，作为青藏高原的北缘，是青藏高原一个独立的自然地理亚单元，该区域的植物区系处在青藏高原区系和古地中海区系的过渡

区域（杜维波，2021）。最具代表性的是新青藏交界处的阿尔金山国家级自然保护区，位于东昆仑山的一个封闭性高海拔山间盆地——库木库里盆地，保护对象为原始的高原生态系统、高山湖泊、冰川、火山及冰川地貌，以及大量高原珍稀野生动物如野牦牛、藏野驴、藏羚羊、藏原羚、雪豹、黑颈鹤等，以及特有的高原珍稀垫状植被等。保护区内高寒草原分布面积最广的是青藏苔草群系和紫花针茅为主的植物群系，盖度多为 30%～60%，是高原草食动物藏野驴、藏羚羊和野牦牛的主要栖息地。阿尔金山保护区的野生动物种群数量庞大，形成壮观的野生动物景观。在繁殖季节，在高寒草原上可见到上千头的藏野驴群和藏羚羊群，在山地也可见到上百只的岩羊群。在高原湖泊，秋季迁飞季节可见到上千只的棕头鸥群和斑头雁群。阿尔金山国家级自然保护区与青海可可西里、西藏羌塘保护区毗邻，和青海三江源保护区共同构成了总面积达 54.3 万 km^2 的中国西北高原最大的自然保护区群，被誉为“高原有蹄类物种的天然基因库”，物种多样性非常丰富。

图 6.8　昆仑山野生动物科考照片（野牦牛）

6.2.2　人文价值特征

昆仑文化作为华夏文明极具有代表性的文化之一，从古至今对中华文化的形成和发展产生了巨大而深远的影响，在世界文化史上有着至高无上的地位。昆仑文化体系作为人类远古文明的重要组成部分，成为中华文明之源和中华民族的始祖文化；昆仑神话作为一种远古的精神象征和文明记忆而存在，是中华文明的根基之一（任新农，2017）。昆仑山是中华昆仑文化的重要发祥地，是昆仑神话和昆仑文化的标志性地理圣山，昆仑文化是我国古典神话中内容最丰富、保存最完整、影响最深远的文化体系（赵宗福，2014）。昆仑文化是华夏文明重要的源头之一，始终为中华早期文化的扩散提供着动力，对中华文化的形成和发展产生了巨大而深远的影响(齐昀, 2020)。昆仑岩画艺术地描绘出曾经生活在昆仑山系中原始先民们丰富多彩的社会生活和自然环境，生动地反映了数千年前昆仑山地区游牧民族的价值观念、宗教信仰和审美，有很高的史学价值和艺术价值。

6.2.3 景观美学价值特征

—— 高原秘境之美

昆仑山主要保护典型的高寒荒漠和高寒草原生态系统，藏野驴、野牦牛、藏羚、黑颈鹤等高寒珍稀物种及其栖息地。高山环绕的封闭性盆地内发育了数不胜数的奇异自然景观，有世界上海拔最高的库木库里沙漠(海拔 3 900～4 800 m)，三泉一线的高原沙子泉，风光旖旎、变幻莫测的魔鬼谷，千姿百态的古岩溶地貌、鬼斧神工的象形石林，星罗棋布的高山湖泊(阿其克库勒湖、阿牙克库木湖、依协克帕提湖、克拉库克湖和鲸鱼湖等)。昆仑山是高原野生动物栖息的乐园，众多珍稀野生物种在此繁衍生息，藏野驴、野牦牛、藏羚羊、黑颈鹤、白鹭等野生动物在高原上奔跑嬉戏，自在栖息，呈现出一片生机勃勃的景象。巍峨的雪峰冰川，静谧的高山湖泊，荒芜的戈壁荒滩，浩瀚辽阔的草原以及珍稀野生动植物，共同构成世界高海拔地区独一无二的自然画卷。

图 6.9　阿尔金山国家级自然保护区科考照片

—— 地质奇观之美

昆仑山地质遗迹资源丰富，类型多样，保存完好，具有较高的美学价值，与高原生态系统、昆仑神话等构成神秘而独特的景观。玉珠峰冰川类型多样，主要有悬冰川、冰斗-悬冰川、冰斗冰川、冰斗-山谷冰川、山谷冰川、坡面冰川等。玉虚峰古冰川地貌十分典型，在野牛沟内可见冰斗、角峰和刃脊等冰蚀地质遗迹，终碛堤、侧碛堤等冰川堆积地貌，且古冰川遗迹保存完整清晰，成为观测、研究和观赏冰川的最佳地点。石冰川顺沟簇拥，或整体推移，或塑性流动、推挤冲断，远看有一泻千里之势，近观静如止水，给人一种独特的视觉冲击。冻胀草丘、寒冻风化岩屑坡等典型的冰缘地貌，类型多样，观赏性、稀有性强，构成了得天独厚的世界级冰缘地貌科普博物馆。单斜山不同的层系呈现出深浅不同的色彩，浅红、深红、深紫、青蓝、浅灰、乌黑，色彩缤纷。昆仑山将粗犷与峻秀、运动与静止、毁灭与新生完美地结合在一起，成为中国乃至世界罕见且保存最完整、最壮观、最新的地质遗迹画廊。

图 6.10　青海昆仑山科考照片

第7章

羌塘–三江源高寒草甸草原区

羌塘-三江源高寒草甸草原区位于青藏高原腹地，南起冈底斯山-念青唐古拉山，北至喀喇昆仑山-可可西里山，是青藏高原内海拔最高、高原形态最典型的地域。羌塘、三江源区域是我国乃至世界高海拔地区保存较完整的大面积原始高寒草甸和高寒草原的典型代表区域，是世界高海拔湖泊群集中分布区、高原湿地生态系统的典型代表，是中国大型珍稀濒危高原野生动物的密集分布区，是全球生物多样性保护的关键区。采用野外实地考察、地面观测和无人机低空观测、卫星遥感解译相结合的天-空-地协同调查技术，针对羌塘、三江源国家公园的代表性生态系统及其发挥的生态安全屏障作用、物种多样性、文化多样性与景观独特性进行科学考察研究，基于科考初步提出其核心资源的全球价值和国家代表性，科考成果为系统保护青藏高原典型自然生态空间及优化青藏高原生态安全屏障体系提供科学支撑。

7.1　三江源

三江源国家公园位于青藏高原的腹地、青海省南部，东至玛多县黄河乡，西接羌塘

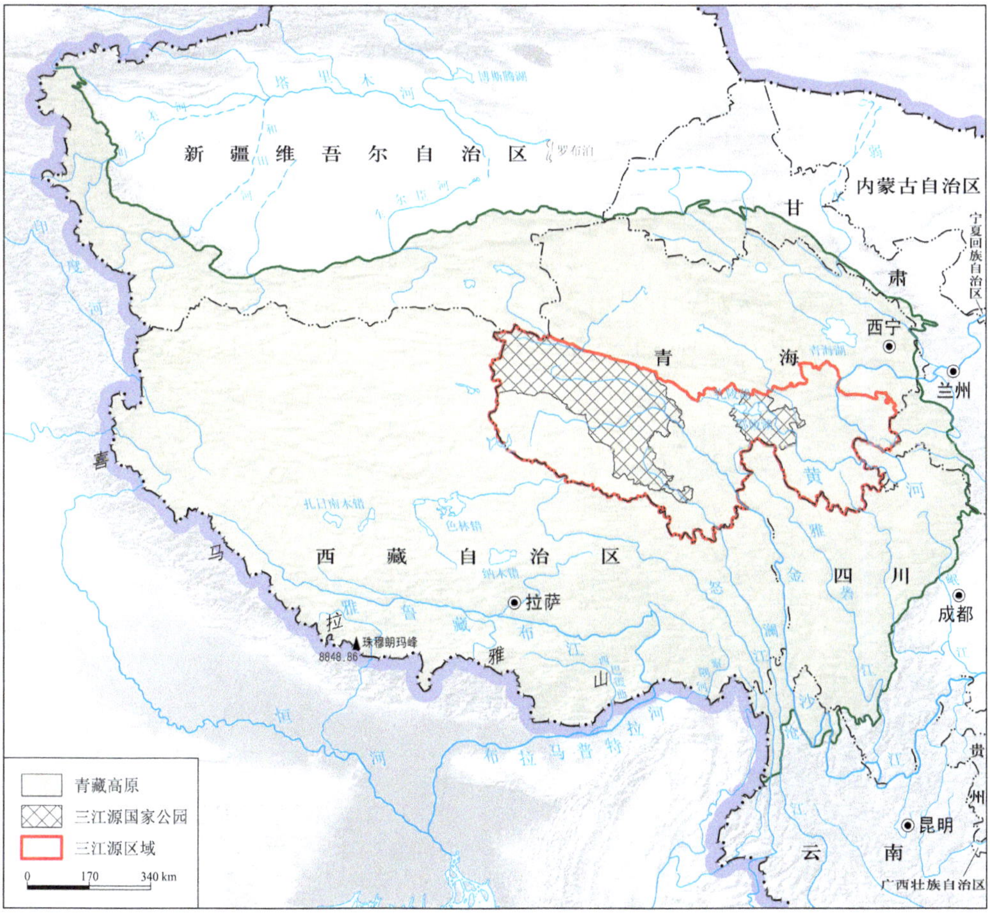

图 7.1　三江源科考区域

高原，南以唐古拉山为界，北以东昆仑山脉为界，行政范围涉及青海省的治多县、曲麻莱县、玛多县、杂多县、格尔木市。考察涉及的保护地包括三江源国家级自然保护区的索加-曲麻河、各拉丹东、当曲、扎陵湖-鄂陵湖、星星海、果宗木查、昂赛等保护分区和可可西里国家级自然保护区。通过科考，发现三江源国家公园在大尺度高原高寒生态系统、高寒特有生物物种保护、生态系统服务功能、多元文化交融、景观独特性与多样性等方面，具备国家代表性的科学保护价值与科普游憩价值。三江源国家公园的设立对保护三江源生态系统的原真性和完整性、维护我国生态安全、应对全球气候变化具有重要意义。

7.1.1 自然价值特征

1. “中华水塔”和世界高寒湿地生态系统集中分布区的典型代表

三江源区域内雪山绵延、冰川纵横、湿地广阔、万水汇流，是亚洲乃至世界上孕育大江大河最集中的地区之一，是长江、黄河和澜沧江的源头汇水区。区域内湖泊星罗棋布，分布着 1.6 万个大小湖泊，面积大于 1 km^2 的有 167 个。三江源是世界海拔最高、面积最大的高寒湿地集中分布区的典型代表，是我国乃至世界上高海拔地区保存较完整的大面积原始高寒草甸、高寒草原的典型代表，是地球第三极青藏高原高寒生态系统大尺度保护的典范。广泛分布的冰川雪山、高海拔湿地、高寒草原草甸具有极其重要的水源涵养功能(曹巍等, 2019)，高寒环境条件下的脆弱生态系统，成为亚洲、北半球乃至全球气候变化的“感应器”，是中国乃至世界生态安全屏障极为重要的组成部分。

—— 长江源

长江是我国第一大河、世界第三大河，发源于唐古拉山脉最高峰格拉丹东雪山(6 621 m)，在源头称沱沱河，主要支流有楚玛尔河、当曲、布曲、聂恰曲等。长江源

图 7.2　长江源航拍照片

区内分布着大量的湖泊与湿地，湿地的总面积约 2.32 万 km^2，主要湿地类型为河流、湖泊、沼泽、沼泽化草甸和内陆滩涂，当曲流域是高寒沼泽湿地集中发育区(周天元等，2020)。可可西里高原面和盆地内发育有大面积高寒湿地，湖泊密布、泉眼众多、沼泽遍野，像水塔一样源源不断地为各流域保存和输送着生命之水，高寒荒漠生态系统和高原湿地生态系统结合，为高原野生动物创造了得天独厚的生存条件。

—— 黄河源

黄河是世界第五大长河、中国第二大长河、中华民族的母亲河，黄河的源头段分布有世界海拔最高、数量最多、面积最大的高原湖群，扎陵湖和鄂陵湖列入国际重要湿地。黄河源地区水系资源丰富，水系格局呈羽毛状分布，发源于雅合拉达合泽山的约古宗列曲，玛多县以上的源头区支流强于干流，河网稀疏，湖泊众多。黄河源从峡谷段向东流出后，与沿岸支流共同流入星宿海盆地，并在扎陵湖、鄂陵湖补充水源，沿巴颜喀拉山北麓向东流入谷地。由于地势相对低矮，发源于巴颜喀拉山和阿尼玛卿山的多条支流在此汇入，补充了黄河的干流水源，其中包括热曲、柯曲、达日曲、切木曲及曲什安河等(李志威，2013)。

图 7.3　黄河源科考照片

—— 澜沧江源

澜沧江源是国际河流澜沧江(湄公河)的源头区，是我国重要的水源地和生态安全屏障，其干流在青海境内称为扎曲，全长 448 km；支流有子曲、解曲和巴曲等，其中子曲为扎曲的一级支流(朱海涛等, 2020)。澜沧江源湿地主要包括河流湿地、湖泊湿地和沼泽湿地；其中，旦荣滩、莫云滩以及扎青乡上游、阿多乡上游等地区分布着大面积的高寒天然沼泽和沼泽化草甸。因受特殊气候地理环境条件影响，澜沧江源区生态系统相对较为敏感和脆弱，具有极为重要的水源涵养和径流汇集功能，具有不可替代的科学研究和生态价值。

图 7.4　澜沧江源科考照片

2. 青藏高原高寒生物物种的资源库和基因库

三江源是世界高海拔地区生物多样性最集中、面积最大的地区，独特多样的生态环境使其拥有许多高原特有的动植物种类。据统计，三江源区域内共有野生动物 125 种，多为青藏高原特有种，且种群数量大。其中兽类 47 种，有雪豹、藏羚、藏野驴、野牦牛、白唇鹿、金钱豹、马麝等 7 种国家一级重点保护野生动物，以及藏原羚、藏狐、棕熊、石貂、豹猫、马鹿、兔狲、猞猁、岩羊、盘羊等 10 种国家二级重点保护野生动物。鸟类 59 种，有黑颈鹤、金雕、白尾海雕等 3 种国家一级重点保护野生动物，以及大鵟、雕鸮、鸢、兀鹫、纵纹腹小鸮等 5 种国家二级重点保护野生动物。

长江源湖泊盆地为高原特有的濒危大型哺乳动物藏羚羊提供了产犊地，可可西里内生存的藏羚羊数量占到了全球总数的约 40%，是目前已知规模最大的藏羚集中产羔地，保存了藏羚羊完整生命周期的栖息地和各个自然过程，保证了三江源、可可西里、阿尔金山之间完整的羚羊迁徙路线(于涵等, 2018)。长江源-可可西里独特的自然环境，孕育了其独特的生物物种和适应高寒环境的遗传基因以及生态系统，为大量珍稀野生动植物提供了栖息和迁徙通道，被誉为高寒生物物种的资源库和基因库。

澜沧江源是重要亚洲旗舰物种雪豹最大的连片栖息地，被誉为“雪豹之乡”，也是白唇鹿、岩羊、马麝、猞猁、黑颈鹤、白马鸡等珍稀野生动物种群的重要生境区。黄河源是高原鸟兽繁衍生存的天然乐园，丰富的湖泊湿地资源，为黑颈鹤、天鹅、斑头雁等珍稀鸟类栖息繁衍提供了良好的环境，生活在高寒草甸、高寒草原上的野牦牛、藏野驴、藏羚羊、藏原羚等 4 种大型有蹄类食草动物均为青藏高原特有种。

图 7.5　三江源野生动物观测照片(藏野驴)

图 7.6　三江源野生动物观测照片(白唇鹿)

7.1.2　人文价值特征

三江源是生命之源、文明之源，长江和黄河是中华民族的母亲河，孕育了璀璨的华夏文明；澜沧江是重要的国际河流，一江通六国，是国家和民族友谊的纽带。

三江源区域是多民族文化交流融合的重要见证，唐蕃古道经由此地，古代羌族、吐谷浑、吐蕃，现代的藏族、土族和后迁入的汉、回、蒙古、撒拉各族人民，在此孕育了多元文化(青海省地方志编纂委员会, 2000)，有以民族歌舞、服饰为代表的民族风情和民间文化，以绘画、雕刻、建筑为代表的藏传佛教文化，形成了灿烂独特的哲学、神学、文学、音乐、美术、建筑以及风俗习尚等艺术珍宝，多姿多彩的民族艺术和人文景观具有全国乃至全球层面的观赏和体验价值。

三江源是格萨尔文化的发祥地之一，是格萨尔文化资源最富集、表现形式最独特、本真性保持最完整、说唱艺人最多、影响最广泛的地区之一，在长江源区形成了独具特色的“嘎嘉洛文化”。格萨尔文化是藏族民间传统文化的杰出代表，长篇英雄史诗《格萨尔王传》是传唱千年的民间文化艺术瑰宝，堪称全人类伟大的口头表达艺术生动鲜活的样本(尊胜，2001；索南多杰，2010)，为中华民族乃至全人类提供了丰厚的文化滋养。

丰富多彩的艺术形式和非物质文化遗产是三江源藏族文化的重要载体，藏族人民创作和发展了文学、歌曲、雕塑等艺术瑰宝。瓦当、玛尼石刻、糌粑、简易氆氇机、角制藏牌、曲拉、格仲传统泥塑、红陶、唐卡、格吉萨松扎以及格萨尔王神授艺人等非物质文化遗产，是藏族人民智慧的结晶和民族精神的体现(李晓等, 2003)，美妙的藏族山歌生动记录着藏族人民的生产生活，构成了多姿多彩的民间传统曲库，堪称民间文化的百科全书。

7.1.3 景观美学价值特征

—— 辽阔壮美的高原风光

三江源地域辽阔，山脉交错，雪峰耸立，河流纵横，湖泊繁多，湿地广布，草原绵延，勾勒出一幅幅苍茫、博大、奇特的高原画卷。这里有地球上最具自然原始之美的地理景观，景观类型独特多样且组合协调，自然景观营造出雄浑、高远、古朴、纯净之感，极具美学观赏价值。雄浑粗犷的高原地貌、高耸冷峻的冰川雪山、纵横的河流蜿蜒曲折，星罗棋布的湖泊涟漪轻漾，广袤无垠的高寒草甸草原、大种群分布的高原特有野生动物等，与丰富的文化遗址和多彩的民族风情，共同构成了三江源灵动而壮美的高原风光。

图 7.7　三江源高原风光科考照片

—— 万物和谐的生态画卷

扎陵湖、鄂陵湖、星星海等构成“千湖”景观，湖畔斑头雁、赤麻鸭、棕头鸥时而觅食，时而嬉戏，生机盎然。由色彩斑斓的各色花卉组成的高寒草甸以及高山灌丛构成野生动物栖息的乐园，成群的藏野驴、藏原羚、白唇鹿等频繁现身，或悠然觅食、或奔跑跳跃。“高原精灵”藏羚往返于产羔地和越冬地的长途迁徙，构成了可可西里举世罕有的高原特有野生动物迁徙景观。野生动物的灵动和草原湖泊的静谧完美结合，远山、河流、湖泊、湿地、草甸，处处呈现出原始自然、和谐共生的生态画卷。

图 7.8　三江源生物景观科考照片

—— 雄浑奇特的地质画廊

可可西里山、巴颜喀拉山、阿尼玛卿山逶迤纵横、雪峰连绵，唐古拉山群峰错落，冰峰高耸入云，冰川晶莹剔透，冰塔千姿百态，犹如精工细雕，美不胜收。雪山冰川的融水汇成蜿蜒逶迤的河流，穿过高原丘陵，形成叶青大拐弯、岗察大拐弯、卓木其大拐弯、布朗大拐弯、兰达大拐弯等河曲，气势之磅礴，景色之壮美，令人称奇。澜沧江源昂赛大峡谷分布着青藏高原发育最完整的白垩纪丹霞地质景观，形成了顶平、石墙、石峰、石柱、陡崖等千姿百态的地貌形态，是唐古拉山脉与横断山脉过渡地带鲜有的地质景观。

图 7.9 三江源地质景观科考照片

7.2 羌塘

羌塘国家公园备选地位于青藏高原的腹地、西藏自治区北部，行政范围涉及那曲市双湖县、尼玛县、申扎县、班戈县、那曲县、安多县。考察涉及的保护地包括羌塘国家级自然保护区、色林错国家级自然保护区。通过科考，发现羌塘国家公园备选地在中低纬度大型冰川群、高原湿地生态系统、珍稀濒危高原野生动物、古象雄文化和藏文化、高原湖泊景观等方面，具备国家代表性的科学保护价值与科普游憩价值。创建羌塘国家公园对保障西藏生态安全、保护西藏湖泊流域自然生态系统具有重要意义。

7.2.1 自然价值特征

1. 世界高原冰川的典型代表、中低纬度最大的冰川群

羌塘高原位于青藏高原腹地，主要由低山缓丘与湖盆宽谷组成，起伏和缓，平均海拔在 4 500 m 以上，为青藏高原内海拔最高、高原形态最典型的地域。羌塘是中国高原现代冰川分布最广的地区，从东到西发育有普若岗日、藏色岗日、土则岗日等冰川群，冰川总面积超过 2.5 万 km^2(杜军等，2020)。其中，普若岗日冰川群是中低纬度地区最

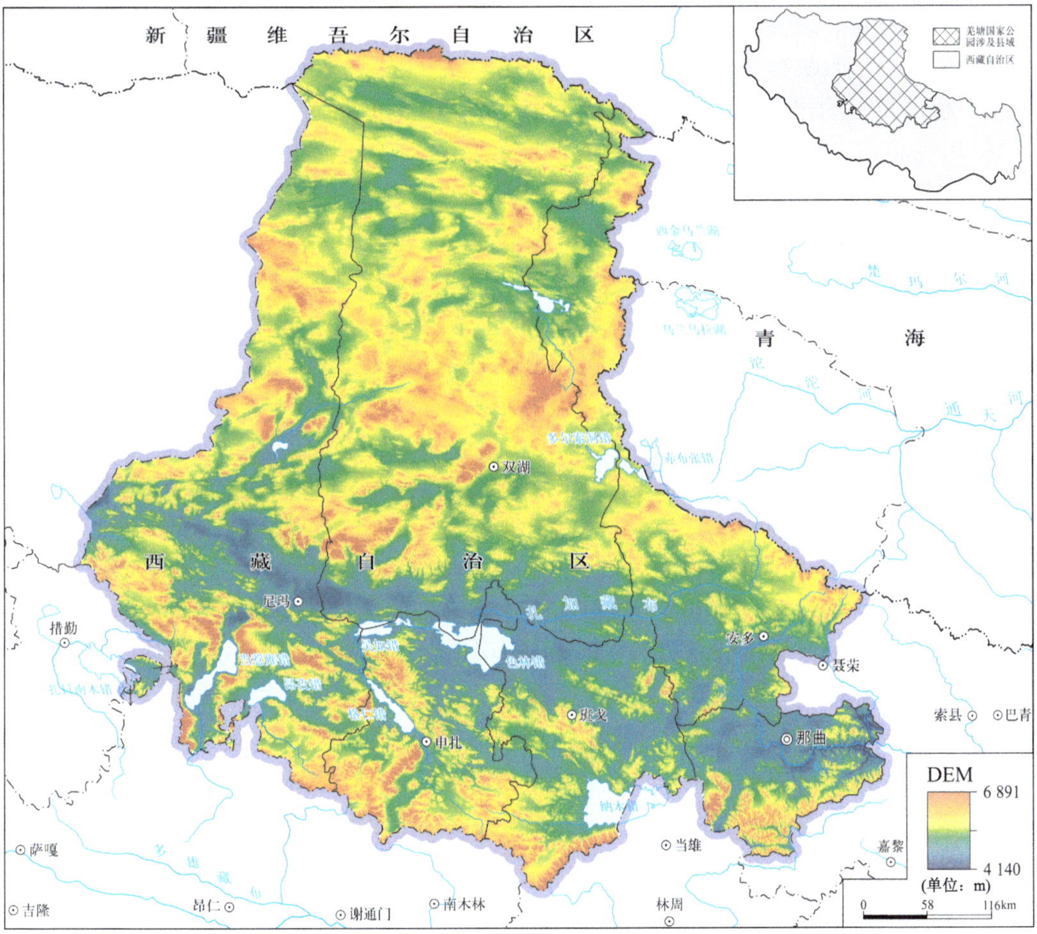

图 7.10　羌塘科考区域

大的冰川，是第四纪研究的理想场所，可以提供 20 万年地质变化的完整序列，对于 200 万年以来的“第四纪”环境演变研究具有重大意义(姚檀栋，2001)。普若岗日冰川群是由数个冰帽型冰川组合成的大冰原，冰川雪线海拔 5 620～5 860 m，面积为 423 km^2，冰原呈辐射状向周围微切割的宽浅山谷溢出 50 多条长短不等的冰舌，最大可伸至山麓地带，末端海拔一般为 5 350～5 800 m，形成宽尾状冰舌；在较低的冰舌段，形成许多冰塔林，以雄伟壮观的连座冰塔林和锥形冰塔林为主；在东南部冰舌段雏形冰塔林上部，分布有新月形和链状排列有序的雪冰丘。

2. 世界高海拔湖泊群集中分布区、高原湿地生态系统的典型代表

羌塘高原是世界上海拔最高的内流区，流域集水面积小，多季节性河流，也是高海拔湖泊群集中分布区域，湖泊大多为咸水湖和盐湖，淡水湖极少。主要河流有扎加藏布、波曲藏布、扎根藏布、达尔噶瓦藏布、下岗藏布、卡瓦藏布等，辫状水系十分发育。主

要湖泊有色林错、班戈错、吴如错、达则错、错鄂、格仁错、当惹雍错等。其中，色林错是中国第二、西藏第一大咸水湖，总面积 30.42 万 km^2、绝大多数地区海拔在 4 500 m 以上、超过 40%的区域海拔在 5 000 m 以上，是青藏高原高寒荒漠生态系统的典型代表区域(刘晓娜等，2020)。色林错位于藏北高原湖盆区，湿地是色林错主要生态系统及景观类型，包括湖泊、河流、沼泽等；其中湖泊湿地面积约 521.2 km^2，占湿地总面积 29.3%；河流湿地面积约 937 km^2，占湿地总面积 52.6%；沼泽湿地面积约 231 km^2，占湿地总面积 12.9%(张丛林等，2020)。整个区域以河湖相沉积、侵蚀地貌为主，是典型的高原湿地区域，主要表现为湿地面积大、分布范围广，高原湿地多样性发育好、地貌及景观类型代表性强，各要素与湿地类型之间联系紧密，共同构成一个相对完整的高原湿地系统。

3. 高原野生动物物种基因库

羌塘高原是中国大型高原野生动物的密集分布区，珍稀野生动植物资源种类众多、种群数量大，栖息着藏羚羊、野牦牛、藏野驴、雪豹、黑颈鹤等国家一级保护野生动物 10 种，有藏原羚、藏雪鸡等国家二级保护野生动物 21 种，被誉为“高寒生物种质资源库”。除了丰富的野生动物资源，还分布有丰富多彩的垫状植物和高山冰缘植物，该类植物在北极高寒地区有所分布，但在西藏最为丰富，有 11 科 15 属 40 余种，常见的有雪灵芝属、点地梅属、虎耳草属、凤毛菊属等；特有且丰富的生物多样性是开展动植物科普教育的优质素材，也是针对珍稀濒危动物保护开展自然教育的理想场所。色林错高寒湖泊湿地生态系统的地貌特征、植被类型、动物分布均受湿地类型及其分布格局的影响，形成了高原特有的动植物生境，为鸟类和高原生物提供了栖息场所。色林错区域内有大面积保护完好的高寒湿地生态系统，以色林错为核心的众多湖泊、湿地、河流，是全球黑颈鹤主要的繁殖地，是中国最集中、种群数量最大的黑颈鹤栖息地。

7.2.2 人文价值特征

那曲藏北草原是青藏高原人类活动最早的区域，在漫长的历史长河中，积淀了深厚的地域文化，尤其以古老的象雄文化为代表，象雄时期的古石屋古村落、那仓部落文化、象雄国都城遗址和雍仲苯教修行洞等构成了象雄文化完整的展示体系；文布南村是象雄时期中象雄的核心区域，拥有千余年历史的古象雄石屋，是迄今为止世界上发现的唯一保存完好的象雄时期的古石屋；象雄那仓部落文化的服饰、折嘎说唱、居住、饮食等都是象雄时期典型代表；中象雄琼宗遗址、中象雄瞭望台遗址、中象雄古城堡寨遗址等都城遗址，证实了象雄时期的文明程度；象雄大圆满雍仲苯教修行洞作为苯教的发源地，延续着古老而神秘的宗教文化，是解开藏地文化密码之所在。

随着历史发展和社会变迁，在漫长的生产生活过程中，当地藏族人民积累了内容丰富、底蕴深厚、韵律优美的民间歌舞等非物质文化遗产。民间艺术包括文布果谐、班戈谐钦、邻国舞蹈、尼玛孔雀舞等舞蹈艺术，班戈昌鲁、安多县采盐歌、尼玛县剪羊毛歌、尼玛哲噶尔说唱、申扎泥笛、申扎评马诗等音乐说唱艺术，唐卡、泥塑、木雕、石刻等手工艺术，以及跑马射箭、赛马、赛牦牛等竞技艺术等，保留着独特的个性，表现了当地居民对生活的讴歌和对美好未来的向往。

7.2.3　景观美学价值特征

—— 野生动物的灵动美

羌塘藏北草原被《中国国家地理》杂志评为“中国十大最美草原”之一，草原广袤无垠，湖泊星罗棋布。黑颈鹤在湿地之上觅食嬉戏，或翩翩起舞，或引亢高歌，为羌塘草原壮丽的景色增添了几分俊美。藏羚羊、藏原羚等野生动物在水源地觅食，成群结队的藏野驴集群、迁移、繁衍生息，雄壮的野牦牛等野生动物与牧人的炊烟在广袤的高原形成人与自然和谐相处的唯美画卷。

图 7.11　羌塘高原野生动物景观照片(左：黑颈鹤；右：藏羚羊)

—— 高原湖群的变幻美

色林错湖面水域广阔，湖滨水草丰美，周边格仁错、吴如错、错鄂等大小不同、景色各异的湖泊群错落镶嵌于群山莽原之间，高山、丘陵、盆地、草原、湖泊相间分布，构成了一幅壮观的从天象到地象的色彩垂直带谱图。藏北高原变幻莫测的天象景观，使色林错呈现出五彩斑斓的色彩变幻之美，蓝天白云、晨光霞蔚、雨过天晴的彩虹、冬日的银装素裹、夜间的日月星辰等天象景观，为色林错编织出了绚丽的天景彩带。

—— 高原冰川的罕见美

普若岗日冰原是世界高原冰川的典型代表，厚达百米的洁白巨冰覆盖在山体上，在阳光下晶莹剔透，蔚为壮观；冰塔林、冰桥、冰草、冰针、冰蘑菇、冰钟乳等冰川地貌千姿百态，景色壮美，构成了一个天然的“冰川博物馆”。巨大的冰川傲然矗立在羌塘高原，众多冰湖如宝石般镶嵌在冰川周围，绵延起伏的沙漠从天际一直延伸到冰川脚下，形成世界罕见的冰川、沙漠、湖泊相互伴生的景观，共同构成了青藏高原“天地大美”的自然奇观。

图 7.12　色林错高原湖泊景观科考照片

图 7.13　普若岗日冰川景观科考照片

第8章

喜马拉雅高山极高山区

喜马拉雅山位于印度洋板块与亚欧板块的交界地带，西起青藏高原西北部的南迦帕尔巴特峰，东至雅鲁藏布江急转弯处的南迦巴瓦峰，跨境分布在中国和巴基斯坦、印度、尼泊尔和不丹等国境内，西藏普兰县孔雀河以西为西段，孔雀河和亚东河之间为中段，亚东河以东为东段。喜马拉雅高山极高山区是全球最大的极高峰聚集区和中低纬度山地冰川的集中分布区、世界上植物区系最为丰富的地区之一和全球生物多样性热点地区。运用野外实地考察、地面观测和无人机低空观测、卫星遥感解译相结合的天-空-地协同调查技术，针对珠峰、雅鲁藏布大峡谷、冈仁波齐等国家公园重点备选地，开展代表性生态系统、物种多样性、地学重要性、文化多样性与景观独特性等方面科学考察研究，基于科考初步提出其核心资源的全球价值和国家代表性，科考结果为系统保护青藏高原典型自然生态空间提供科学支撑。

8.1 珠穆朗玛峰

珠穆朗玛峰国家公园备选地位于青藏高原南缘、喜马拉雅山中段，行政范围涉及西藏自治区日喀则市的定结县、定日县、聂拉木县、吉隆县；以珠穆朗玛峰保护区为科考区域，重点考察了珠穆朗玛峰、希夏邦马、陈塘、聂拉木、吉隆等保护分区(图 8.1)。通过科考发现珠穆朗玛峰国家公园备选地在重要地质演化过程、山地冰川作用中心、极

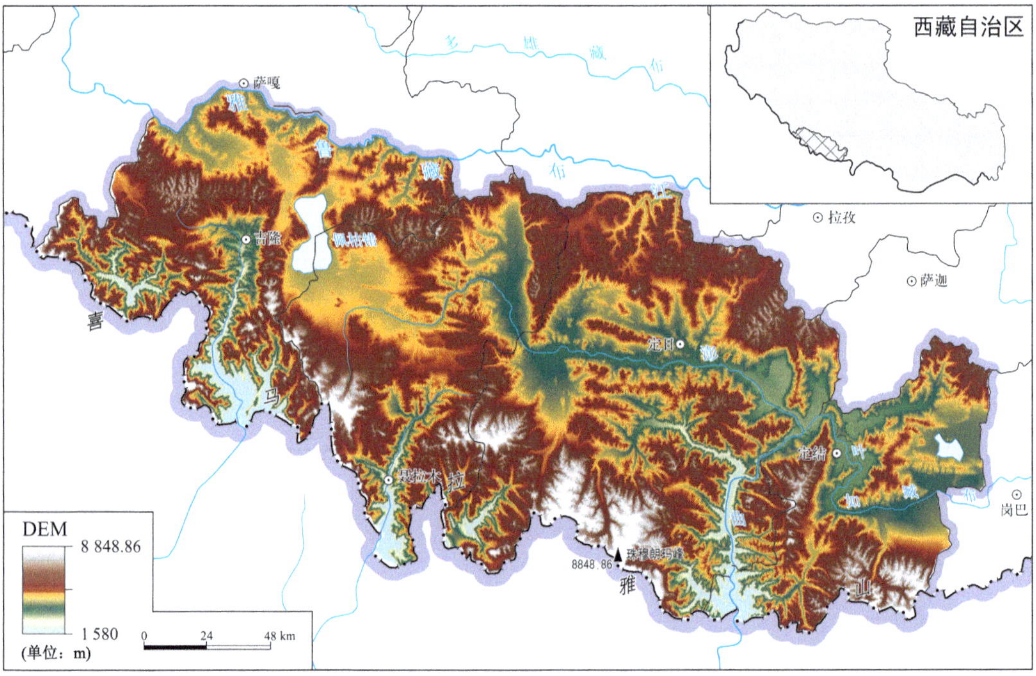

图 8.1 珠穆朗玛峰科考区域

高山生态系统及其生物多样性、南亚文化走廊、山地景观多样性等方面，具备国家代表性的科学保护价值与科普游憩价值。珠穆朗玛峰国家公园地处中国与尼泊尔、印度交界处，南侧邻近印度干城章嘉峰国家公园、尼泊尔的马卡鲁贝润国家公园、萨加玛塔国家公园、朗塘国家公园，具有建设国际和平公园的潜力，对维护珠穆朗玛峰区域生态系统完整性、全球生物多样性关键区具有重要意义。

8.1.1　自然价值特征

1. 世界第一高峰和全球极高峰聚集区

喜马拉雅山是世界上最高大最雄伟的山脉，世界上 14 座海拔 8 000 m 以上的高峰中有 10 座位于喜马拉雅山脉，海拔 7 000 m 至 8 000 m 的高峰达 40 多座。珠穆朗玛峰保护区位于喜马拉雅山中段，被称为高喜马拉雅地区，拥有 5 座海拔 8 000 m 以上的高峰，包括世界第一高峰珠穆朗玛峰(8 848.86 m)、世界第四高峰洛子峰(8 516 m)、世界第五高峰马卡鲁峰(8 463 m)、世界第六高峰卓奥友峰(8 201 m)及世界第十四高峰希夏邦马峰(8 012 m)，形成全球最大的极高峰聚集区。高耸的山体为冰川发育创造了良好的条件，雪峰连绵的喜马拉雅山脉是世界上中低纬度山地冰川分布最为密集的地区，共有现代冰川 17 000 多条，冰川总面积约 3.5 万 km^2(张强弓，2020)。珠穆朗玛峰区域是喜马拉雅山脉的大型冰川作用中心之一，山峰周围辐射状展布有许多条规模巨大的山谷冰川，共有大、中、小型山谷冰川 548 条，长度在 10 km 以上的有 18 条。其中，绒布冰川是珠穆朗玛峰最大、最为著名的冰川，全长 22.2 km。希夏邦马峰北坡的野博康加勒冰川长约 11 km，卓奥友峰北坡的加布拉冰川长 21 km，南坡的格重巴冰川长 22 km。北坡冰川冰面净洁，表碛薄，多冰面河、冰面湖、冰内河，冰塔林立。南坡冰川中下段布满表碛、表碛丘陵和冰面湖，冰下河较多。

2. 水平地带性和垂直地带性差异显著的极高山生态系统

喜马拉雅山脉对暖湿气流的地形屏障作用，造成了珠穆朗玛峰区域南北翼气候的显著差异，在水平方向产生了明显的区域分异。山脉南翼为印度洋暖湿气流的迎风面，降水丰沛，具有海洋性季风气候特征，发育着湿润的山地森林生态系统；山脉北翼由于喜马拉雅山脉显著的屏障作用，呈现出大陆性高原气候特点，发育形成了半干旱灌丛和草原生态系统。脱隆沟、绒辖、雪布岗、江村、贡当等是南翼湿润半湿润山地森林生态系统的代表，珠穆朗玛和希夏邦马是北翼半干旱高原灌丛、草原生态系统的代表。据调查，垂直分异特征也十分明显，植被分布垂直海拔范围为 1 000～6 000 m，南坡和北坡的植被垂直带谱截然不同。南坡从谷底到山顶依次为山地雨林带(上限海拔为 1 500 m)、山地亚热带常绿阔叶林带(1 600～2 500 m)、山地暖温带针阔叶混交林带(2 500～3 100 m)、山地寒温带针叶林带(3 100～4 000 m)、亚高山寒带灌丛草甸带(4 000～4 700 m)、高山寒冻草甸垫状植被带(4 700～5 200 m)、高山寒冻冰碛地衣带(5 200～5 500 m)和高山冰雪带(5 500 m 以上)。北坡为高寒宽谷盆地，海拔 4 000～5 000 m 为高原亚寒带灌丛草原，5 000～5 600 m 为高山亚寒冻草甸植被带，5 600～6 000 m 为高山寒冻地衣带，6 000 m 以上为高山冰雪带。

3. 世界上海拔最高、相对高差最大的生物多样性热点地区

喜马拉雅山中段山脊与谷底的相对高差达 1 000～7 000 m 以上(海拔从 1 440～8 848 m)，巨大的海拔落差造就了完整的垂直阶梯式的极高山生态系统，是世界上海拔最高、相对高差最大的生物多样性热点区。珠穆朗玛峰国家公园兼具藏南高原和中喜马拉雅山地两大自然地理单元的地域特征，植被类型丰富，垂直分异特征明显，分为 17 个植被型、28 个群系组和 59 个群系。据调查，珠穆朗玛峰保护区共有高等植物 2 348 种，包括被子植物 2 106 种、裸子植物 20 种、蕨类植物 222 种和苔藓植物 472 种；地衣植物 172 种、真菌 136 种，哺乳动物 53 种、鸟类 206 种、两栖动物 8 种、爬行动物 6 种和鱼类 10 种(胡慧建，2016)。国家重点保护的野生动植物 47 种，分布有雪豹、藏野驴、喜山长尾叶猴、熊猴、塔尔羊、金钱豹等 20 种国家一级重点保护动物，黑熊、棕熊、藏原羚、盘羊、藏雪鸡等 64 种国家二级重点保护野生动物。分布有密叶红豆杉、雅致杓兰、长叶云杉、西藏长叶松等 81 种国家重点保护植物。南翼丰富的水热条件为物种提供了适宜的生存空间，造就了丰富多样的生物物种，物种种类异常丰富，但种群数量较小，以具有代表性的斑羚、赤鹿和火尾太阳鸟等东洋界物种居多，且含有较多的喜马拉雅特有物种，如长尾叶猴、喜马拉雅塔尔羊等，整体表现出喜马拉雅高地的鲜明特色。北翼物种种类相对单一，但分布范围和种群数量较大，动物区系以古北界成分占优势，含有较多的高原特有物种，如雪豹、黑颈鹤等，以及具有代表性的高原物种，包括藏野驴、藏原羚和西藏沙蜥等(图 8.2、图 8.3)。

图 8.2　北坡半干旱高山灌丛生态系统科考照片

图 8.3　南坡湿润山地森林生态系统科考照片

8.1.2　人文价值特征

喜马拉雅山脉是东亚大陆与南亚次大陆的天然界山，珠穆朗玛峰区域地处中尼边境，尼泊尔与南亚诸国自古便有经济、文化、宗教等方面的交往，是连接我国与南亚地区的中枢，是我国接纳南亚文化的重要通道。南亚文化走廊东连后藏文化中心日喀则和卫藏佛教圣地拉萨，南接佛教发源地尼泊尔，是几千年来中尼文化交流的纽带。

“嘉措拉山口-协格尔镇-岗嘎镇-佩枯错-马拉山-宗嘎镇-吉隆镇-热索桥”是贯穿珠穆朗玛峰保护区的南亚文化走廊的主干道，是古代吐蕃与南亚诸国进行交流的重要通道。吉隆沟作为重要的咽喉要道，从西藏一直贯穿到尼泊尔，古人将其视为“天赐之路”，历史上称为“蕃尼古道”。自唐代以来，西藏西部的游牧经济、北部羌塘的古老文明和南亚沃土的佛教精神，都曾以珠穆朗玛峰区域的某一条或多条通道为依托，传播到南亚地区。

珠穆朗玛峰区域是西藏文明发祥地之一，巨大的海拔落差造就了许多名山古寺，海拔 4 300 m 的珠穆朗玛关帝庙，堪称世界上海拔最高的关帝庙；海拔 5 100 m 的绒布寺，是世界上海拔最高的寺庙；曲德寺是一座屹立在山脊上的多种教派共存的寺庙。

珠穆朗玛峰区域的历史、宗教、民俗、文学和艺术等诸多方面在西藏文明中不可或缺。特殊的地理环境造就了定日洛谐、拉孜堆谐、陈塘夏尔巴歌舞等丰富多彩的国家级非物质文化遗产，表演风格独特，历史久远、传承千年，形成了独特的民间歌舞艺术形态和艺术魅力。其中，定日洛谐歌舞与吉隆手镯舞，在原生态文化系统中具有代表性。

舞蹈作为珠穆朗玛峰区域一种重要的文化现象，是藏族人民极为典型的生活方式之一；定日洛谐歌舞与吉隆手镯舞反映出喜马拉雅山北坡牧区和南坡林区自然环境对人类生产生活的重要影响，两者产生时间和延续时间相仿，在内容、形式和表达等方面的异同，有助于揭示唐蕃时期经济文化交流的历史风貌。

图 8.4　珠穆朗玛峰吉隆沟人文景观科考照片

8.1.3　景观美学价值特征

—— 巍峨雄壮的山地美

喜马拉雅群山苍茫无际，巨大的弧形山脉东西绵延，逶迤盘桓于青藏高原南缘。在喜马拉雅山脉的中段，世界第一高峰——珠穆朗玛峰，犹如大自然塑造的巨型金字塔，昂首地球之巅，耸立天宇之间，卓尔不群。在加乌拉山口远眺，可见马卡鲁峰、洛子峰、珠穆朗玛峰、卓奥友峰，以及周围汇集的众多雪山一字排开，群峰竞雄，云涛汹涌，气势磅礴，震撼壮阔。仰望珠穆朗玛峰，巍峨挺拔，雄伟壮观，耸入云霄的峰顶终年白雪皑皑，云遮雾绕，神秘莫测，见证着地球演化史上沧海桑田的巨变。希夏邦马由连绵起伏的山峰群组成，山谷冰川银光闪烁，山脚下有希夏邦马大草原，镶嵌着静谧的佩枯措，雪山、草原、湖泊及栖息的野生动物共同交织成一幅绝美的画卷。

—— 雄伟壮丽的冰川美

喜马拉雅山脉高耸的山体为冰川发育创造了良好的条件，以喜马拉雅主脊线为界形成两种不同冰川类型，即南翼海洋性冰川和北翼大陆性冰川。绒布冰川上有千姿百态、瑰丽罕见的冰塔林，堪称世界奇观，是全球著名的“山地冰川博物馆”。冰塔高度为数十米不等，其形貌如丘陵、如金字塔、如高耸的城堡、如刺向蓝天的宝剑。冰塔表面有密集的浅圆形消融坑，或有星罗棋布的冰湖，晶莹闪耀。在冰融水的长期作用下，又形成了冰桥、冰洞、冰帘、冰钟乳石、冰柱和冰笋等，在阳光照耀下折射出七彩光线，绚丽非凡。

图 8.5　珠穆朗玛峰雪山冰川景观科考照片

—— 气象万千的生态美

珠穆朗玛峰区域从东往西依次有陈塘沟、嘎玛沟、绒辖沟、樟木沟、吉隆沟等五条南北纵向的沟谷，山谷生态类型丰富多样，自然景观立体多元，随着海拔的升高，呈现出一幅立体的生态系统和多层次景观交替的壮美景色。吉隆藏布顺着蜿蜒的山谷向南飞泻，两侧山势巍峨，山顶冰雪皑皑，山腰林海密布，山麓流水潺潺，谷底植被繁茂，“一山有四季，十里不同天”。嘎玛沟山高谷深、纵横开阔，大小瀑布飞流直下，汇成河流滋润谷底，从绿箩婆娑、树木遮天蔽日的原始森林，到鸢尾盛开、杜鹃漫山的过渡地带，再到冰川纵横、龙胆绽放的寒带冻土，极目之范围内呈现出生态迥异的景象。

8.2　雅鲁藏布大峡谷

雅鲁藏布大峡谷国家公园备选地位于青藏高原南缘、喜马拉雅山东段，行政范围涉及西藏自治区林芝市的巴宜区、工布江达县、米林县、墨脱县、波密县、察隅县和朗县。考察涉及的保护地包括雅鲁藏布大峡谷国家级自然保护区、色季拉国家森林公园、易贡国家地质公园、雅尼国家湿地公园、比日神山国家森林公园、巴松措国家森林公园、西藏工布自然保护区等。通过科考发现，雅鲁藏布大峡谷国家公园重点备选地在大规模海洋性冰川群、山地垂直生态系统及生物多样性、民族文化独特性、高山峡谷景观多样性等方面，具备国家代表性的科学保护价值与科普游憩价值。

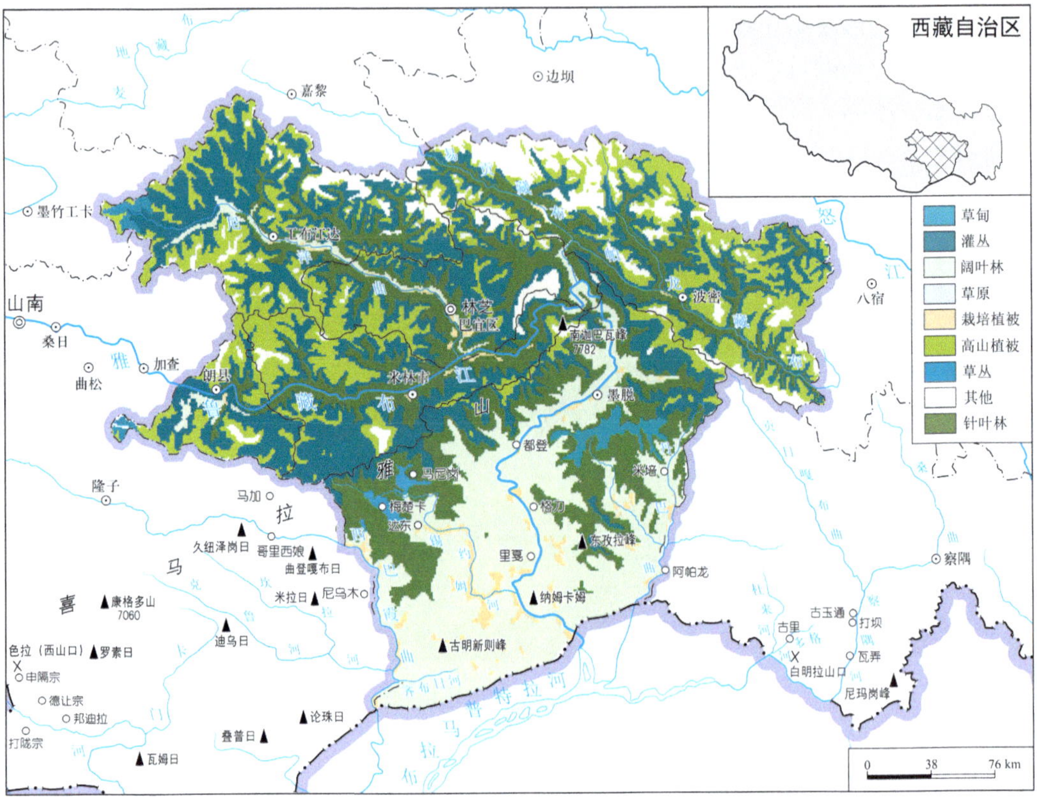

图 8.6　雅鲁藏布大峡谷科考区域

8.2.1　自然价值特征

1. 青藏高原最大的水汽通道和规模最大的海洋性冰川群

雅鲁藏布江发源于喜马拉雅山脉北麓海拔约 5 750 m 的杰马央宗冰川，是世界上海拔最高的大江，流域平均海拔 4 000 m 以上，有“极地天河”之称；中国境内河流全长 2 057 km，是我国第五大河、西藏自治区最大的河流，流域面积 24.2 万 km^2，占西藏总面积 20%（张强等，2022）。雅鲁藏布江在米林县派镇附近折向东北，绕过喜马拉雅山脉最东端最高峰南迦巴瓦峰骤然折向南流，形成马蹄形大转弯，南迦巴瓦峰（7 782 m）和加拉白垒峰（7 151 m）隔江对峙，两侧高峰与低谷的相对高差达到 6 009 m，是世界上切割最深的峡谷段。大峡谷区域独有的狭管通道地形造就了强烈的水汽输送效应，将来自印度洋的暖湿气流源源不断地向高原腹地输送，发育了雅鲁藏布、帕隆藏布、易贡藏布、米堆藏布、波德藏布和东久河等数条大江大河。雪线以上冰川作用强烈，冰川积累区降水补给丰富，形成了中国最集中、面积最大的海洋性冰川群，分布着南迦巴瓦峰冰川区、加拉白垒峰冰川区、然乌湖流域冰川区、玉璞藏布冰川区、波堆藏布冰川区和易贡藏布冰川区等六大冰川群。雅鲁藏布大峡谷是青藏高原上转运水汽的关键区域，在高原水分循环过程中具有重要地位。

2. 完整的山地垂直生态系统组合系列、山地生物资源基因宝库

强大的印度洋暖湿气流沿雅鲁藏布江水汽通道进入大峡谷地区，带来了丰沛的降水和热量，复杂多样的立体生态环境，形成了完整的植被垂直带谱，具有我国最完整的山地垂直生态系统组合系列和最丰富的山地动植物多样性，是中国和世界生物物种的宝库。从海拔百余米的热带河谷到海拔 5 000 m 以上白雪皑皑的山峰，形成了低山半常绿季风雨林带（600～1 100 m）、低山常绿阔叶林带（1 100～1 800 m）、山地半常绿阔叶林带（1 800～2 400 m）、中山针阔混交林带（2 400～2 800 m）、亚高山常绿针叶林带（2 800～3 800 m）、高山亚寒带灌丛草甸带（3 800～4 800 m）、高山寒带冰缘植被带（4 800～5 200 m）、高山永久冰雪带（5 200 m 以上）。

图 8.7　雅鲁藏布大峡谷植被科考照片

雅鲁藏布大峡谷是“全球200”生态区中的“喜马拉雅阔叶林和针叶林”“东喜马拉雅高山草甸”的关键区域，是世界上生物多样性极为丰富的地区之一，蕴藏着极其丰富的生物资源，有许多古老物种、珍稀物种和新分化物种，是我国重要的山地生物资源基因宝库。物种珍稀度高，稀有性和特有性极其明显，有国家重点保护植物 20 余种，包括滇桐、长蕊木兰、穗花杉等，是我国一级保护植物、雅江河谷的旗舰物种——巨柏的核心分布区（仲方敏，2019）。茂密的森林及高山灌丛草甸栖息着种类繁多的野生动物，包括不丹羚牛、云豹、金猫、大灵猫、豺、喜马拉雅鬣羚、赤斑羚、棕尾虹雉等国家一级重点保护动物。

8.2.2 人文价值特征

奔流不息的雅鲁藏布江是西藏文明诞生和发展的摇篮，养育了勤劳勇敢的藏族、珞巴族和门巴族人民，哺育了古老的藏族文化，是青藏高原人类原始文化的发祥地之一。雅鲁藏布江大峡谷区域是古人类交往的重要通道，林芝、墨脱等地曾采集到石器、陶片、斧、锛和凿等，尼洋河边发现了一批新石器时代的人类遗骨和墓葬群。雅鲁藏布江大峡谷区域是川、滇入藏的必经之地，拥有以古城、古道、古墓群、古庄园、古遗址等为代表的历史遗存，也拥有以藏传佛教、宗土苯教为代表的宗教文化，具有深厚的历史底蕴和文化内涵。

墨脱拥有独特的门巴、珞巴族民俗风情，建筑、音乐、舞蹈、绘画、服饰、饮食和民俗等蕴藏着深厚而独特的文化宝藏，各民族文化相互融合组成了丰富多彩的珞瑜文化。门巴族是中国具有悠久历史文化的民族之一，原始宗教信仰、苯教信仰和藏传佛教信仰的互融共生并存，是门巴族宗教信仰的显著特征。珞巴族是中国少数民族中人口最少的民族之一，服饰保持着鲜明的民族特色，已列入国家级非物质文化遗产名录。

尼洋河流域是工布藏族的聚居地，创造了丰富而独特的物质及非物质文化，其中工布藏族的服饰、帽子、藏靴、腰带、项链等具有鲜明地域文化和宗教文化特色，巴松措湖畔的错高村、结巴村是工布藏族传统村落布局和独特民居建筑风格的典型代表，错高村被评为中国最美乡村。鲁朗的扎西岗村是中国传统村落，特色民居散落在高山牧场上，依山而建，错落有序，雪山、林海、牧场、桃花、藏式民居勾画出恬静优美的人与自然和谐共生景象。

8.2.3 景观美学价值特征

——雅鲁藏布大峡谷的雄奇绝美

世界上海拔最高的大河——雅鲁藏布江，在喜马拉雅山脉最东端切割出一条长约504 km的巨大峡谷，高峰与深谷咫尺为邻，形成世界罕见的高差悬殊的峡谷景观——雅鲁藏布大峡谷，被《中国国家地理》评为“中国最美峡谷”之首。雅鲁藏布江马蹄形大转弯由若干个U字形急拐弯相连组成，其中直白大拐弯、扎曲大拐弯、果果塘大拐弯等最具代表性，峡谷深邃，雪山耸立，云遮雾涌，江河奔腾，森林密布，气势恢宏，令人叹为观止。由于山体岩层的变化和水流骤然集中的切割作用，大转弯峡谷河段形成了以藏布巴东瀑布群为代表的四大瀑布群，在世界河流峡谷中构成罕见的自然奇观。藏布巴东瀑布群被评为“中国最美六大瀑布”之首，气势汹涌，澎湃激昂，是中国最壮观、最原始、最神秘的瀑布群。

图 8.8　雅鲁藏布大峡谷景观科考照片(果果塘大拐弯)

—— 南迦巴瓦峰的神秘壮美

南迦巴瓦峰是喜马拉雅山脉最东端的最高峰，有三条山脊，主峰高耸入云，巨大的三角形峰顶直刺苍穹，挺拔陡峭，蔚为壮观，被《中国国家地理》评为“中国最美十大山峰”第一名。南迦巴瓦峰终年积雪，常年云遮雾绕，难见真容，每年 10 月至来年

图 8.9　雅鲁藏布大峡谷科考照片

4 月是观看南迦巴瓦峰的最好时间，日照金山是南迦巴瓦峰最壮美的景观。墨脱县可观察到南迦巴瓦峰南坡景象全貌，从冰川雪山到热带雨林，一山显四季。色季拉国家森林公园的鲁朗林海观景台是观赏云海、林海、花海，以及南迦巴瓦峰西坡的绝佳位置，远处山峰直立云霄，云海雾潮笼罩，近处原始森林林木葱茏、杜鹃花漫山遍野。米林县派镇索松村东北部和格嘎村西南部是近距离观赏峡谷与山峰的经典位置，峡谷与冰川呼应，林线与雪线交融，河谷桃花、藏式村落、高原田园等尽收眼底，仿佛置身于一幅唯美的画卷之中。

—— 森林花海的壮丽秀美

雅鲁藏布大峡谷优越的水热条件形成了复杂多样的立体生态环境，从百余米的河谷底部到白雪皑皑的山顶，形成了低山热带季风雨林、山地亚热带常绿和半常绿阔叶林、中山暖温带常绿针叶林、亚高山寒温带常绿针叶林、高山亚寒带灌丛草甸和高山寒带冰缘植被景观，形成了世界上最完整、最壮美的山地垂直自然景观带谱。波密岗乡云杉林被评为“中国最美十大森林”之一，静谧的原始森林中云杉挺拔俊俏，松柏笔直壮美，帕隆藏布蜿蜒曲折，草湖如同宝石镶嵌在高山森林之中。鲁朗林海由杜鹃林、灌木丛和茂密的云杉林、松树林组成，远处的雪山冰川与近处的原始森林、藏式村落、河流草甸交相辉映。色季拉山的杜鹃花海是大峡谷区域的代表性景观，杜鹃花面积大、品种多，每年 4 月中旬到 6 月底，杜鹃花从山脚到山顶依次绽放，千姿百态，形成花的山、花的海，气势极为浩瀚壮观，景色极为壮丽。

8.3 神山圣湖

神山圣湖国家公园备选地位于青藏高原西南缘、西藏自治区阿里地区的普兰县境内，考察涉及的保护地包括神山圣湖风景名胜区、玛旁雍错湿地国家级自然保护区等。通过科考发现，神山圣湖国家公园重点备选地在青藏高原地质演变过程、高寒湖泊湿地生态系统、崇拜自然圣境的生态文化、神山圣湖典型高原景观等方面，具备国家代表性的科学保护价值与科普游憩价值。

8.3.1 自然价值特征

1. 记录青藏高原地球历史演变的重要窗口

冈底斯山脉呈西北-东南走向，横贯西藏自治区西南部，南与喜马拉雅山脉平行，东与念青唐古拉山脉衔接，是青藏高原的重要地理界线，是西藏内外流水系的重要分水岭。以冈底斯山-念青唐古拉山为界线，以南与喜马拉雅山脉之间被称为藏南谷地，以北与昆仑山、唐古拉山之间被称为藏北高原。冈仁波齐是冈底斯山脉主峰和第二高峰，峰顶海拔 6 656 m，山体近乎垂直，相对高差约 2 100 m，雪线之上坡度较缓，四壁对称，

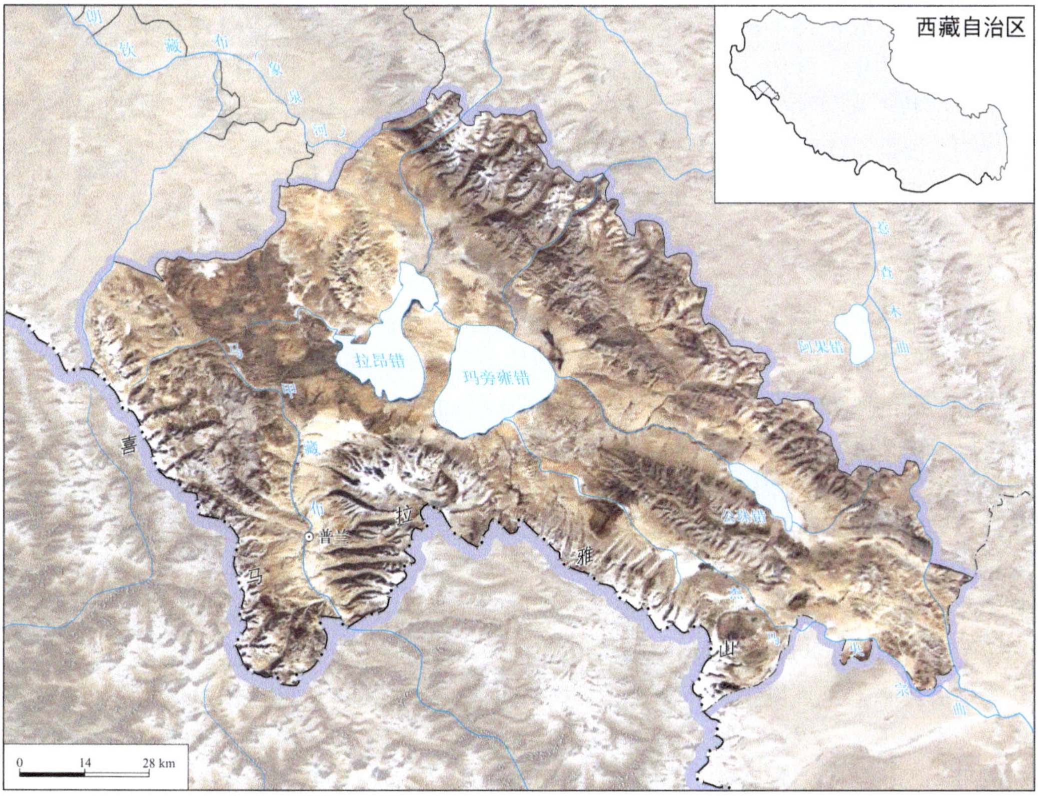

图 8.10　神山圣湖科考区域

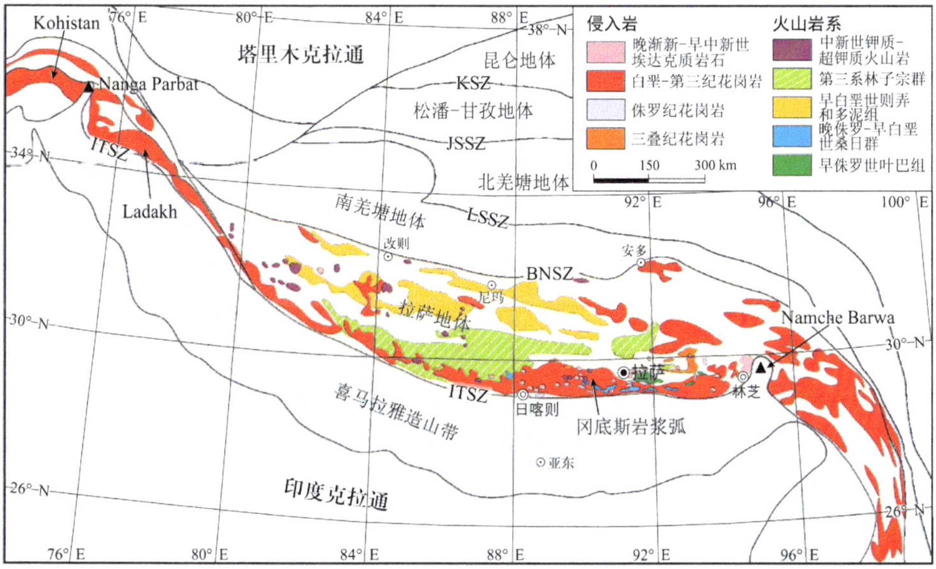

图 8.11　冈底斯弧地质简图（张泽明等，2018）

形似金字塔，峰顶终年积雪，是亚洲四大河流的发源地。周边峰谷构成“群峰环绕”地形，展示出岩壁、峰体、冰川、冰湖、溪谷和砾石滩等丰富多样的自然景观。冈仁波齐峰山体由数千米厚的普通砾石、卵石、砂和软硬相间的砾岩组成，保存了完整的自然演化序列，提供了印度洋板块与欧亚板块碰撞的证据，记录了印度板块与亚洲板块碰撞的历史，是研究青藏高原地球历史演变的“窗口”和“关键”。

2. 高寒地区最具代表性与典型性的湖泊湿地生态系统

玛旁雍错湿地是以玛旁雍错和拉昂错为主体的高寒湖泊湿地生态系统，北临冈底斯山脉主峰冈仁波齐南麓，南抵喜马拉雅山脉西部最高峰那木那尼峰北麓。玛旁雍错是典型的高原淡水湖，湖面海拔 4 587 m，湖水面积 42 197 hm^2，湖盆形状较为规则，湖水透明度极大。拉昂错是典型的高原咸水湖，湖面海拔 4 572 m，湖水面积 27 288.4 hm^2，湖体形状不规则、略呈汤勺状，湖中岛屿众多(白玛央宗等，2020)。玛旁雍错湿地是青藏高原西南亚寒带干旱气候区的重要湿地，由湖泊、河流、湿地、草本沼泽、草甸沼泽、草原和荒漠生态系统组成，是青藏高原最具有代表性和典型性的湖泊，被列入《国际重要湿地名录》。巨大的湿地面积对特殊干旱荒漠气候区的生态系统、生命系统和社会经济系统发挥着巨大的支撑作用，对于藏西南水资源、生态环境保护及西藏气候变化等具有重要意义。

玛旁雍错湿地周围植物资源丰富，植被以玛旁雍错为中心向四周呈环状分布，类型依次为水生植被、沼泽植被、高寒灌丛和高山草原(草甸)等。湿地区域内分布着珍贵的高原生物群落，是多种野生动物的繁殖栖息地，分布有黑颈鹤、金雕、西藏盘羊等国家一级保护动物，有藏原羚、狼、鹊鹞等国家二级保护动物，是藏羚羊等濒危动物向喜马拉雅山迁移的重要走廊之一，是我国高原寒旱区生物多样性富集区域，是天然的生物物种基因库。

8.3.2 人文价值特征

神山圣湖地处冈底斯文化圈腹心地带，是古代青藏高原文明的根源，是中华多民族多元文化的远古起源之一。在象雄时期就形成了以崇拜雪山草地、日月星辰、山川湖泊和飞禽走兽的苯教。佛教约在公元 7 世纪传入雪域高原，印度佛教、中原佛教与土著苯教文化相融合，逐渐演变为独特的藏传佛教，并形成很多宗派(洛桑·灵智多杰，2016)。

冈仁波齐是一座跨文化、跨种族、跨宗教的神山，曲古寺、哲日普寺、仲哲普寺等寺庙依山而建，是转山路线的必经之处，石刻、经文、佛像、雕塑等都具有较高的历史、文化、艺术研究价值。千百年来的宗教崇拜，赋予冈仁波齐无限神秘的形象，使之成为西藏最具有文化意蕴的山峰，以及青藏高原最具代表性的文化符号，是一座自然造就的神圣文化地标。

神山圣湖及其宗教建筑反映了藏族的风俗习惯和文化，以其独特的宗教地位见证了苯教与藏传佛教之间的相互排斥、影响和渗透的过程，见证了象雄文明在与其他文明的交往过程中的产生、发展、演化及衰微的过程。神山圣湖崇拜是生活在世界屋脊之巅的藏民族特有的宗教信仰和民俗文化中古老的信仰观念，与藏族原始宗教、雍宗苯教、藏传佛教神灵崇拜、祖先崇拜等观念一脉相承的重要表现形态之一。

图 8.12　神山圣湖人文景观科考

8.3.3　景观美学价值特征

—— 神山景观的圣洁壮美

神山冈仁波齐是冈底斯山脉西段的最高峰，状似金字塔，巍峨挺拔，圣洁庄严，天然形成的“十”字浑圆山顶，使其更显神秘。周围矗立着十余座 6 000 m 以上的山峰，

图 8.13　冈仁波齐峰科考照片

而冈仁波齐峰在群山之中卓然而起，超群之感令人震撼。冈仁波齐宗教信仰的多样化，为神山增添了庄重而神秘的色彩，自然崇拜的生态文化赋予神山无与伦比的审美价值。冈仁波齐被评选为中国最美的十大名山之一，宁静圣洁的雪山与明亮清透的湖泊构成了壮丽的高原景观，代表了高原地区典型的自然景观特征。

—— 圣湖景观的明丽静美

玛旁雍错和拉昂错位于冈仁波齐峰和纳木那尼峰之间，四周雪山环绕，湖水湛蓝青碧，阳光照耀之下波光洌滟，如一幅色彩明艳的油画。圣湖周围聚集了世界著名的雪山、湿地、草原、荒漠、寺庙、经幡等西藏代表性景观，草原上聚集着藏野驴、藏羚羊、黑颈鹤等珍稀野生动物，自然生态景观完整独特，高原风光无与伦比，是西藏高原景观的浓缩和典型代表。

图 8.14 玛旁雍错科考照片

8.4 札达土林

札达土林国家公园备选地位于青藏高原西南缘，位于西藏自治区阿里地区的札达县境内，考察涉及的保护地包括土林-古格国家级风景名胜区、札达土林国家地质公园等。通过科考发现，札达土林国家公园备选地在青藏高原地质演化过程、大规模典型土林地貌、古格王国遗址与古格文明等方面具备国家代表性的科学保护价值与科普游憩价值。

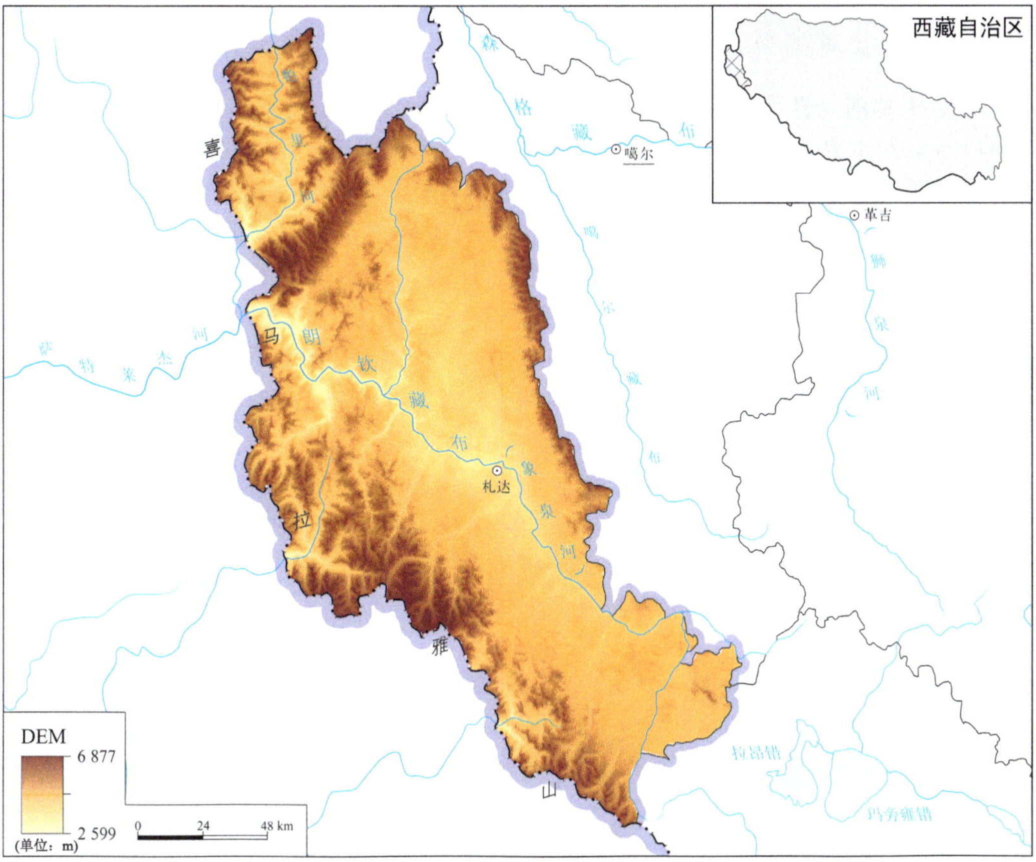

图 8.15　札达土林科考区域

8.4.1　自然价值特征

1. 反映喜马拉雅山隆升地质演化过程的杰出例证

札达盆地是发育于南喜马拉雅山与其北支阿依拉日居山之间的地堑式断陷盆地，是喜马拉雅山断块造山作用下的后陆盆地。札达盆地南北宽约 37～55 km，东西长 240 km，盆地走向严格受到北东侧和南西侧两条断裂的控制，呈北西至南东展布。强烈的内动力地质作用决定了札达盆地的整体抬升，而外动力地质作用决定了盆地内的切割及其土林的形成和发展。札达盆地平均海拔 3 750～4 500 m，盆地内沉积了厚度超过 500 m 的上新世-早更新世河湖相地层，分布面积达 5 600 km^2，发源于冈底斯山的象泉河流经盆地，强烈切割近水平的河湖相地层，露出水面的山岩经风雨长期侵蚀，形成于百万年的地质变迁，地质和地貌特征反映了喜马拉雅山的隆升过程，是地球演化历史的杰出见证。

2. 世界上最典型、分布面积最大的新近系地层风化土林

札达土林南隔喜马拉雅山脉与印度交界，北靠阿依拉山与噶尔县相接，总面积约 2 464 km^2，是世界上最典型、分布面积最大的新近系地层风化形成的土林。札达土林属高原温带季风干旱气候区，受西风环流和西南季风的交替影响较大，气候干燥，降水量少，温差变化剧烈，多大风。特殊的气候条件、独特的地质背景及地形切割条件，形成了全球独一无二的土林规模和形态。土林地貌的形成由札达盆地的形成、演化、沉积（堆积）和水系切割、冲刷及特定干旱气候条件所决定，目前札达土林正处于发育的初期—中期阶段。由于土林所在区域海拔高度不同，沉积物质组成厚度不同，土林发育的程度和形式相差较大。垂向分布以香孜组半固结含砾卵石土层为主，形成沿沟陡峭、顺坡错落、竖沟发育、陡壁重力堆积的土林；其次为托林组固结程度高的粉砂质黏土为主，形成上缓下陡、峰林叠现、高度各异、相互嵌合的土林；并且存在两者间过渡类型，或有夹层粒度变化、颜色变化等不同形态土林（李寅和刘朝万，2018）。分布有丛林状、宝瓶状、“秦甬”式、峰丛式、城堡式、双色台阶式、古钟式、哥特式、尖峰状、塔式土林等 20 多种地貌形态，在中国乃至世界都堪称奇观。

图 8.16　札达土林地貌科考照片

8.4.2　人文价值特征

象泉河自东向西纵贯札达古湖盆，巨厚的土林地层为挖掘窑洞居住提供了良好的条件，创造了内涵丰富的灿烂的象雄文明，留下了古格王国遗址、皮央东嘎遗址、托林寺、

穹窿银城遗址、多香遗址和香孜遗址等人文遗迹，为 10 世纪中叶至 17 世纪西藏西部地区古格王国和古格文明提供了特殊见证，是古代西藏文明的起源地。

图 8.17　古格王国遗址科考照片

古格王国遗址群总面积约 72 万 m^2，残存有房屋殿堂遗迹 445 座、窑洞 879 孔、碉堡遗迹 58 座、佛塔或残塔基 28 座，其中王宫区仍保存有壁画和佛像(张建林，2009)。古格王国遗址建筑群将寺院、城堡与山形地势融为一体，形成了功能完备、防御结构体系完善的建筑群落，是西藏古代建筑群的典型代表。古格王国是藏传佛教的发源地，古格艺术流派是藏传佛教的一次艺术高潮，反映了藏族优秀的民族民间艺术和多种外来艺术交流的辉煌成就。

图 8.18　皮央东嘎石窟景观科考照片

皮央东嘎遗址位于札达县的东嘎村和皮央村，是由石窟群、寺院、城堡和塔林组成的大型遗址群。皮央遗址残存着古格时代修建的佛寺、宫殿、高级僧舍及大量洞窟遗址。东嘎、皮央石窟是西藏现存石窟群中规模最大、海拔最高、壁画面积最多的高原石窟群，填补了西藏佛教壁画发源的空白，为研究古格文明和西藏佛教发展史提供了不可缺失的重要素材。

8.4.3 景观美学价值特征

—— 札达土林的恢宏壮观之美

蜿蜒的象泉河水在札达盆地中静静流淌，土林地貌沿象泉河两岸展布，横亘数百公里，蜿蜒起伏，层林叠现。壮观的土林与远处的雪山交相辉映，气势恢宏，苍茫无限。层次分明的皱褶沟壑，层层叠叠的残檐断壁，在朝霞和夕阳的映照下，明暗有致，生动富丽。札达土林是目前世界上发现的最典型、保存最完整、形态最奇特、分布面积最大的第三系地层风化形成的土林地貌，是研究土林地貌景观发育与演变的典型代表(图 8.19)。

图 8.19　札达土林景观航拍照片

—— 札达土林的形态万千之美

札达土林历经百万年的地质变迁而形成，札达盆地的各种基岩因抗风化能力不同，导致象泉河两岸的支流、支沟在数量、规模、延伸长度、谷坡坡度等方面各不相同，加之不间断的风雨侵蚀、雕琢打磨，造就了高度不同、差异分布和形态各异的土林地貌景观。札达沟以城堡式土林、塔式土林、台阶式土林、屋脊式土林、平顶式土林为主；茅刺沟以哥特式土林、孤柱式土林、孤塔式土林为主；托林以古碉土林、残余式土林、屋顶式土林、叠瓦式土林、佛塔式土林为主；霞义沟土以“五彩土林”为特色，蘑菇状土林错落有致，色彩斑斓；土林地貌似一座座城堡、一群群碉楼、一层层宫殿，参差嵯峨，形态万千，大自然的鬼斧神工令人惊叹(图 8.20)。

图 8.20　札达土林景观科考照片

第9章

岷山–横断山森林草甸区

岷山-横断山北段位于青藏高原东缘，属于青藏高原与四川盆地的过渡地带、高原气候和山地亚热带的过渡地带，是长江上游重要的生态屏障和水源涵养地。岷山-横断山森林草甸区是世界珍稀濒危特有物种集中分布区、全球生物多样性优先保护关键区，是中国南北民族迁徙、交融、演变最频繁的地区，是世界上罕见奇特自然景观最为丰富多样的地区之一。运用野外实地考察、地面观测和无人机低空观测、卫星遥感解译相结合的天-空-地协同调查技术，针对大熊猫国家公园和若尔盖、贡嘎山等国家公园重点备选地，开展代表性生态系统、物种多样性、地学重要性、文化多样性与景观独特性等方面科学考察研究，基于科考初步提出其核心资源的全球价值和国家代表性，科考结果为系统保护青藏高原典型自然生态空间及优化青藏高原生态安全屏障体系提供科学支撑。

9.1　大熊猫栖息地

大熊猫国家公园位于青藏高原东缘，本次科考主要涉及岷山、邛崃山、大相岭区域，重点考察了四川大熊猫栖息地世界自然遗产、黄龙国家级自然保护区、四姑娘山国家级风景名胜区、卧龙国家级自然保护区、唐家河国家级自然保护区、龙溪-虹口国家级自然保护区等保护地。通过科考发现，大熊猫国家公园在特有珍稀濒危物种集中分布区、

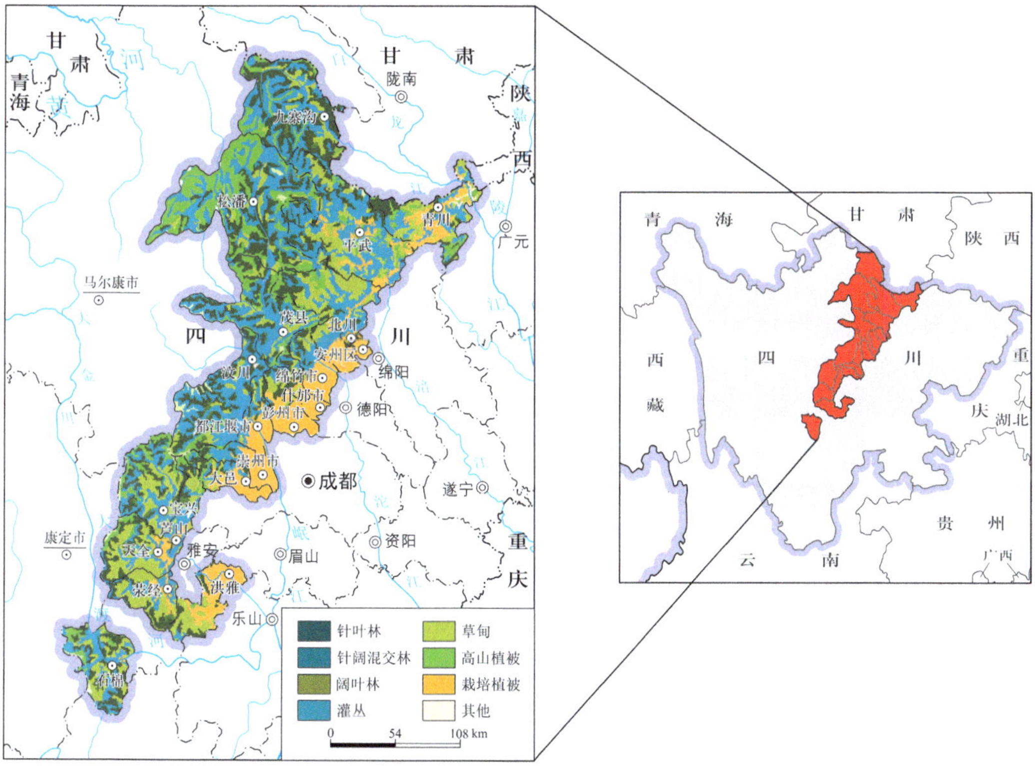

图 9.1　大熊猫栖息地科考区域

山地植被垂直地带性、多元文化交融、山地景观多样性等方面，具备国家代表性的科学保护价值与科普游憩价值。大熊猫国家公园的创建有利于加强大熊猫栖息地的连通性，对生物多样性和典型生态脆弱区的原真性、完整性和系统性保护具有重要意义。

9.1.1 自然价值特征

1. 中国完整山地植被垂直带的典型代表

岷山和邛崃山地处横断山脉北部，区域内地形呈现山多峰高、河谷深切、高差悬殊、地势地表崎岖的特征，地形地貌极为复杂，造成气候垂直分布带明显。随着海拔升高，依次分布典型亚热带常绿阔叶林—常绿落叶阔叶混交林—温性针叶林—寒温性针叶林—灌丛和灌草丛-草甸等植被类型。岷山西侧和白水江一侧为干旱河谷灌丛；海拔 1 700～2 200 m 为常绿落叶阔叶混交林；2 400～3 600 m 为亚高山常绿针阔叶混交林，主要有高山松、油松和川滇高山栎；海拔 3 900 m 以上以高山灌丛草甸为主，建群种多为紫丁杜鹃、金露梅、窄叶鲜卑花、四川蒿草等。邛崃山、大小相岭海拔 1 300～2 200 m 有山地常绿、落叶阔叶混交林；海拔 2 200～2 500 m 有针阔叶混交林，主要为铁杉、槭树和多种桦木；海拔 2 500～3 200 m 阴坡有高山针叶林，阳坡有高山栎林；海拔 3 200 m 以上为高山灌丛，主要建群种为多种杜鹃和箭竹(国家林业和草原局国家公园管理局，2019)。大熊猫栖息地生长着 6 000 余种植物，是世界上除热带雨林以外植物种类最丰富的地区之一。

2. 中国特有珍稀濒危物种丰富度最高的集中分布区

岷山-横断山北段属山地亚热带向高原气候过渡的地带，岷山和邛崃山是南北生物的“交换走廊”，是中国特有珍稀濒危物种丰富度最高的集中分布区，是我国生物多样性保护的优先区域，也是我国生态安全屏障的关键区域。据调查，岷山和邛崃山区域内保存了大量古老孑遗种和特有种，分布有珍稀濒危物种 293 种，包括哺乳动物 109 种、鸟类 58 种、爬行动物 18 种、两栖动物 35 种、高等植物 73 种；珍稀濒危动植物中，19 种为大熊猫分布区特有，中国特有种 133 种，占比 45.4%，包括哺乳动物 27 种、鸟类 26 种、两栖动物 31 种、爬行动物 6 种、高等植物 43 种；国家一级重点保护野生动物有大熊猫、川金丝猴、云豹、金钱豹、雪豹、林麝、马麝、羚牛、黑颈鹤、朱鹮 22 种，国家二级重点保护野生动物 94 种；国家一级重点保护野生植物有红豆杉、南方红豆杉、独叶草、珙桐等 4 种，国家二级重点保护野生植物有 31 种(国家林业和草原局国家公园管理局，2019)。岷山和邛崃山属于全球生物多样性保护关键区之一的喜马拉雅-横断山区，是世界上除热带雨林以外植物种类最丰富的地区，具有全球意义的保护价值。

3. 世界最大的大熊猫种群、面积最大的大熊猫栖息地

大熊猫是我国独有、古老、珍稀国宝级野生动物，是世界生物多样性保护的“旗舰种”和“伞护种”，是最具国家代表性的自然保护象征。受全球气候变化、人类活动干

扰和大熊猫自身生物学特性等诸多因素影响，目前大熊猫仅分布于秦岭、四川盆地向青藏高原过渡的高山峡谷地带。据调查，全国野生大熊猫种群数量 1 864 只，大熊猫栖息地面积 25 766 km^2。因栖息地隔离形成了 18 个大熊猫局域种群，种群数量大于 100 只的种群 6 个，主要分布在岷山中部、邛崃山中北部和秦岭中部。岷山、邛崃山分布着全世界最大的大熊猫种群和面积最大的大熊猫栖息地，野生大熊猫数量占全国 74.40%(秦青等，2020)。大熊猫在四川境内岷山山系的分布范围包括平武、松潘、北川、青川、茂县、九寨沟等 13 县(市)的 55 个乡。大熊猫动物群的形成经历了第三纪热带环境、第四纪热带亚热带环境和现代山地亚热带亚高山寒温带环境的演化，是地球发展最新阶段第四纪的地质生物过程的突出例证，是产于中国的“活化石”，具有重要的科学研究价值。大熊猫国家公园为大熊猫及其伞护的动植物物种的生存繁衍保留良好了的生态空间，是生物多样性的保护典范、生态价值实现先行区和世界生态教育展示样板。

科考专栏 9-1　卧龙国家级自然保护区

卧龙国家级自然保护区地处四川盆地向青藏高原过渡的高山峡谷地带，大横断山脉北段邛崃山的东南麓，位于四川省阿坝藏族羌族自治州汶川县西南部，是我国建立最早、野生大熊猫栖息地面积最大的综合性国家级自然保护区。1979 年被列入联合国教科文组织“人与生物圈”保护项目，成立了“中国保护大熊猫研究中心”，被纳入世界自然遗产。卧龙国家级自然保护区以保护大熊猫、珙桐等珍稀濒危动植物及森林生态系统为主，以“熊猫之乡”“宝贵的生物基因库”“天然动植物园”享誉中外，属中国生物多样性保护优先区域。第四次全国大熊猫调查结果显示，保护区内现有野生大熊猫 104 只。

卧龙大熊猫基地科考照片

卧龙国家级自然保护区集聚着原始森林、河流、高寒湿地、高山灌丛、高山草甸、裸岩稀疏植被地带和绵延的雪峰等自然生境，辖区面积约 2 000 km^2，是野生大熊猫的原生栖息地，也给整个栖息地的众多伴生野生动物撑开了保护伞。森林生态系统完整而原始，林麝、川金丝猴、小熊猫、毛冠鹿、扭角羚、斑羚等动物也与大熊猫共享着这片健康森林带来的恩赐。

9.1.2 人文价值特征

大熊猫国家公园周边社区居住着羌、藏、白马藏族、彝族、土家族、侗族、瑶族等少数民族。其中，阿坝藏族羌族自治州是四川省第二大藏区和主要羌族的聚居区，北川羌族自治县是我国唯一的羌族自治县。宝兴县硗碛藏乡为四川第一藏乡，拥有国家级非物质文化遗产“多声部民歌”和特色民俗活动“上九节”。邛崃山及古临邛地区以其丰富的物产和独具优势的交通枢纽的地理位置，是历史上南方丝路和茶马古道的起始地(徐学书, 2008)。大小相岭是彝族“圣乍文化”中心，其独有的彝族“克智”、漆器文化等具有悠久的民族历史(孙斌, 2018)。

代表性文化及人文景观有白马藏族文化、白石崇拜、集贤古乐、周至锣鼓、厚畛子山歌、南坪曲羌笛演奏及制作技艺、㑇舞、羌族羊皮鼓舞、绵竹木版年画、斗牦牛、平武剪纸、擀毡帽、花腰带制作、硗碛多声部民歌、硗碛上九节、硗碛锅庄、抬菩萨、硗碛塔子会、复兴耍锣鼓、瓦屋山青羌民俗、羌族刺绣、羌年、玉垒花鼓戏、刘家坪三国文化、和平藏寨中国传统村落等。传统村落与自然环境相融相生，民俗风情纯朴浓郁，民族文化艺术绚丽多彩，“非遗”文化特色鲜明，节日活动氛围浓厚。

9.1.3 景观美学价值特征

—— 雪岭冰峰的连绵壮美

岷山和邛崃山位于我国第一级阶梯与第二级阶梯的过渡地带，北起甘肃省西南部，南与邛崃山相连，大致呈南北走向，众多典型的褶皱山形成高耸入云的山峰。岷山山脉地形切割强烈，山岭峰峦重叠，峡谷及嶂谷发育；主峰雪宝顶海拔 5 588 m，山势陡峭，奇峰叠出，如巨塔凌空，峰嵘兀突，四周群山拱卫、高峰簇拥，群峰连绵景色壮美。邛崃山脉由巴朗山、夹金山、四姑娘山、二郎山等山地组成，最高峰四姑娘山由四座连绵不断的山峰组成，周围耸立着海拔超过 5 000 m 以上的雪峰，形成群峰簇拥、气势磅礴的壮丽景观。

图 9.2　岷山区域景观科考照片

—— 森林草甸的繁茂秀美

岷山深处的王朗保存着完整的原始森林、高山草甸、高山灌丛生态景观，林间高山兰花种类繁多，多姿多彩的高山花卉堪称横断山区的典型代表。邛崃山脉东南部的四姑娘山由三沟四峰组成，沟内森林茂密，绿草如茵，溪流清澈潺潺不绝，丰富的植物群落构成了景象独特的山地风光，景致如锦簇画廊，尽显生物多样性之美。卧龙高山峡谷中的秋季彩林、邓生沟的森林溪流、巴郎山的四季朝霞和云海、国道 350 沿线的雪凇雾凇、熊猫王国之巅的星空、高山草甸的夏季花海，共同构成“中国熊猫大道”非凡的自然美景。

图 9.3　邛崃山景观科考照片

9.2 贡嘎山

贡嘎山国家公园备选地位于青藏高原东缘、四川省西部，地处横断山脉的大雪山中段、大渡河与雅砻江之间，行政范围涉及四川省甘孜藏族自治州的康定市、泸定县、九龙县和雅安市的石棉县。考察涉及的保护地包括贡嘎山国家级自然保护区、贡嘎山国家级风景名胜区、海螺沟国家地质公园等。通过科考发现，贡嘎山国家公园备选地在横断山区极高峰聚集区、海洋型现代冰川发育中心、古老特有珍稀物种及生物多样性、康巴多元文化走廊和山地景观多样性等方面具备国家代表性的科学保护价值与科普游憩价值。

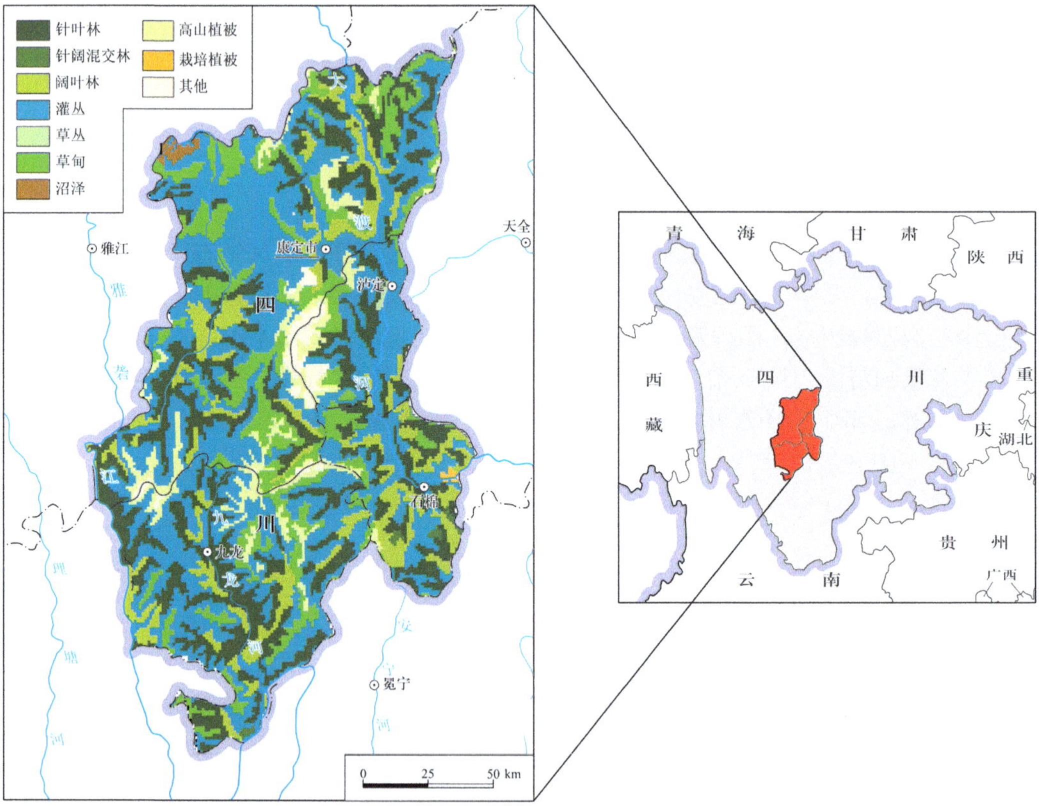

图 9.4 贡嘎山科考区域

9.2.1 自然价值特征

1. 青藏高原东部横断山区极高峰聚集区

贡嘎山是青藏高原东部横断山区第一高峰，海拔高达 7 556 m，被称为“蜀山之王”，也是世界著名高峰之一。主峰耸立于群峰之巅，周围有海拔 6 000 m 以上的山峰 45 座，形成青藏高原东部横断山区极高峰聚集区。贡嘎山地处青藏板块和扬子板块的交界带，境内东北向和西北向两组断裂发育，地貌以高山峡谷为主，东坡形成岭谷高差大而陡峭的地貌，西坡多残山延绵的高原地貌。山体垂直高差大以及东西坡高差各异的地貌形态，构成了完整的山地自然垂直带谱，也造成了东西坡垂直序列的差异。在长期冰川作用下，贡嘎山发育为金字塔状大角峰，冰雪崩极其频繁，其周围绕以峭壁，狭窄的山脊犹如倾斜的刀刃，坡壁陡峭，岩石裸露，坡度多大于 70°，而且高度落差极大，方圆 20 km 有 6 000 m 的海拔差距。各种自然地理过程不仅表现出典型性，同时表现出了混合性、过渡性和复杂性。贡嘎山是深入了解横断山区各种自然地理现象和过程、监测横断山生态环境动态最理想的区域，可为深入研究青藏高原形成演变过程、探索贡嘎山的隆起抬升与青藏高原形成关系提供科学依据。

2. 中国典型海洋型现代冰川发育中心

贡嘎山是中国重要的海洋型冰川作用区，是横断山脉与青藏高原东部最大的冰川群。第四纪期间的冰期–间冰期旋回使该区域经历了多次冰川作用，并留下了轮廓层次清楚、序列齐全的冰川作用遗迹。贡嘎山区域共发育有 70 余条现代冰川，92%的冰川集中分布于主峰周围，沿南北向构成 50 km 长、20 km 宽的羽状冰川群(刘巧和张勇，2017)。其中长度大于 10 km 的冰川有海螺沟 1 号冰川、磨子沟冰川、贡巴冰川、南门关沟 1 号冰川和燕子沟 1 号冰川等。贡嘎山现代冰川发育海拔超过 3 000 m 的高度，主

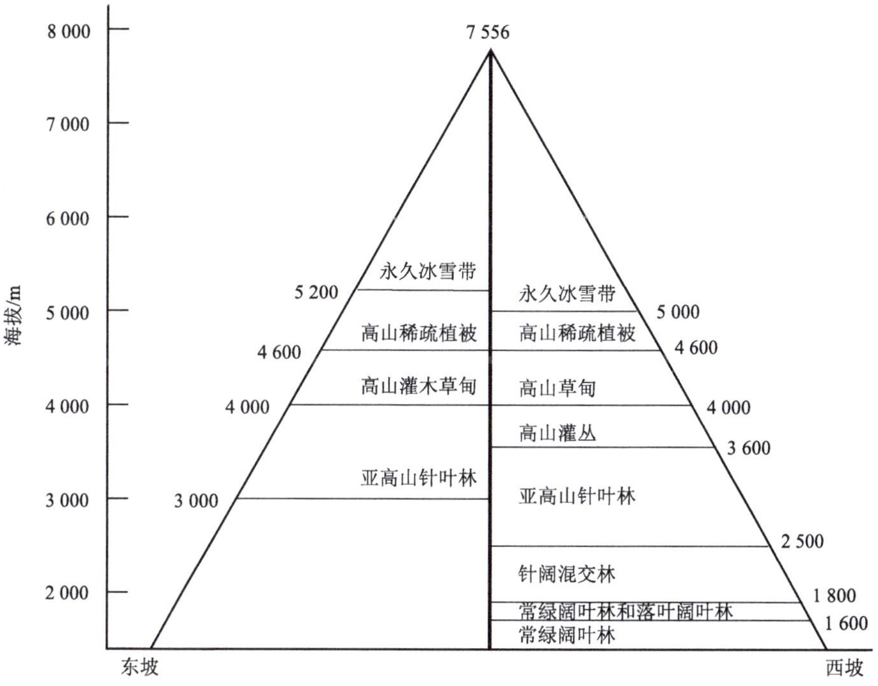

图 9.5　贡嘎山垂直自然带谱

要分布在大渡河各支流的源头，冰川群呈羽状沿贡嘎山山脊集中发育，该区域现代冰川的形态类型多样，包括山谷冰川、冰斗冰川、悬冰川等，其中山谷冰川的面积和储量所占总量的比例大于 3/4，为该区域最主要的冰川类型。贡嘎山东、西两坡冰川在规模、数量等方面都存在不同程度的差异。大冰川的数量上，整个贡嘎山长度大于 10 km 的冰川共有 5 条，西坡仅有主峰西侧的大贡巴冰川 1 条，其末端海拔高度约 4 000 m；其余 4 条则位于东坡，其中海螺沟和燕子沟冰川位于主峰东侧，磨子沟与南门关沟冰川分别发源于 6 500 m 左右的山峰，海螺沟冰川末端海拔最低，可至海拔 3 010 m 处。

3. 生物区系与生物地理成分复杂，古老特有珍稀物种极为丰富

贡嘎山从海拔 1 000 m 的大渡河河谷到 7 556 m 的主峰峰顶，超过 6 000 m 的垂直落差造就了气候、地理条件和植被类型的多样性，保存着常绿阔叶林带-山地针阔叶混交林带-亚高山针叶林带-高山灌丛草甸带-高山流石滩稀疏植被带等完整的植被垂直带谱(吴永杰等，2017)。复杂的地形和湿润的气候孕育出极其丰富的生物多样性，有川金丝猴、白唇鹿、黑颈鹤、雪豹、牛羚、林麝、马麝、小熊猫、绿尾虹雉、珙桐、康定木兰、四川红杉、连香树、油麦吊云杉等为代表的珍稀野生动植物资源，成为保护国际(CI)所确定的全球 36 个生物多样性热点地区之一的重要组成单元。

贡嘎山植物起源古老、资源丰富，生态环境复杂，既有利于植物的分化与聚集，也为古老珍稀动植物创造了良好的保存条件，其生物区系和生物地理成分复杂，古老、特有、珍稀物种丰富，具备极高的保护价值。在动物地理区划上属东洋界印亚界西南区，处青藏高原与四川盆地的过渡地带，动物区系组成复杂，既有东洋界成分，又有古北界的成分，加之山脉南北走向，该区南北动物混杂的现象也十分明显。在不同的地域和海拔高度，喜马拉雅植物区系、中国-日本植物区系、泛北极植物区系与亚热带植物区系交汇渗透，植物区系组成丰富(乔江等，2022)。热带、亚热带具有区系成分起源古老，物种分化显著，特有种丰富，地理成分混杂，替代现象明显的特点。

9.2.2 人文价值特征

贡嘎山是我国历史上“民族走廊”的核心地带，是汉藏之间多样化的族群杂居的区域。贡嘎山以东区域以汉族为主，西侧生活着藏族，西北面则主要生活着彝族，同一座山养育着不同的民族，孕育出不同的民族文化，保存着中国最完整的自然生态和人文形态。贡嘎山是川藏“茶马古道”的重要部分，是享誉世界的《康定情歌》的故乡，以其独特的康巴文化和木雅文化闻名遐迩(李娴, 2009)。康巴文化是康区各族人民在漫长的历史发展过程中创造并沉积下来的物质文明与精神文明的总和，是以藏文化为主体，兼容其他民族文化，具有多元化、复合型特色的地域文化。藏式雕房石砌、木雅泥热工艺、木雅山歌、木雅锅庄、千年古寺等既博大精深又婀娜多姿，诉说着生生不息的木雅文明。全国重点文物泸定桥和历史古迹“营盘大道”连接起来，构成重要的人文景观资源，具有极高的历史文化价值。

9.2.3　景观美学价值特征

—— 贡嘎群峰的巍峨壮观

贡嘎山高耸屹立在青藏高原与四川盆地之间的过渡地带上，不到 30 km 的水平距离内，贡嘎山的垂直落差超过 6 000 m，山形巍峨挺拔，气势恢宏，是中国最美十大名山之一。贡嘎乡的子梅垭口(海拔 4 500 m)距离贡嘎主峰直线距离仅 5 km 左右，是近距离欣赏贡嘎主峰、雪山云海、日照金山的最佳观景点，金字塔形的角峰，穿云破雾，卓立于横断山群峰之上，气势磅礴，令人震撼。甲根坝乡的雅哈垭口(海拔 4 568 m)距贡嘎主峰直线距离约 30 km，是观赏贡嘎山主峰及贡嘎群峰的绝佳之地，贡嘎山拔地而起，主峰直插云霄，周围众多海拔在 6 000 m 以上的山峰终年积雪，山峰尖峭，山势逶迤，壮观至极。

—— 冰川与森林的共存奇景

海螺沟冰川沿贡嘎山东坡飞泻而下，落差达 3 900 m，浩浩荡荡，气势磅礴，一直延伸到海拔 2 850 m 的山麓，是全球同纬度地区海拔最低的现代冰川，冰舌伸入原始峨眉冷杉林中，构成世界上罕见的冰川与森林共存的神奇而独特的自然奇观。海螺沟 1 号冰川发育了中国至今发现的最高大冰瀑布，高 1 080 m，宽 1 100 m，形成冰崩奇观，巨响宛如雷声，雪雾磅礴，无比震撼。海螺沟冰川是中国六大最美冰川之一，形成了冰裂缝、冰面溪、冰面湖、冰笋、冰洞等极具特色与观赏性的冰川景观，冰川与热矿泉共存奇观为世界罕见。

图 9.6　贡嘎山冰川科考照片

9.3 若尔盖湿地

若尔盖国家公园备选地位于青藏高原东缘，行政范围涉及四川省的若尔盖县、红原县、阿坝县、松潘县，甘肃省的玛曲县和碌曲县，考察涉及的保护地包括若尔盖湿地国家级自然保护区和黄河首曲国家级自然保护区。通过科考发现，若尔盖国家公园重点备选地在大面积高原泥炭沼泽湿地和高寒湿地生态系统、黑颈鹤等珍稀濒危物种栖息地、多元文化走廊、高原湿地生态景观等方面具备国家代表性的科学保护价值与科普游憩价值。创建若尔盖国家公园对保护黄河上游重要水源涵养地、筑牢黄河上游生态屏障等方面具有重大意义。

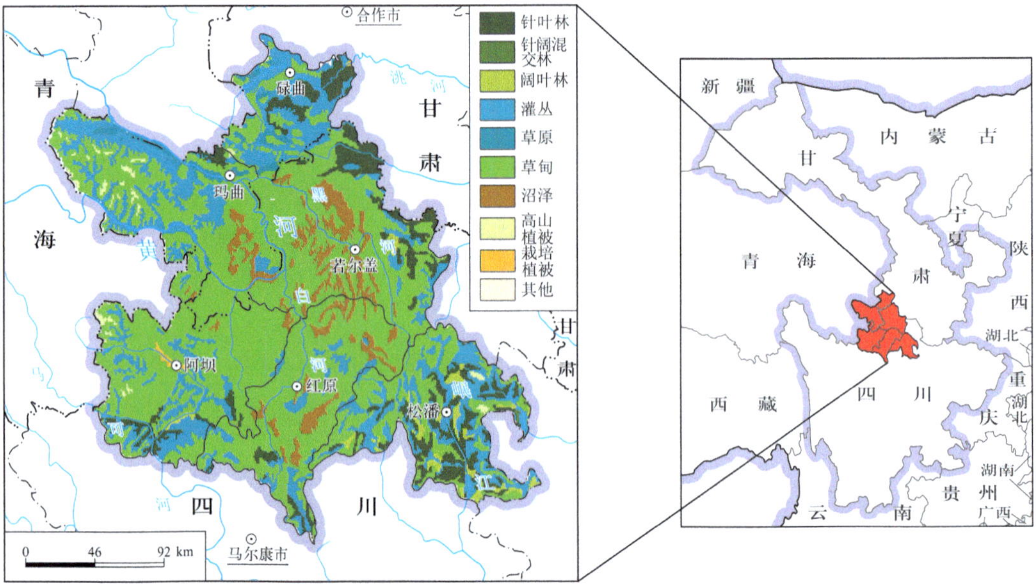

图 9.7 若尔盖科考区域

9.3.1 自然价值特征

1. 全球海拔最高、面积最大、保存最完好的高原泥炭沼泽

黄河上游的冲积河流以弯曲河型为主，是青藏高原弯曲河道分布最为集中的区域。从黄河源上游至下游依次形成 4 个弯曲河群：玛多-达日草原、若尔盖盆地、甘南草原和黄南草原弯曲河群，其河道演变基本属于自然过程。著名的 U 形大拐弯在青藏高原东缘的若尔盖盆地出现，而后转向西北，与东南方向的白河、黑河交汇。从黄河上游青藏高原东部的求吉玛到玛曲，泥炭地总面积 46 万 hm^2，若尔盖泥炭地由几十个不同面积

的泥炭地（10～200 km^2）组成（张一然等，2022）。若尔盖湿地泥炭沼泽广泛发育，是全球海拔最高、面积最大（蕴藏量达 70 亿 m^3）、保存最完好的高原泥炭沼泽，是世界上罕见的高原湿地生态系统类型，2008 年被列入国际重要湿地名录。若尔盖湿地是高原高寒湿地生态系统的典型代表，是全球低纬度高海拔地区分布最为集中的高寒沼泽湿地。若尔盖湿地不仅是我国的气候调节器，也是黄河上游极其重要的水源涵养区与集水区、生态环境保护与发展的关键区域，每年向黄河提供约 30%～40%的水量（蒋桂芹等，2021），在水源涵养、维持生物多样性、维护高原生态系统等方面有着举足轻重的作用。

科考专栏 9-2　若尔盖

若尔盖盆地东南西北四面分别为岷山、邛崃山、巴颜喀拉山、阿尼玛卿山和西倾山环绕，由于地势相对低凹，成为黄河上游水系的一个汇流之处。由阶地复合沼泽体、无流宽谷复合沼泽体、伏流宽谷复合沼泽体和湖群洼地复合沼泽体组成，沼泽景观多样，总体构成平坦状高原面。最高海拔 3 697 m，最低海拔 3 422 m，气候寒冷湿润，泥炭沼泽得以广泛发育。若尔盖泥炭地由几十个不同面积的泥炭地组成，构成泥炭地的地貌类型可分为湖盆洼地、平底宽谷、坳谷、麓前洼地、沟谷谷底、扇体边缘、山间河谷盆地、椅形地、古河道等。若尔盖湿地植被类型主要有：沼泽植被（3 410～3 600 m）、草甸植被（3 500～4 500 m）、灌丛植被（3 600～4 000 m）、寒漠流石滩植被（>4 500 m），其中沼泽植被和高山草甸植被分布面积最广。若尔盖湿地内分布着辽阔的河流、湖泊、沼泽、草甸和草原，河流多而曲，湖泊小而多。

若尔盖湿地科考照片

2. 黑颈鹤在我国的集中分布区和重要繁殖地

若尔盖沼泽植被发育良好，生态系统结构完整，成为众多野生动植物栖息、繁衍基地，是青藏高原生物多样性热点区域的重要组成部分，具有极其重要的自然生态保护价值。若尔盖分布着鸟类、哺乳类、鱼类等近250多种动物，其中包含多种特有物种和濒危稀有物种，脊椎动物有218种。区内物种多样性丰富，特有种多，高等植物中75%以上为青藏高原特有种，鱼类90%以上为青藏高原特有种。国家一级保护野生动物有黑颈鹤、黑鹳、金雕、玉带海雕、白尾海雕、胡兀鹫、斑尾榛鸡、马麝等，是我国生物多样性的关键地区之一。

黑颈鹤是鹤类中唯一在高原上繁殖的特有种类，是我国青藏高原局地性物种。若尔盖湿地是黑颈鹤在我国的集中分布区和主要繁殖地，其数量占世界分布的70%以上。若尔盖湿地国家级自然保护区是以保护黑颈鹤等珍稀野生动物及湿地生态系统为主的保护区。黑颈鹤冬季多于云贵高原及雅鲁藏布江河谷地区越冬，每年三四月开始向东部若尔盖湿地迁徙，后于10～11月陆续返回越冬地(蒋政权等，2017)。在脆弱的高寒鸟类区系中，黑颈鹤被认为是高寒湿地生态系统的环境指标动物和旗舰物种，掌握黑颈鹤种群动态、分布及栖息地状况，有利于更好地保护黑颈鹤及高寒湿地生态系统。

9.3.2 人文价值特征

若尔盖地处藏、羌等少数民族聚居区，是我国历史上重要的民族或族群迁徙、多元文化交融的“民族走廊”，形成了藏、羌两族世世代代相传的青稞酒文化、服饰文化、饮食文化、沙朗文化等丰富多姿的民族文化(喇明英, 2014)。安多藏戏、民间“锅庄”、壁画、唐卡、歌谣、谚语、史诗等民间文艺、民间文学具有浓郁的地方特色和民族特色。

若尔盖地区是连接川、甘、青“茶马古道”(甘青道)的重要商贸驿站，在松(潘)甘(甘肃省临洮)“茶马古道”间起着重要的桥梁纽带作用，也是各民族文化交融和民族迁徙的廊道(项清等, 2021)。茶马古道形成的人与自然、人与茶、人与人之间的朴素伦理精神，对于保护和传承宝贵的少数民族茶文化遗产具有重要意义。

9.3.3 景观美学价值特征

—— 高寒湿地的壮丽静谧之美

若尔盖地处青藏高原东缘高寒沼泽湿地的腹心地带，是青藏高原高寒湿地生态景观的典型代表，享有“中国最美高寒湿地草原”的美誉。广泛发育的泥炭沼泽，丰富多样的动植物群落，以及密集的水网水系和星罗棋布的湖泊构成了若尔盖独特的自然景观，形成蜿蜒逶迤的黄河九曲第一湾、一望无际的热尔大草原、烟波浩渺的梦幻花湖等代表性景观。美丽宽广的热尔大草原铺展在青藏高原东缘，纵横数十千米，浩原沃野，广袤无垠。黄河从高原上蜿蜒而来，静静地流淌在大草原上，自西向东形成荡气回肠的“S”形大拐弯，再向西北方向蜿蜒而去，逶迤的身姿被晚霞染成绚丽的金色，犹如玉带天河，恰似银练飘舞，令人心旷神怡。

图 9.8　若尔盖科考照片

—— 高原鸟类的自然灵动之美

若尔盖草原中散落着无数圣洁的湖泊，其中花湖因湖面五彩斑斓而得名，盛夏时节，宽阔的湖面倒映着漫天云影，湖畔沙洲点点、水鸟翔集。若尔盖优越的自然条件和良好的生态环境，为鸟类提供了生存、栖息、繁衍和觅食的便利条件。若尔盖享有“中国黑颈鹤之乡”的美誉，黑颈鹤在草原湿地悠闲地栖息觅食，或徘徊在湿地草原之间，或飞翔于雪山云海之上，用绰约的舞姿和非凡的风度，展示着若尔盖独特的生命之美，与明媚的阳光、湛蓝的天空、碧绿的草原，形成一道靓丽的风景线。

第10章

南横断山高山峡谷区

南横断山高山峡谷区地处青藏高原东南缘，位于滇川藏交界地带，纵横交错的高山深谷为众多生物提供了纵向迁徙的生态廊道与横向交汇的安全屏障，成为全球生物物种的高度密集区和不同区系成分交错分布的复杂区域，是中国生物多样性最富集、景观类型最丰富的地区。运用野外实地考察、地面观测和无人机低空观测、卫星遥感解译相结合的天-空-地协同调查技术，针对香格里拉、高黎贡山等国家公园重点备选地，开展代表性生态系统、物种多样性、地学重要性、文化多样性与景观独特性等方面科学考察研究，基于科考初步提出其核心资源的全球价值和国家代表性，科考结果为系统保护青藏高原典型自然生态空间及优化青藏高原生态安全屏障体系提供科学支撑。

10.1　香格里拉

香格里拉国家公园备选地位于青藏高原东南缘，行政范围涉及云南省迪庆藏族自治州的香格里拉市、维西县和德钦县，丽江市，凉山彝族自治州木里藏族自治县，四川省甘孜藏族自治州稻城县。考察涉及的保护地包括三江并流世界自然遗产、白马雪山国家级自然保护区、玉龙雪山国家级风景名胜区、亚丁国家级自然保护区等，通过科考发现

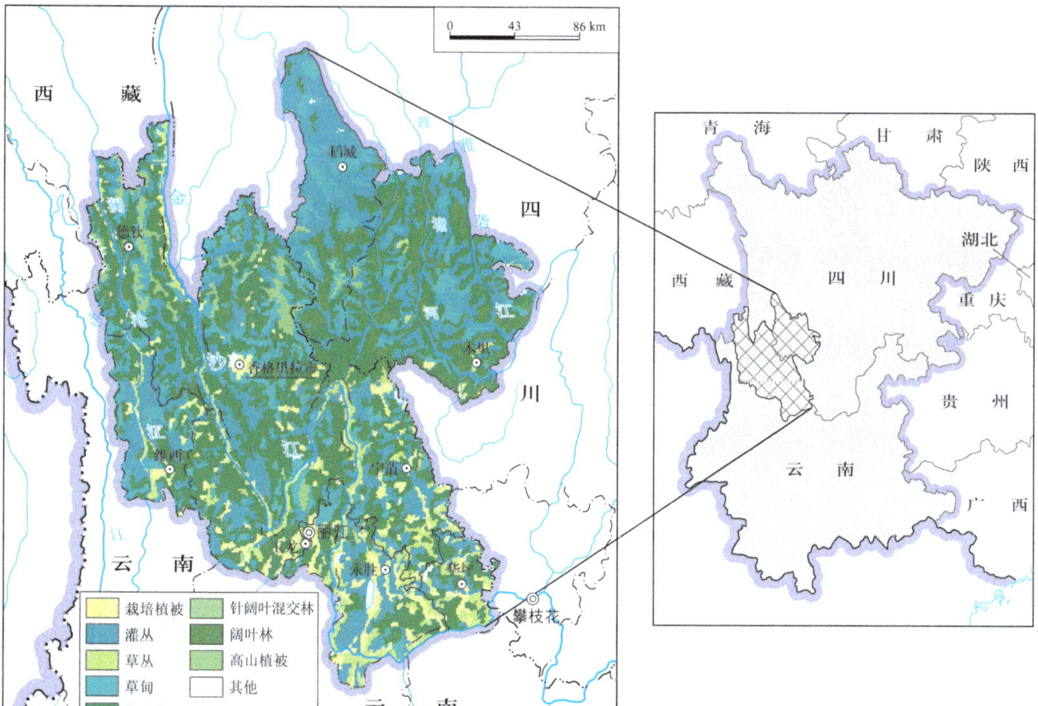

图 10.1　香格里拉科考区域

香格里拉国家公园重点备选地在青藏高原隆升地球演化史、滇西北高原生物多样性和典型生态系统保护、多元民族文化共存、山地景观多样性等方面，具备国家代表性的科学保护价值与科普游憩价值。

10.1.1 自然价值特征

1. 中国保存完整的“封闭型森林-湖泊-沼泽-草甸”复合生态系统

香格里拉地处青藏高原东南缘横断山脉南部、松潘-甘孜褶皱系中甸褶皱带，由起伏和缓的残余高原和山地组成；强烈的区域性隆升和断裂活动，以及流水、湖泊、冰川等外力地质作用共同塑造了高海拔(3 000 m 以上)和相对高差较小的山脉-盆地地貌形态。香格里拉是我国种子植物特有属种高度集中的三个中心之一，即“川西-滇西北中心”，是世界生物多样性保护的热点地区之一，保存了发育完好的寒温性针叶林和硬叶常绿阔叶林、中国最南端“封闭型森林-湖泊-沼泽-草甸”复合生态系统。香格里拉区域资源种类丰富且相互交融，形成了高山-亚高山寒温性针叶林生态系统、高山-亚高山草甸生态系统和高山湖泊-沼泽生态系统等多种资源类型组合。植被类型多样，有温性针叶林、硬叶常绿阔叶林、落叶阔叶林、灌丛、草甸、水生植被等，包括了滇西北所能见到的各种植被类型。植被物种资源丰富，云冷杉林、大果红杉林、川滇高山栎林等是横断山脉区典型代表的植物成分。

图 10.2 普达措生态系统科考照片

碧塔海和属都湖等典型的原始高原湖泊-湿地生态系统在国际上享有盛名，碧塔海自然保护区是国际重要湿地，是金沙江水土保持和水源涵养林区，对维持三江中上游地区的生态平衡起着重要的保障作用。湖内产特有的中甸重唇鱼，被称为鱼类的“活化石”；湖周围及湖内有丰富的挺水植物和沉水植物群落，构成越冬鸟类理想的栖息地；越冬候鸟的国家一级保护动物有黑颈鹤、麻鸭、斑头雁、潜鸭、红嘴鸥等；以暗针叶林为主的森林中有多种雉类、藏马鸡，及小熊猫、麝、金猫、云豹等兽类 21 种。香格里拉普达措国家公园拥有丰富的自然资源，是融高原冰碛湖泊、湖滨带、沼泽化草甸、寒温性五花草甸和原始亚高山寒温性针叶林等植被于一体的、保存完整的、典型的内陆高原，生物多样性异常丰富、景观类型多样、高山湖泊星罗棋布、泉水清幽、自然风光旖旎秀丽。

2. 保存完整原始的高山自然生态系统

大香格里拉区域是青藏高原东部的重要物种基因库，是研究高山自然生态系统和青藏高原形成、演变以及全球环境变化的理想场所。稻城亚丁是世界保存完整且原始的高山自然生态系统之一，集中了青藏高原、云贵高原过渡地带的自然之美，其景观的多样性和丰富性在大区域内实属罕见。属大陆性季风高原型气候，随海拔的变化，形成了复杂多样的气候类型，垂直地带性明显，依次出现了山地暖温带(海拔 2 300～2 500 m)、山地温带(海拔 2 500～3 000 m)、山地寒温带(海拔 3 000～3 500 m)、高山亚寒带(海拔 3 500～4 200 m)、高山寒带(海拔 4 200～4 700 m)、高山永冻带(海拔 4 700 m 以上)。土壤的垂直地带性明显，依次为山地褐土(海拔 2 300～3 000 m)、山地棕壤(海拔 3 000～3 500 m)、山地棕色针叶林土(海拔 3 500～4 300 m)、高山草甸土(海拔 4 300～4 500 m)。

图 10.3　稻城亚丁高山生态系统科考照片

不同的气候、土壤类型形成了不同的植被类型，垂直地带性明显，其垂直带谱为干旱河谷灌丛带(海拔 2 000～2 300 m)、山地亮针叶林带(2 300～3 200 m)、亚高山暗针叶林带(3 200～3 900 m)、高山灌丛草甸带(3 900～4 500 m)、高山流石滩疏生植物带(4 500 m 以上)。植物区系成分复杂，温带和亚热带植物区系、中国日本和喜马拉雅山区系都在此交汇。

10.1.2 人文价值特征

香格里拉区域是白族、彝族、藏族、傈僳族、纳西族、怒族、独龙族、普米族、回族、傣族、佤族等多民族聚居区，形成了洛茸村、霞给藏族文化村、白地纳西族文化村、同乐傈僳族文化村等代表性的文化聚集区，民族的多样性和民族社会发育的层次性，形成了民族社会文化的多样性，组成了人类社会发展史上“活的展览馆”。以藏传佛教为主，将苯教观念统一起来，赋予自然以某种生命的象征，形成对特殊山川以神灵般的敬畏和崇拜的自然生态观(叶文等, 2008)。各民族在长期的发展和演化中，形成了充满人文色彩的节日庆典、民风民俗和宗教文化，以藏族为代表的少数民族形成了其独特的传统文化，各种少数民族节日、婚丧习俗等成为传统文化中的亮点，尤其是藏传佛教在传统文化中的重要地位，为藏族传统文化增添了神秘色彩。

稻城亚丁是康巴文化发展的代表性区域，以藏文化为主，同时融合纳西、摩梭、彝族等少数民族文化，展现出丰富多彩、多元化的文化形态，歌舞文化、服饰文化、特色民居、土陶文化等，神秘而又富有美感。阿西土陶烧制技艺列入国家级非物质文化遗产，黑陶器皿民族特色浓郁、文化内涵丰富，具有极强的实用性和观赏性，是稻城亚丁“四绝”之一。亚丁村藏式民居在建筑技术、艺术效果方面体现了与大自然的和谐之美，结构和布局随山势有序变化，形成了以建筑为载体、以藏文化为灵魂的传统村落保护体系。

10.1.3 景观美学价值特征

—— 高山峡谷的奇险雄壮之美

香格里拉位于滇西北“三江并流”世界自然遗产中心地带，雪峰高耸、河谷深切，景观类型多样，是各种高山峡谷地貌及其演化的代表地区。金沙江自北向南从白马雪山、玉龙雪山和哈巴雪山之间穿过，造就了一处地球上最壮观的高山河谷组合，形成了金沙江大拐弯、虎跳峡等代表性景观。虎跳峡是中国第二深的大峡谷(落差 3 900 m)，东临玉龙雪山，西临哈巴雪山，两侧山体如刀削斧砍，陡峭险绝，江水湍急奔腾，由于巨大的落差和陡峭的河床，使得虎啸龙吟、汹涌澎湃的峡谷交响乐在此达到极致，浪花飞溅，惊心动魄，惊险奇绝，是中国最美十大峡谷之一。

—— 雪山湖泊的圣洁纯净之美

稻城亚丁由仙乃日、央迈勇、夏诺多吉等雪山，五色海、牛奶海、卓玛拉错、朗错海、勒西错海等高山湖泊，以及周围的河流和高山草甸组成。雪峰、冰川、森林、溪流、瀑布、湖泊、草甸有机组合，独特的雪山景观、震撼的冰川地貌、壮丽的高原生态、浓郁的藏传佛教、多彩的康巴风情，完美融合为极具“安详、和平、纯净、神秘”的香格里拉特质。群峰林立如利剑直插云霄，山腰茫茫林海，飞泉瀑布于其间，山脚宽谷曲流，镶嵌着明镜般的湖泊，野生动物出没其中，呈现出一方安详静谧的净土，集中了青藏高原向云贵高原过渡地带所有的自然之美。

图 10.4　稻城亚丁景观科考照片

——杜鹃花海的斑斓绚烂之美

白马雪山是澜沧江和金沙江的分水岭，群峰连绵，白雪皑皑，相对高差超过 3 000 m，植被垂直带分布明显。在海拔 2 600～4 200 m 的崇山峻岭，生长着种类丰富的杜鹃科植物，有密枝杜鹃、金背杜鹃、银背杜鹃、韦化杜鹃、小叶杜鹃等 200 余种。白马雪山高山杜鹃林被评为“中国最美十大森林”之一，每年 5 月到 6 月，高山杜鹃花竞相绽放，色彩纷繁的杜鹃花铺满整个山林和草原，形成一片片醉人的“花海”奇观，雪山花海交相辉映。

10.2　高黎贡山

高黎贡山国家公园备选地位于青藏高原东南缘，行政范围涉及云南省怒江傈僳族自治州的贡山县、福贡县、泸水市，重点调查了高黎贡山国家级自然保护区的高山峡谷、原始森林、怒江大峡谷、怒江第一湾、丙中洛等自然和人文资源。通过科考发现，高黎贡山国家公园重点备选地在横断山高山峡谷自然地理垂直带、珍稀濒危特有野生动植物、多元民族文化融合、高山峡谷景观多样性等方面具备国家代表性的科学保护价值与科普游憩价值。

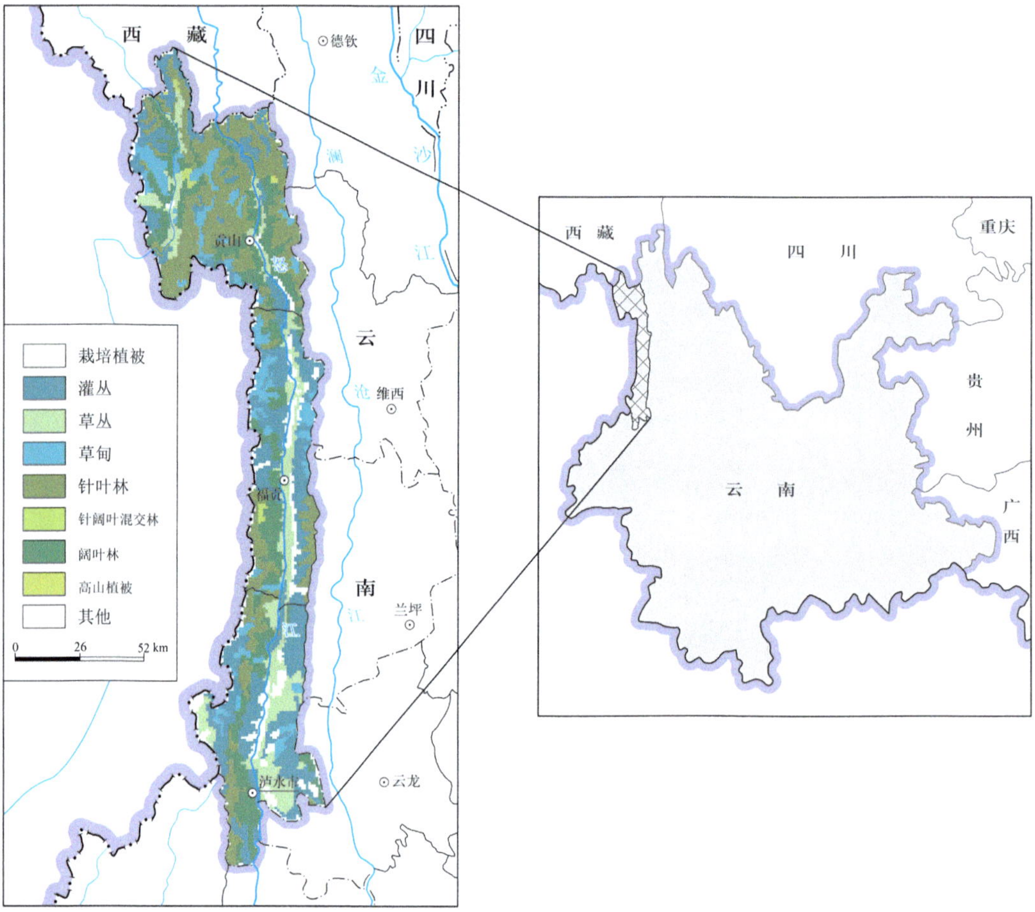

图 10.5　高黎贡山科考区域

10.2.1　自然价值特征

1. 兼具显著的水平地带性和垂直地带性，植被类型复杂多样

高黎贡山位于青藏高原的东南缘，是巨型横断山脉构造带最西部的一条山脉，是怒江和伊洛瓦底江的分水山脉及山脉两侧地域。南北绵延 600 km，北接青藏高原与伯舒拉岭相连，南衔中南半岛。东隔怒江大峡谷与碧罗雪山相望，西接缅甸。高黎贡山北高

南低，山势陡峻雄伟，平均海拔约 3 500 m，北段海拔多在 4 000 m 以上，南段尾端海拔约 2 000 m。最高峰为贡山县境内的嘎娃嘎普峰(海拔 5 128 m)，最低处位于怒江下游的保山与龙陵交界处(海拔仅 523 m)，相对高差达 4 605 m。高黎贡山南北走向、北高南低的山体以及热带季风的影响，植被分布具有明显的水平地带和垂直分布规律。绵长的山脉南北走向，纵跨了 5 个纬度，包括亚热带、温带、寒温带等多种气候类型，垂直悬殊的自然生态环境和高山峡谷的地形特征，造就了其景观极珍贵、物种极稀有、生物多样性极丰富。北部山体相对高差达 3 000 m 以上，从河谷到山顶依次出现南亚热带至山地寒温带的立体气候，形成河谷稀树灌丛草丛、暖性针叶林、季风常绿阔叶林、半湿润常绿阔叶林、中山湿性常绿阔叶林、温凉性针叶林、山顶苔藓矮林、寒温性针叶林、寒温性竹林、寒温性灌丛、高山草甸等明显的山地垂直植被类型。

图 10.6　高黎贡山植被科考照片

2. 世界生物起源与分化的关键地区之一，珍稀特有物种多

高黎贡山地处古热带植物区系与泛北极植物区系成分交汇地带，在漫长的迁移扩散过程中动植物不断地融合与分离，形成了“动植物种属复杂、新老兼备、南北过渡、东西交汇”的特殊格局，汇聚了青藏高原、中南半岛及本地种属的动植物，动植物种属复杂化和特有化程度雄居世界大陆区系之最，被认为是世界生物起源与分化的关键地区之一，作为“三江并流”的重要组成部分，被联合国教科文组织列

入《世界自然遗产名录》。

高黎贡山被誉为“世界物种基因库”“世界自然博物馆”“生命的避难所”“哺乳类动物祖先的发源地”“东亚植物区系的摇篮”等，分布有世界上海拔最高的热带雨林、世界上最高最大的大树杜鹃、世界上单位蓄积量最大的秃杉林、有中国特有的高黎贡白眉长臂猿。丰富的鸟类多样性是高黎贡山地区极高生物多样性的典型代表，位于高黎贡山东麓的百花岭村被称为“中国观鸟的金三角地带”“飙鸟的最好地带”。

高黎贡山主要保护对象为中山湿性常绿阔叶林和亚高山温性、寒温性针叶林垂直自然景观及其生物多样性完整的森林生态系统；贡山棕榈、怒江红杉、怒江冷杉、喜马拉雅红豆杉、长蕊木兰、贡山三尖杉、大树杜鹃、多种兰科植物等珍稀特有野生植物；以怒江金丝猴、羚牛、白眉长臂猿、熊猴、戴帽叶猴、白尾梢虹雉、金雕等为代表的珍稀特有野生动物。

3. 世界杜鹃花属植物的重要起源和分化中心之一

杜鹃花是世界著名花卉，中国是杜鹃花的重要产地，享有“杜鹃花王国”之称。高黎贡山是中国杜鹃花科植物主产区之一，共有杜鹃花科植物 9 属 187 种及变种，杜鹃花科植物多样性丰富度之高，特有植物出现的密度和频率之高，无可比拟(程洁婕等，2021)。高黎贡山是杜鹃花科植物特有现象十分突出的地区，高黎贡山的 187 种杜鹃花科植物中，属高黎贡山特有种类达 50 种(包括变种)，占该地区杜鹃花科总种数的 26%。其中，最为壮观的当属被誉为“杜鹃花王”的大树杜鹃，大树杜鹃是杜鹃花科中全球现存最高大的乔木树种，世界植物界极为珍贵的树种，也是中国乃至世界具有代表性的明星物种，高黎贡山特有种属于极小种群物种，被世界自然保护联盟列为极危物种。无论从种群密度和特有种的丰富度等方面分析，高黎贡山都是杜鹃花属的主要分化中心。

10.2.2 人文价值特征

高黎贡山区域复杂的自然地理条件造就了特殊的地域文化和独特的民族风情，形成了民族文化多样性、民居建筑风格多样性、民风民俗多样性、人文景观多样性，是我国多元文化融合、多民族和睦相处、多种宗教和谐并存的典型区域(王丽萍, 2018)。世居着独龙族、怒族、傈僳族、藏族等 20 多个民族，少数民族占总人口的 96%，构成了“一山不同族，十里不同音”“多民族聚居、多文化并存”的独特多元民族文化。各民族在长期生产和生活中，形成了本民族在宗教信仰、生活习俗、节日庆典、民族歌舞、礼俗习惯、娱乐饮食、服装服饰、民间工艺、民居形式等方面灿烂的民族文化，形成了世界上绝无仅有的展示民族文化多样性的“文化基因库”。贡山独龙族怒族自治县地处云南省西北部，是全国唯一的独龙族怒族自治县，也是唯一的独龙族聚居区，是滇西北怒江大峡谷北段一颗璀璨的明珠，被誉为“云南最后一块神秘净地”。独龙族“卡雀哇节”、怒族“仙女节”作为国家级非物质文化遗产，与多元民族文化与多彩自然风光相辅相成、交相辉映。各族民居独具风格，民族服饰千姿百态，构成了三江峡谷和高原雪峰上丰富多彩的人文景观，是地理多样性、生物多样性和文化多样性和谐共存的典型例证。

10.2.3　景观美学价值特征

——高黎贡山的生物多样性之美

高黎贡山山脉地势北高南低，垂直高差 4 000 m 以上，形成了显著的高山峡谷立体生态景观，山顶白雪皑皑，山腰四季如春，山脚怒江河谷四季炎热，“一山有四季、十里不同天”。海拔 2 200～2 700 m 是高黎贡山生物多样性最丰富的区域，分布着杜鹃科、兰科、木兰科、山茶科、凤仙花科、蔷薇科等科近千种野生花卉，尤其是大树杜鹃花开满树冠，蔚为壮观。高黎贡山保存有大片由湿润热带森林到温带森林过渡的地区，是目前世界上海拔最高的热带雨林，孕育了神奇多样的动物，百花岭被公认为“中国五星级观鸟地”，呈现出纷繁蓬勃的生物多样性之美。

——怒江大峡谷的奇险绝美

高黎贡山地处印度板块和欧亚板块相碰撞及板块俯冲的缝合线地带，发源于青藏高原唐古拉山南麓的怒江自北向南奔腾而下，山高谷深，河流落差大，经过不断下切和溯源侵蚀，形成了巨大山地夹持峡谷的地貌格局。怒江大峡谷东西两岸分别是碧罗雪

图 10.7　怒江大峡谷科考照片（怒江第一弯）

山和高黎贡山，最深处在贡山丙中洛一带，江面海拔高 2 000 m，最大谷深约 3 500 m。两岸山体雄浑，谷底江流湍急，怒江历经着一道道隘谷、峭壁、险滩，激起了惊天动地的怒吼，大峡谷的惊险与雄壮之美，令人震撼。怒江在丙中洛孜当村附近转了一个马蹄形大弯，形成了“怒江第一弯”，是怒江峡谷众多弯曲河段中最大的一个嵌入式河曲，起伏连绵的梯田与自然秀美的生态环境相融共生，勾勒出丙中洛世外桃源般的山水画卷。

第11章

青藏高原国家公园群资源价值评估

青藏高原国家公园群涉及高原、山地、峡谷、盆地、河谷等复杂多样的地貌形态，涵盖森林、草原、草甸、湿地、荒漠等多种生态系统类型，地理多样性和生物多样性孕育形成了青藏高原丰富的文化多样性和景观多样性。基于青藏高原国家公园群科学考察，采用国家公园资源价值评估指标，从全球和国家层面评估生态系统代表性、生物多样性、地学重要性等，识别了青藏高原国家公园备选地自然价值高值区；从文化代表性、文化多样性、人文景观独特性等方面识别了人文价值热点区；从自然美景代表性、景观独特性、多样性和原真性等方面进行大尺度美学价值空间识别；青藏高原国家公园群资源价值评估将为青藏高原国家公园群遴选提供科学支撑。

11.1 青藏高原国家公园群自然价值评估

青藏高原独特的地貌单元和复杂多样的生境类型，孕育了丰富的物种多样性，是珍稀野生动物的天然栖息地和高原物种基因库，是全球生物多样性保护的重要区（孙鸿烈等，2012）。青藏高原的自然价值蕴藏于其作为世界生物多样性保护的热点地区、亚洲重要水源、中国乃至亚洲重要的生态安全屏障、全球特殊意义的生物多样性关键地区、珍稀野生动物栖息地和高原物种基因库等自然美誉中（张镱锂等，2021）。

基于青藏高原国家公园群科学考察，采用国家公园资源价值评估指标，评估国家代表性的生态系统类型（表 11.1）、国家代表性的野生动植物种群（表 11.2）、中国生物多样性保护优先区（图 11.1）、全国重要生态系统保护的生态安全屏障关键区（表 11.3）、全球 200 生态区（图 11.2）、全球生物多样性关键区（图 11.3）、全球生物多样性热点地区（图 11.4）、国际重要鸟类和生物多样性保护区（图 11.5）、代表地球演化史中重要阶段的突出例证区（表 11.4）等在青藏高原的空间分布情况，识别青藏高原国家公园备选地自然价值的代表性、典型性、多样性和脆弱性等。

表 11.1　青藏高原的国家代表性生态系统类型

生态地理分区	代表性生态系统	涉及区域
祁连山针叶林高寒草甸生态地理区	寒温性常绿针叶林、	祁连山、青海湖
柴达木盆地荒漠生态地理区	温带荒漠草原、高寒草甸	
青藏三江源高寒草原草甸生态地理区	高寒草甸、草本沼泽湿地	三江源
昆仑山高寒荒漠生态地理区	高寒荒漠、山地草原	帕米尔-喀喇昆仑、昆仑山
羌塘高原高寒草原生态地理区	高寒草原、高寒草甸 草本沼泽湿地	羌塘、神山圣湖、札达土林
藏南极高山灌丛草原生态地理区	高山灌丛、山地草原	珠穆朗玛峰
喜马拉雅东段山地雨林季雨林生态地区	山地雨林、山地常绿阔叶林 山地针叶林	雅鲁藏布大峡谷

续表

生态地理分区	代表性生态系统	涉及区域
青藏高原东缘森林高寒草甸生态地理区	寒温性常绿针叶林 高山栎林、高山灌丛 高寒草甸、草本沼泽湿地	大熊猫栖息地、贡嘎山、若尔盖湿地 雅鲁藏布大峡谷
南横断山针叶林生态地理区	常绿阔叶林 山地针叶林、高山灌丛	贡嘎山、高黎贡山、香格里拉

在中国国家公园布局的生态地理分区中，青藏高原涉及 9 个，包括祁连山针叶林高寒草甸生态地理区、柴达木盆地荒漠生态地理区、青藏三江源高寒草原草甸生态地理区、昆仑山高寒荒漠生态地理区、羌塘高原高寒草原生态地理区、藏南极高山灌丛草原生态地理区、喜马拉雅东段山地雨林季雨林生态地区、青藏高原东缘森林高寒草甸生态地理区、南横断山针叶林生态地理区。祁连山、三江源、雅鲁藏布大峡谷、贡嘎山、若尔盖湿地、香格里拉等区域的生态系统类型均为所处生态地理区的主体生态系统类型，其大尺度生态过程在国家层面具有典型性和代表性(表 11.1)。三江源、大熊猫、昆仑山、羌塘、珠穆朗玛峰、高黎贡山等区域具有全国主要伞护种或旗舰种，生物物种具备国家代表性，保护价值在全国或全球层面具有典型意义(表 11.2)。

表 11.2　青藏高原的国家代表性生物物种

生态地理分区	全国主要伞护种/旗舰种	涉及区域
祁连山针叶林高寒草甸生态地理区 柴达木盆地荒漠生态地理区	雪豹、黑颈鹤	祁连山、青海湖
青藏三江源高寒草原草甸生态地理区	雪豹、藏羚羊、野牦牛、 黑颈鹤、白唇鹿	三江源
昆仑山高寒荒漠生态地理区	藏羚羊、野牦牛	昆仑山
羌塘高原高寒草原生态地理区	藏羚羊、野牦牛、雪豹、藏野驴、黑颈鹤	羌塘、神山圣湖
藏南极高山灌丛草原生态地理区	黑颈鹤、雪豹、喜马拉雅麝	珠穆朗玛峰
喜马拉雅东段山地雨林季雨林生态地区	雪豹、云豹、黑麝、林麝	雅鲁藏布大峡谷
青藏高原东缘森林高寒草甸生态地理区	大熊猫、金丝猴、云豹、雪豹、黑颈鹤、 红豆杉、珙桐	大熊猫栖息地、贡嘎山、 若尔盖湿地
南横断山针叶林生态地理区	雪豹、金丝猴、红豆杉	高黎贡山、香格里拉

在国家生态安全屏障关键区域中，青藏高原涉及 7 个国家重点生态功能区，包括三江源草原草甸湿地、若尔盖草原湿地、甘南黄河重要水源补给区、祁连山冰川与水源涵养区、阿尔金草原荒漠化防治区、藏西北羌塘高原荒漠区、藏东南高原边缘森林区等，涉及三江源、祁连山、青海湖、若尔盖、昆仑山、羌塘、雅鲁藏布大峡谷、高黎贡山等区域，生态系统服务功能重要，具有全国层面重要的生态安全屏障作用(表 11.3)。

表 11.3　青藏高原的国家生态安全屏障关键区域

国家重点生态功能区	涉及区域	保护重点
三江源草原草甸湿地	三江源	高原湖泊、湿地生态系统
祁连山冰川与水源涵养区	祁连山、青海湖	冰川、森林生态系统和物种栖息地
若尔盖草原湿地	若尔盖草原湿地	高寒草甸和高原湿地
阿尔金草原荒漠化防治区	昆仑山	高寒草原草甸和物种栖息地
藏西北羌塘高原荒漠区	羌塘	高寒草原草甸和物种栖息地
藏东南高原边缘森林区	雅鲁藏布大峡谷、高黎贡山	山地雨林、季雨林

在中国 35 个生物多样性优先保护区域中，青藏高原涉及羌塘-三江源区、岷山-横断山北段区、喜马拉雅山东南区、横断山南段、祁连山区等 5 个生物多样性保护优先区域，涉及三江源、羌塘、雅鲁藏布大峡谷、大熊猫、贡嘎山、高黎贡山、香格里拉等区域，特有、珍稀、濒危物种集中分布，生态系统完整，生物多样性保护价值高(图 11.1)。

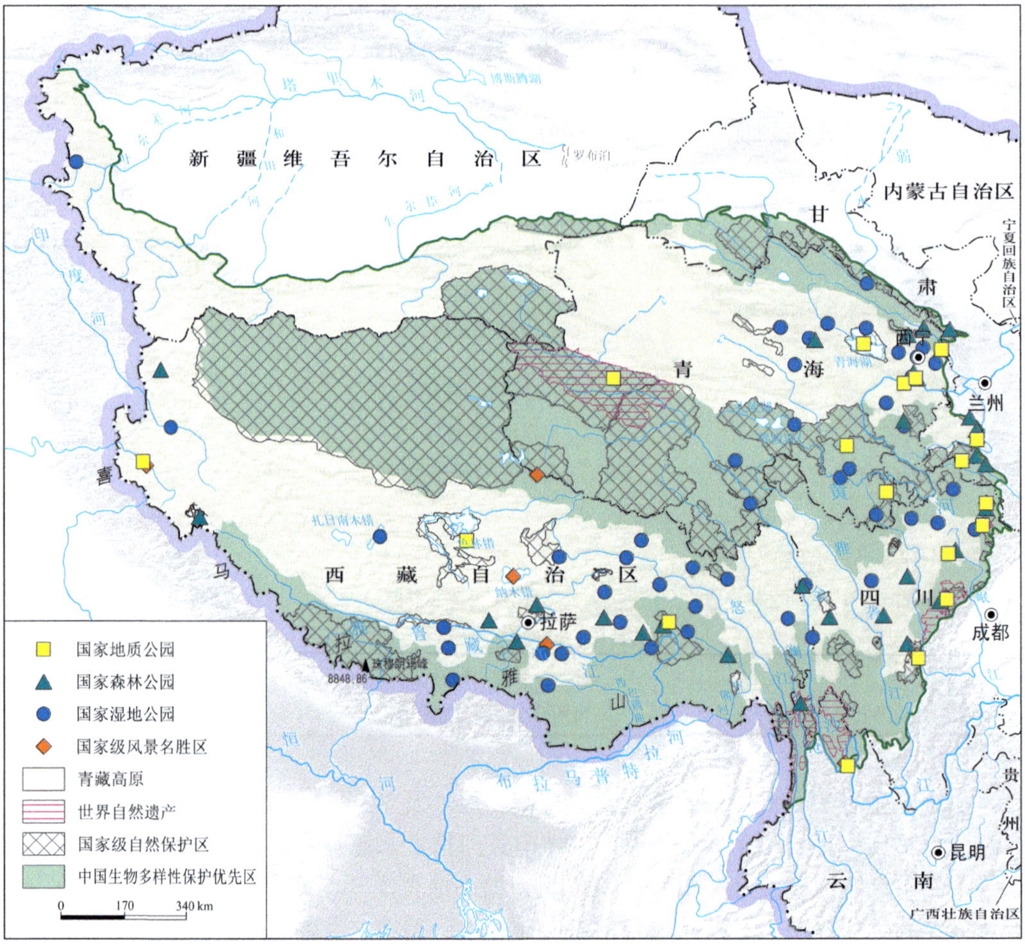

图 11.1　青藏高原的中国生物多样性保护优先区

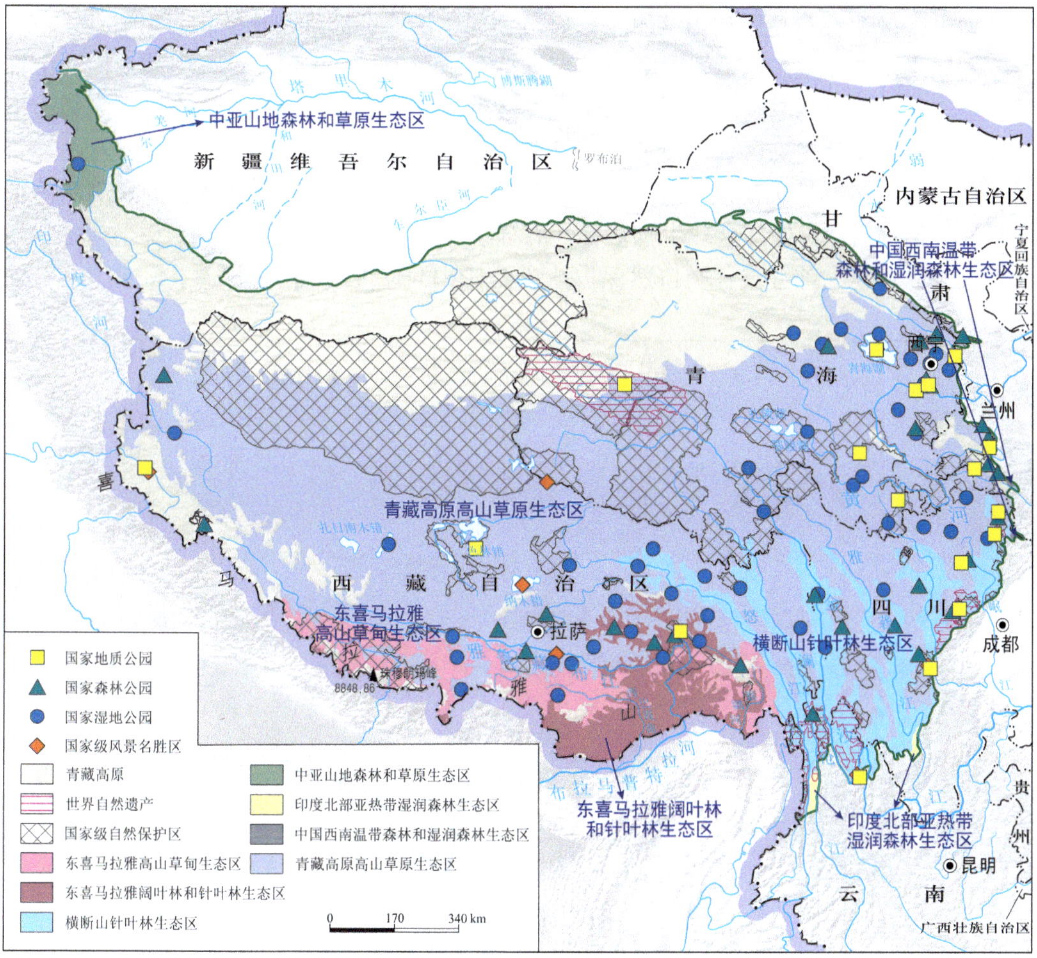

图 11.2　青藏高原的全球 200 生态区

世界自然基金会（WWF）确定的全球 200 生态区（Global 200 Ecoregions）是全球范围内最具代表性的生物多样性优先保护区，区内珍稀濒危物种及其栖息地在全球范围内都具有高度重要性和不可替代性。青藏高原地区涉及横断山针叶林生态区（Hengduan Shan Conifer Forests）、东喜马拉雅阔叶林和针叶林生态区（Eastern Himalayan Broadleaf and Conifer Forests）、东喜马拉雅高山草甸生态区（Eastern Himalayan Alpine Meadows）、青藏高原高山草原生态区（Qinghai-Xizang Plateau Steppe）、中亚山地森林和草原生态区（Middle Asian Montane Woodlands and Steppe）、印度北部亚热带湿润森林生态区（North Indochina Subtropical）、中国西南温带森林和湿润森林生态区（Southwest China Temperate Forests and Moist Forests）等 7 个生态区（图 11.2）。经叠加分析，三江源、羌塘、神山圣湖、祁连山、青海湖、若尔盖等位于青藏高原高山草原生态区；帕米尔-喀喇昆仑位于中亚山地森林和草原生态区；珠穆朗玛峰涉及东喜马拉雅高山草甸生态区和青藏高原高山草原生态区；雅鲁藏布大峡谷涉及东喜马拉雅阔叶林和针叶林生态区、东喜马拉雅高山草甸生态区、青藏高原高山草原生态区；大熊猫国家公园涉及横断山针叶林生态区、青藏高原高山草原生态区、中国西南温带森林和湿润森林生态区；贡嘎山涉及横断山针叶林生态区、青藏高原高山草原生态区；香格里拉位于横断山针叶林生态区；高黎贡山涉及横断山针叶林生态区、印度北部亚热带湿润森林生态区。

全球生物多样性关键区域(KBAs)是拥有独特丰富物种、具有全球保护意义的生物多样性关键地区，对保持全球生物多样性有显著作用。青藏高原涉及145个全球生物多样性关键区域，大部分被各类自然保护地覆盖(图11.3)。

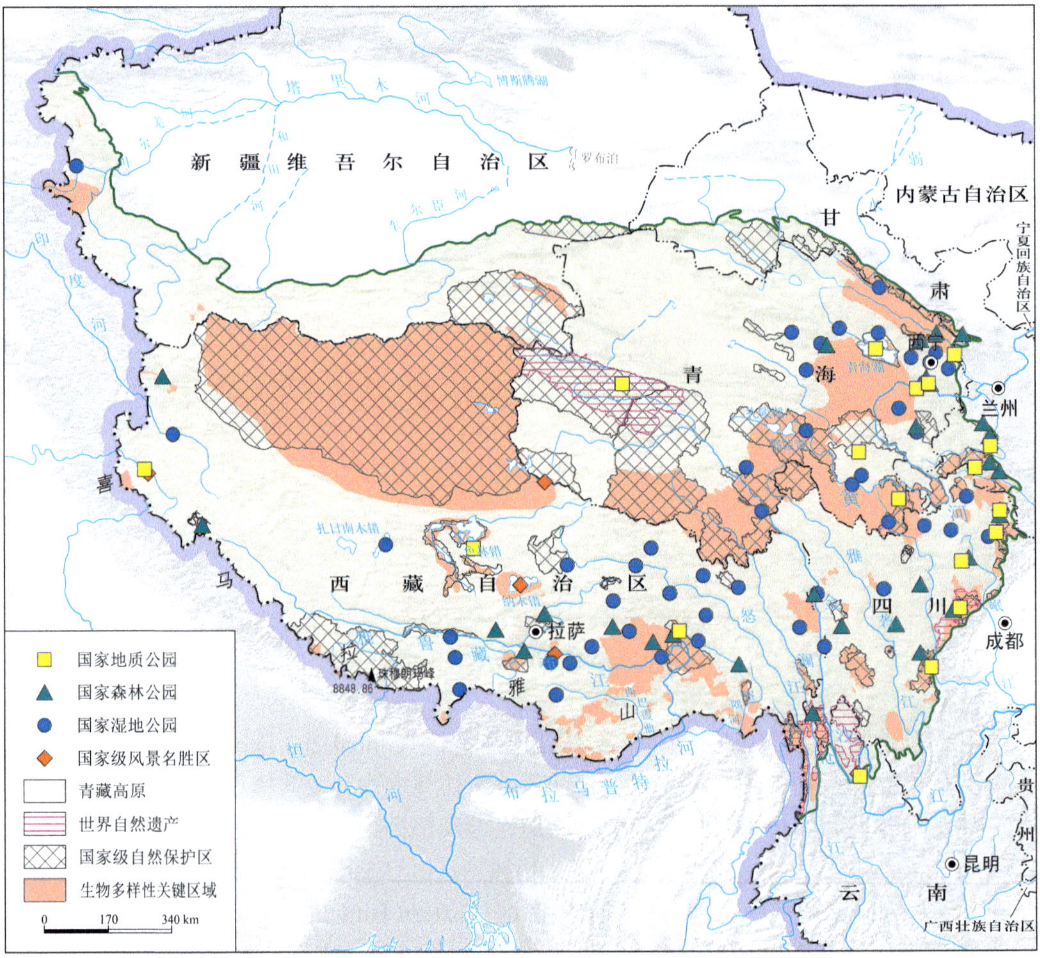

图11.3　青藏高原的全球生物多样性关键区域(KBAs)

保护国际(CI)在全球确定了36个生物多样性热点地区(BHs)，具有极其丰富的物种多样性，但栖息地高度脆弱，具有重要的全球保护价值。青藏高原涉及中亚山地(Mountains of Central Asia)、喜马拉雅区(Himalaya)、中国西南山地(Mountains of

Southwest China）和印-缅地区（Indo-Burma）等 4 个生物多样性热点地区（图 11.4）。经叠加分析，帕米尔位于中亚山地，大熊猫、贡嘎山、香格里拉等位于中国西南山地，雅鲁藏布大峡谷、珠穆朗玛峰、神山圣湖、札达土林等位于喜马拉雅区，高黎贡山涉及中国西南山地和印-缅地区，在全球生物多样性保护中发挥着至关重要的作用。

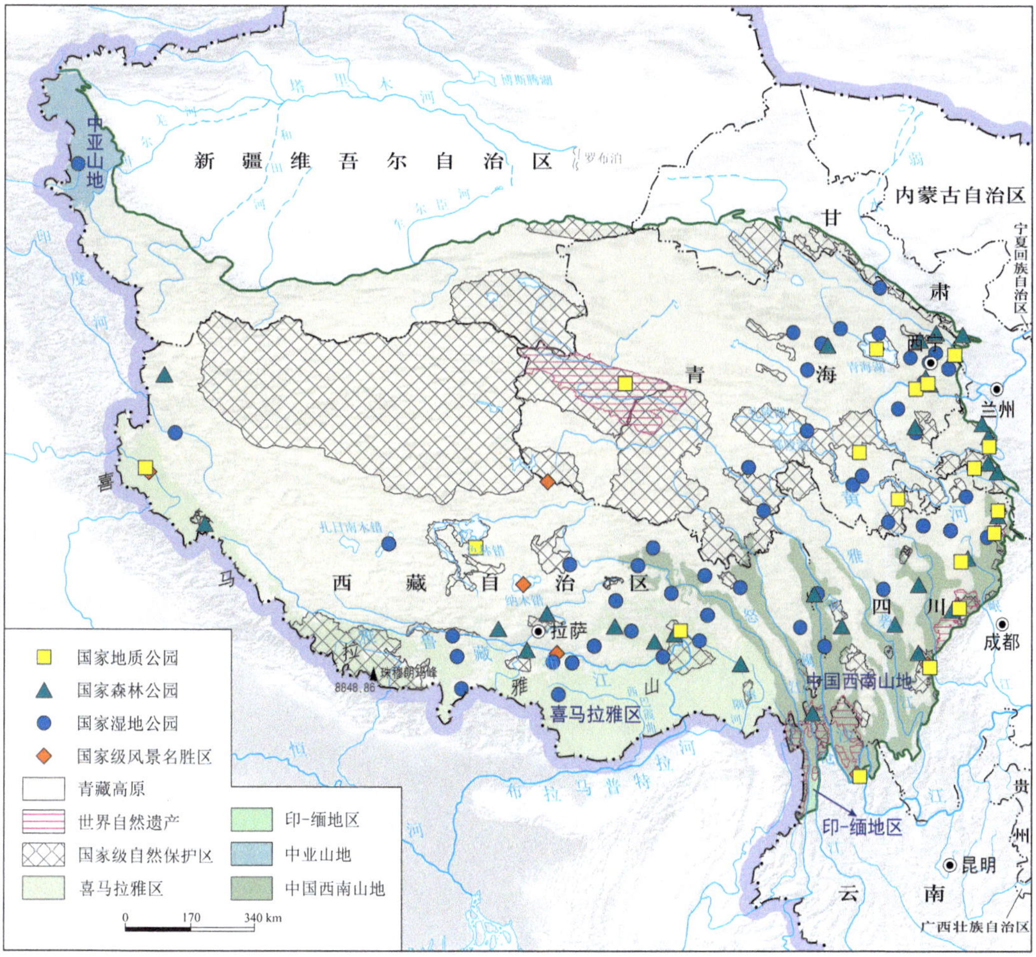

图 11.4　青藏高原的全球生物多样性热点地区（BHs）

青藏高原涉及 90 个国际重要鸟类和生物多样性区域（IBAs），构成了重要鸟类和受威胁物种的生物多样性保护网络，具备国家代表性的保护价值与科普价值（图 11.5）。

是否属于国家代表性生态系统类型或保护优先区，按照是（1）和否（0）赋值，运用空间叠加分析和线性加权模型获取自然价值综合评估指数（NV），计算公式如下：

$$NV = \sum_{j=1}^{n} W_j X_{ij}$$

式中，NV 为自然价值指数；X_{ij} 为各维度指标值；n 为各维度指标数量；W_j 为各维度指标权重，采用专家打分法获得。

评估结果显示，三江源、大熊猫、羌塘、珠穆朗玛峰、雅鲁藏布大峡谷、帕米尔、昆仑山、祁连山、高黎贡山等区域的自然价值相对较高(图 11.6)，典型生态系统在青藏高原范围及全国范围内具有高度代表性，是全球生物多样性富集区，属于特有、珍稀、濒危物种的集中分布区、栖息地和繁殖地，自然生态极具代表性、典型性和多样性，是生态保护优先区。

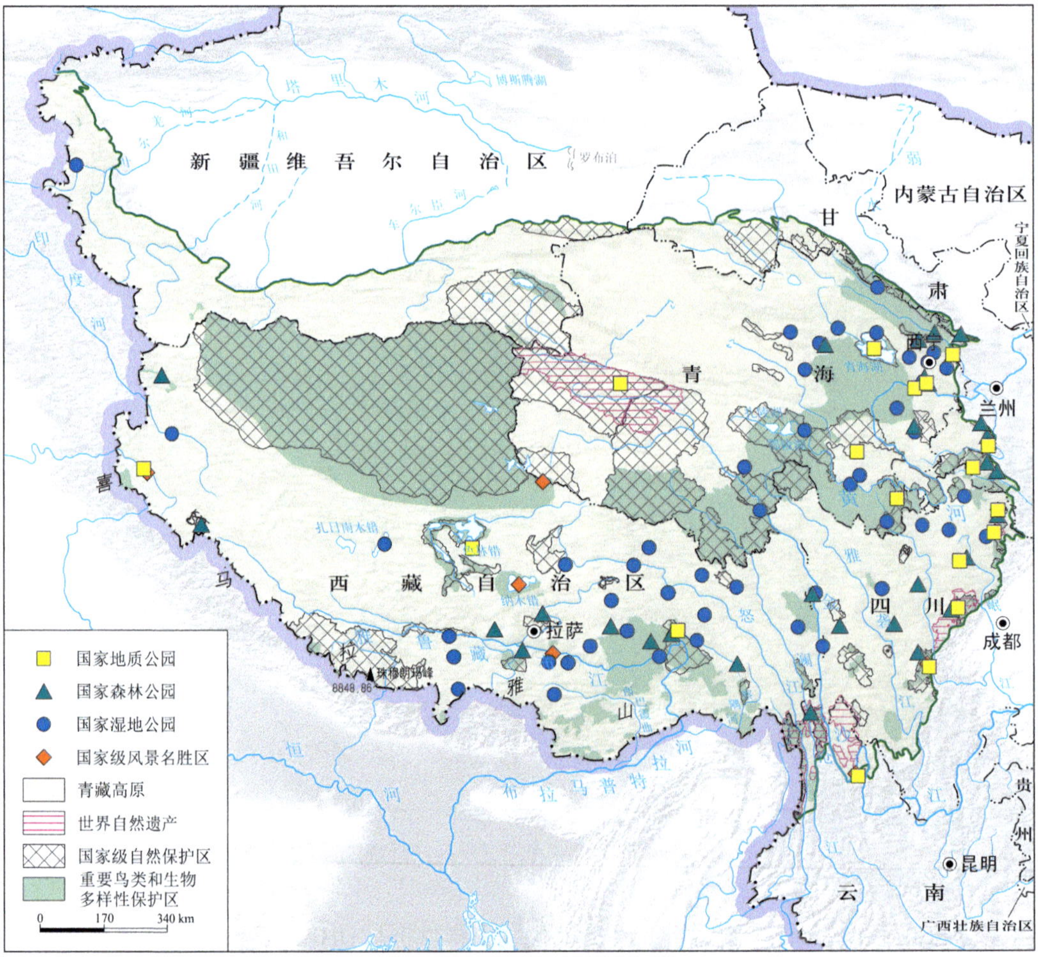

图 11.5　青藏高原的国际重要鸟类和生物多样性保护区(IBAs)

表 11.4　青藏高原的地学价值典型例证区

类型		涉及区域	地学价值
地球演化史中的重要阶段	喜马拉雅造山带	珠穆朗玛峰	喜马拉雅造陆、造山地质演化过程典型例证
	帕米尔弧形构造带	帕米尔-喀喇昆仑	印度-欧亚板块碰撞过程中地壳缩短增厚的典型地、世界最大构造山结
	祁连山造山带	祁连山	青藏高原东北缘晚新生代构造变形和地貌演化过程的典型例证
	构造断裂带	雅鲁藏布大峡谷	世界上切割最深最长的河流峡谷地段
		高黎贡山 香格里拉	横断山脉西部断块带，密集的巨大线状弧形深断裂带分布区
	极高山	珠穆朗玛峰	世界第一高峰和全球最大的极高峰聚集区
		帕米尔-喀喇昆仑	世界第二高峰和全球第二大极高峰聚集区
		贡嘎山	青藏高原东部横断山区第一高峰
重要的地质地貌特征	冰川	珠穆朗玛峰	中低纬度山地冰川集中分布区
		帕米尔-喀喇昆仑	中纬度亚大陆性冰川的集中分布区
		羌塘	普若岗日冰川群是中低纬度地区最大的冰川
		雅鲁藏布大峡谷	中国规模最大的海洋性冰川群
		贡嘎山	中国典型海洋型现代冰川发育中心
	土林	札达土林	世界上分布面积最大新近系地层风化土林
	丹霞	澜沧江源	青藏高原发育最完整的白垩纪丹霞地貌
	湖泊	青海湖	中国最大的内陆湖，典型的构造断陷湖
	泥炭	若尔盖湿地	中国最大的泥炭沼泽分布区

三江源国家公园是我国高寒湿地、高寒草甸、高寒草原集中分布区的典型代表，是青藏高原高寒生物物种的资源库和基因库，被誉为“中华水塔”是中国乃至世界生态安全屏障极为重要的组成部分。大熊猫国家公园是中国特有珍稀濒危物种丰富度最高的集中分布区，是我国生物多样性保护的优先区域，也是我国生态安全屏障的关键区域。羌塘是中国高原现代冰川分布最广的地区，是世界高海拔湖泊群集中分布区、高原湿地生态系统的典型代表，是中国大型珍稀濒危高原野生动物的密集分布区。珠穆朗玛峰区域是世界第一高峰和全球极高峰聚集区，其极高山生态系统是世界上海拔最高、相对高差最大的生物多样性热点地区。雅鲁藏布大峡谷是青藏高原最大的水汽通道，发育了规模最大的海洋性冰川群、完整的山地垂直生态系统组合系列，是山地生物资源基因宝库。帕米尔-喀喇昆仑是世界最大构造山结和全球第二大极高峰聚集区，是亚欧内陆腹地干旱极高山区山岳冰川的典型代表，昆仑山独特原始的高原生态系统是高原野生动物基因库，物种多样性非常丰富。祁连山是中国西部“湿岛”和重要生态安全屏障、世界高寒种质资源库和野生动物迁徙的重要廊道。青海湖是世界高原内陆湖泊湿地生态系统的典型代表、国际候鸟迁徙通道的重要节点和普氏原羚的唯一栖息地。高黎贡山是中国高山

峡谷自然地理垂直带景观的典型代表，动植物种属复杂化和特有化程度雄居世界大陆区系之最，被认为是世界生物起源与分化的关键地区之一。

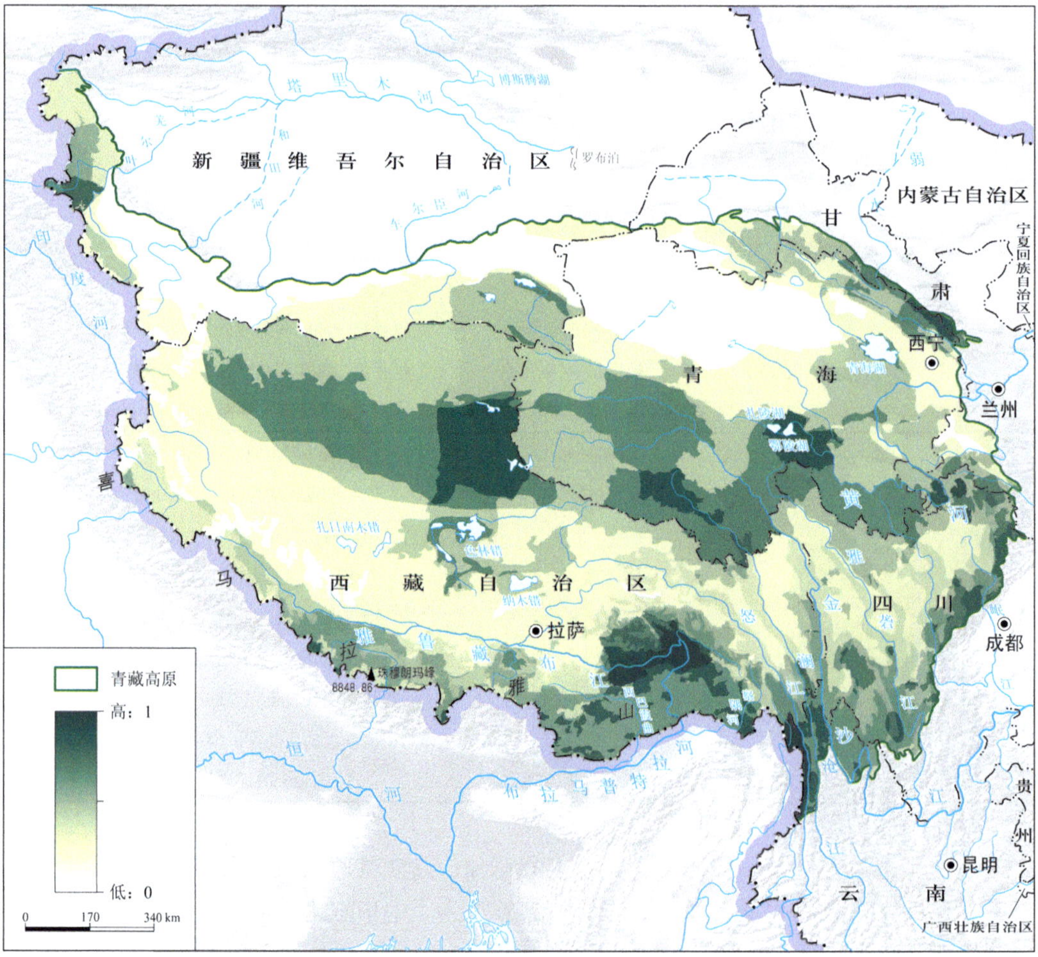

图 11.6　青藏高原国家公园备选地自然价值评估

11.2　青藏高原国家公园群人文价值评估

青藏高原特有的生态环境和复杂多样的地理条件，使长期生活在青藏高原的各族人民创造的极具地域特色的多元文化得以保留，在民族文化、历史文化等方面具有极高的地位和价值。青藏高原居住着众多少数民族，具有大杂居、小聚居的分布特征；各民族因其生活的地理环境、气候条件、生产方式等差异，在历史的演化中逐步形成了各民族独具特色、多姿多彩的文化。青藏高原历史文化悠久绵长，人类活动可追溯到旧石器时代，形成了古象雄文明、昆仑文化、河湟文化、格萨尔文化、康巴文化、雅隆文化、吐蕃文化等典型代表，灿烂的文化沉淀了丰富且珍贵的文物古迹，古迹类型涵盖古城遗址、寺庙、古墓群、宫殿等，历史人文景观丰富，是重要的中华民族特色文化保护地，丰富了中华文化的宝库。

基于青藏高原国家公园群科学考察，采用国家公园人文价值评估指标(表 11.5)，评估文物遗址遗迹的全国代表性历史文化价值、民族民俗文化的全国代表性文化艺术价值、中华多元文化交融并存的典型例证等指标，人文景观独特性基于实地科考进行专家评判，综合评估青藏高原国家公园群人文价值的国家代表性和多元性。

表 11.5　人文价值评估指标分级赋值表

指标	赋值						
	1	2	3	4	5	6	7
文物遗址遗迹核密度	<2E-06	2E-06～4E-06	4E-06～7E-06	7E-06～1E-05	1E-05～1.3E-05	1.3E-05～1.7E-05	>1.7E-05
非物质文化遗产核密度	<2E-05	2E-05～4.9E-05	4.9E-05～7.9E-05	7.9E-05～1.04E-04	1.04E-04～1.29E-04	1.29E-04～1.55E-04	>1.55E-04
文化多样性指数	<0.12	0.12～0.20	0.20～0.33	0.33～0.52	0.52～0.79	0.79～1.12	>1.12
人文景观独特性	<0.15	0.15～0.30	0.30～0.45	0.45～0.60	0.60～0.75	0.75～0.9	>0.9

各指标计算方法和数据来源如下。

(1) 文物遗址遗迹核密度数据来源于中华人民共和国中央人民政府网(https://www.gov.cn/)，通过爬虫获取网站中所有青藏高原文物遗址遗迹基本信息，利用 ArcGIS 10.8 软件地理编码将文物遗址遗迹数据矢量化，再进行一定范围距离核密度分析。

(2) 非物质文化遗产核密度数据来源于中国非物质文化遗产网(https://www.ihchina.cn/)，利用爬虫获取网站中所有青藏高原的非物质文化遗产基本信息，通过 ArcGIS10.8 软件地理编码方式将非物质文化遗产数据矢量化，并进行一定范围距离核密度分析。

(3) 文化多样性指数以第七次全国人口普查数据作为数据来源，选取民族人口数据中少数民族人口数最多的民族作为各县域的主体民族，结合有关文化多样性指数测算方法(沈园等, 2018)，计算青藏高原地区文化多样性指数。

(4) 人文景观独特性基于实地科考进行专家评判，某一区域或某一民族群体的文化资源在精神内涵、存在方式和表现形式等方面独具特色或具有唯一性，很强的地域差异和民族文化特征。

通过自然间断点方法对连续型指标参数(重点保护文物遗址遗迹空间分布核密度、非物质文化遗产空间分布核密度、文化多样性指数、人文景观独特性)分级赋值处理，分级赋值如表 11.5 所示。

对数值进行归一化处理，运用线性加权模型得到人文价值综合评价指数(HV)，具体计算公式如下：

$$\mathrm{HV}=\sum_{j=1}^{n}W_jX_{ij}$$

式中，HV 为人文价值指数；X_{ij} 为各维度指标值；n 为各维度指标数量；W_j 为各维度指标权重，采用专家打分法获得。

青藏高原文化多样性指数整体呈现出从中心向边缘地带递增的趋势(图 11.7)。青藏高原腹地主要是藏族聚居区，东北部祁连山分布着回族、哈萨克族、蒙古族、裕固族、土族、东乡族、撒拉族等，横断山高山峡谷区生活着羌族、彝族、傈僳族、纳西族、白族、怒族、门巴族、珞巴族等，帕米尔-昆仑山区域生活着维吾尔族、塔吉克族、回族等。少数民族聚居区、多元民族文化融合、多种宗教信仰体系是青藏高原人文景观特征的主要表现。

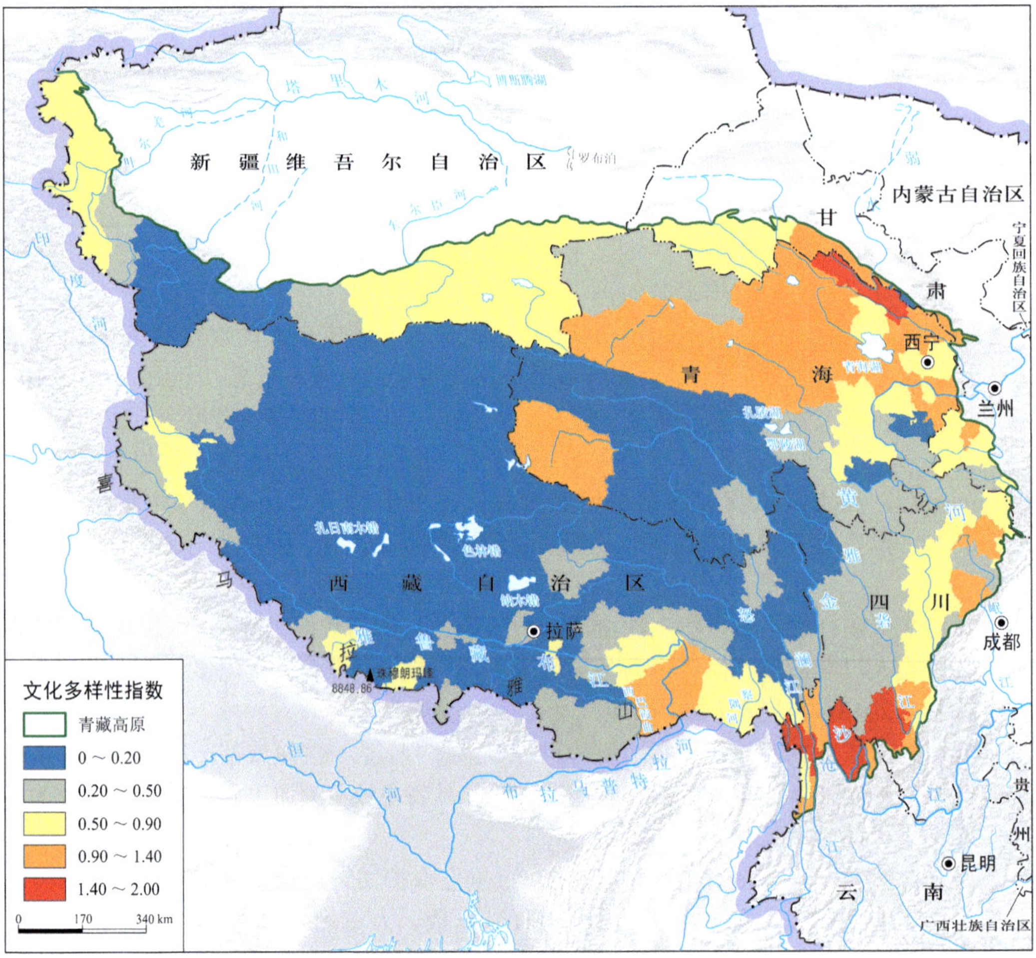

图 11.7　青藏高原民族文化多样性空间特征

青藏高原非遗在空间上具有明显的集聚特征，形成了以拉萨为核心代表的藏文化和以西宁为核心代表的河湟文化(图 11.8)；其中传统美术、传统舞蹈、传统戏剧、传统医药、传统音乐、民俗类非遗的集聚程度较高，传统体育、游艺与杂技、民间文学、曲艺非遗集聚程度相对较低。作为历史“活态”文化的非物质文化遗产，是在特定的历史时期和地域由民间创作的文化现象，根植于其生长的自然地理环境和深厚的人文环境。

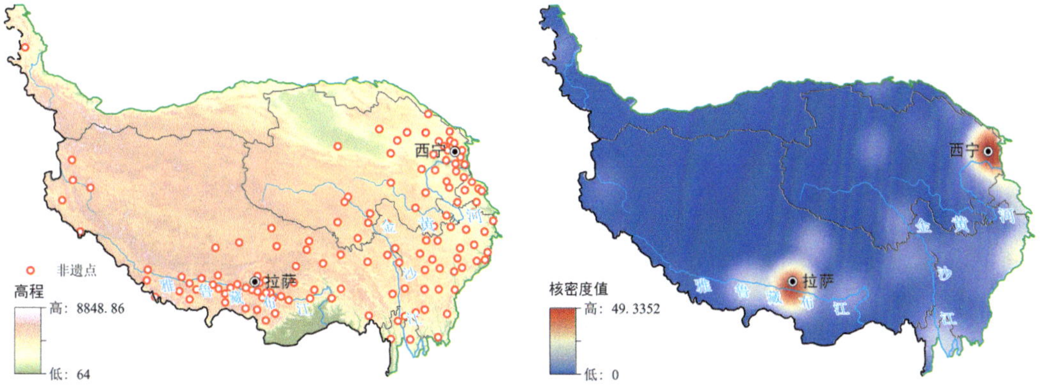

图 11.8　青藏高原非遗文化空间特征

青藏高原是一个多民族共存、多元文化共生的人文生态系统，黄河文化、长江文化、北方草原游牧文化、中亚沙漠绿洲文化、南亚印度文化、“丝绸之路”文化等诸多文化在此交流汇合，青藏高原文化生态系统既具有若干综合性文化的特征，又保留了其文化独特性。青藏高原世代居住的少数民族在生产生活中形成了以自然崇拜为重要内容的生态文化。就神山而言，在青藏高原地区可谓形成了庞大的体系，有冈仁波齐、扎日神山、苯日神山、南迦巴瓦峰、阿尼玛卿山、念青唐古拉等。崇拜水体也是自然崇拜文化的重要组成部分，比较著名的有纳木错、羊卓雍措、玛旁雍错、当惹雍错、扎日南木措、巴松措、拉昂错、色林错、青海湖等。神山圣湖文化中的人与自然和谐相处、万物平等的思想对保护生态环境、生物多样性具有重要意义。

评估结果显示，大熊猫、祁连山、青海湖、雅鲁藏布大峡谷、珠穆朗玛峰、帕米尔、昆仑山、札达土林、香格里拉等区域的人文价值相对较高，极具代表性、独特性和多样性(图 11.9)。大熊猫、祁连山和香格里拉区域是多元民族文化和多种宗教信仰体系融合的典型区，各民族文化交汇但又保持着各自的民族独特性，传统村落与自然环境相融相生，民族文化艺术绚丽多彩，人文景观丰富多元且极具特色。雅鲁藏布大峡谷区域是门巴、珞巴族的聚居区，基于自然崇拜，孕育了原始而独特的珞瑜文化，蕴藏着深厚而独特的文化宝藏。札达土林和冈仁波齐遗留的大量人文遗迹是古象雄文明和多元宗教文化融合的重要历史见证，是中华多元文化的远古起源之一。帕米尔是世界多种文化的荟萃之地，不同文明的交融留下了丰厚的文化遗产，昆仑文化是华夏文明最重要的源头之一，形成了内容丰富、保存完整、影响深远的文化体系。

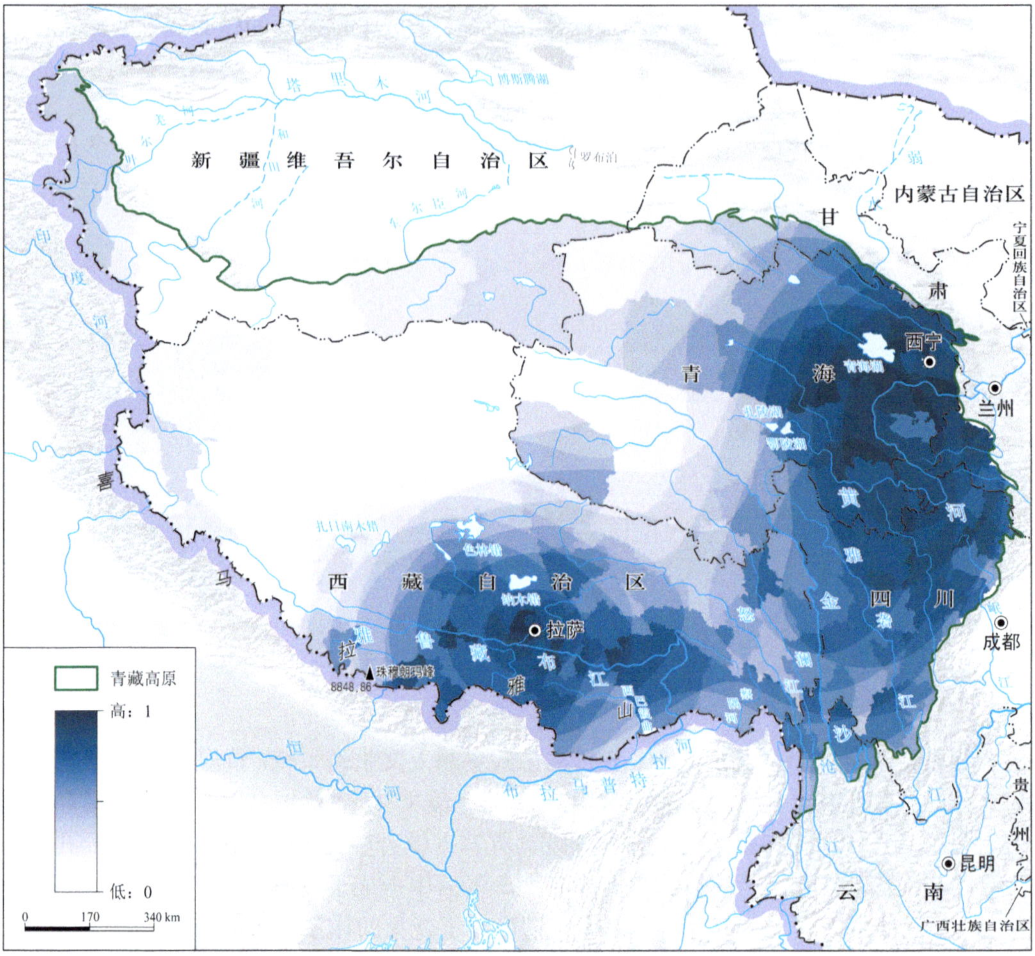

图 11.9　青藏高原国家公园备选地人文价值评估

11.3　青藏高原国家公园群景观美学价值评估

青藏高原作为巍峨壮美的自然地理单元被誉为“世界屋脊”，复杂特殊的自然地理环境和独特的地域文化，造就了类型丰富的地质景观、生态景观与文化景观，数量众多，且品质优异。生态景观类型丰富，涉及高寒草原、高寒荒漠草原、高寒荒漠、常绿阔叶林、落叶阔叶林、针阔混交林、亚高山针叶林、热带亚热带雨林、热带季雨林等。代表性自然景观包括雪峰冰川、高山峡谷、江河湖泊、沼泽湿地、森林草原、丹霞红层、雅丹荒漠等，类型丰富，且组合度佳。景观美学特征在于整体规模雄伟、景观单体丰富、景观类型多样、景观组合完美、景观反差强烈。

基于青藏高原国家公园群科学考察，采用国家公园资源价值评估指标，评估自然景观的代表性、独特性和多样性。参考《中国国家地理》“选美中国”反映国家代表性(表 11.7)，采用世界遗产符合标准评判自然景观全球价值，选取景观多样性指数、地形起伏度模型评估景观多样性和异质性，采用土地利用(LUCC)、归一化植被指数(NDVI)、人类活动足迹(HF)等评估自然景观的原真性(表 11.6)。

表 11.6　大尺度景观美学价值评价指标

指标	指标方向	指标含义
自然美景代表性	+	自然景观具有国家代表性的审美象征
精华景观独特性	+	自然景观在全球范围内具有突出审美价值
景观多样性指数(SHDI)	+	生态景观类型丰富多样且组合协调
地形起伏度模型(RDLS)	+	地形地貌多样，景观异质性特征显著
土地利用和覆盖变化(LUCC)	+	
归一化植被指数(NDVI)	+	原真性自然景观大面积连片分布
人类活动足迹(HF)	−	

表 11.7　青藏高原国家公园群的国家代表性自然景观

区域	国家代表性的自然景观							
	中国十大名山	中国最美六大冰川	中国最美十大峡谷	中国最美五大湖	中国最美十大森林	中国最美六大湿地	中国最美六大草原	中国最美六大瀑布
珠穆朗玛峰	珠穆朗玛	绒布冰川						
大熊猫								诺日朗瀑布
羌塘							那曲高寒草原	
帕米尔-喀喇昆仑	乔戈里	特拉木坎力冰川						
雅鲁藏布大峡谷	南巴加瓦峰		雅鲁藏布大峡谷		波密岗乡林芝云杉林			藏布巴东瀑布群
神山圣湖	冈仁波齐							
祁连山		梦珂冰川					祁连山草原	
香格里拉	稻城亚丁		虎跳峡		白马雪山高山杜鹃林			
青海湖				青海湖				
若尔盖						若尔盖湿地		
贡嘎山	贡嘎雪山	海螺沟冰川						
高黎贡山			怒江大峡谷					

高黎贡山和香格里拉(三江并流)、三江源(可可西里)等因具有全球突出普遍的美学价值而符合世界遗产的第 vii 条入选标准列入《世界遗产名录》，帕米尔-喀喇昆仑、札

达土林、神山圣湖、青海湖等满足世界遗产标准(vii)列入《世界遗产预备名录》，青海昆仑山列入世界地质公园，表明其自然景观在全球范围内具有突出审美价值。

表 11.8 评价指标分级赋值表

指标	赋值						
	1	2	3	4	5	6	7
SHDI	<0.33	0.33～0.71	0.71～0.92	0.92～1.09	1.09～1.25	1.25～1.45	>1.45
RDLS	<3.31	3.31～4.10	4.10～4.67	4.67～5.18	5.18～5.75	5.75～6.48	>6.48
LUCC	水田、旱地、城镇用地、农村居民点、其他建设用地	裸土地、裸岩石质地、其他	沙地、戈壁	其他林地、滩地	疏林地、低覆盖度草地、河渠、水库坑塘、盐碱地	灌木林、中覆盖度草地、	有林地、高覆盖度草地、湖泊、永久性冰川雪地、滩涂、沼泽地
NDVI	<0.10	0.1～0.21	0.21～0.34	0.34～0.50	0.50～0.65	0.65～0.79	>0.79
HF	<2.17	2.18～5.53	5.53～8.68	8.68～12.24	12.24～16.58	16.58～23.29	>23.29

各单项指数的计算方法与数据来源如下。

(1)2015 年 NDVI 数据来源于中国科学院地理科学与资源研究所资源环境科学与数据中心(http://www.resdc.cn)，基于连续时间序列的 SPOT/VEGETATION NDVI 卫星遥感数据，采用最大值合成法生成，数据空间分辨率为 1 km。

(2)地形起伏度由 DEM 数据生成，该数据来源于先进星载热发射和反射辐射仪全球数字高程模型(ASTER GDEM)第 2 版数据，空间分辨率为 30 m，经拼接、裁剪、重采样得到青藏高原 1 km 分辨率的 DEM，采用 RDLS 计算方法(封志明等, 2020)提取青藏高原地形起伏度。

(3)土地利用数据来源于中国科学院地理科学与资源研究所资源环境科学与数据中心(http://www.resdc.cn)，其分辨率为 1 km，土地利用数据包括 6 个一级分类和 25 个二级分类。选取 2015 年的土地利用数据，采用不同土地利用类型自然度分类方法，对青藏高原土地利用景观自然性进行赋值，利用 Fragstats 4.2 软件计算青藏高原景观多样性指数。

(4)人类活动足迹数据来源于中国科学数据(http://www.csdata.org/)，综合考虑了人口密度、土地利用、放牧密度、夜间灯光、铁路和道路等 6 种代表性人类活动，揭示青藏高原人类活动影响的强度和范围。

采用自然间断点法对数据进行分级处理(表 11.8)，对数值进行归一化处理，运用线性加权模型得到景观美学价值综合评价指数(LAV)，具体计算公式如下：

$$\mathrm{LAV}=\sum_{j=1}^{n} W_j X_{ij}$$

式中，LAV 为景观美学价值指数；X_{ij} 为各维度指标值；n 为各维度指标数量；W_j 为各维度指标权重，采用专家打分法获得。

青藏高原国家公园群涉及高原、山地、峡谷、盆地、河谷、冰川、湖泊、雅丹、丹霞等复杂多样的地貌景观，涵盖森林、草原、湿地、荒漠等多种生态景观类型，大尺度景观呈现出水平地带同质性和垂直地带异质性两种地域分异规律。评估结果显示，三江源、大熊猫、珠穆朗玛峰、雅鲁藏布大峡谷、冈仁波齐、香格里拉等区域的美学价值相对较高(图 11.10)。雅鲁藏布大峡谷是世界最深最长的河流峡谷，具有我国最完整的山地垂直生态景观组合，是东喜马拉雅山南麓湿润山地综合自然景观的突出代表。札达土林是世界上最典型、保存最完整、分布面积最大的新近系地层风化土林，形态多样、气势恢宏，在中国乃至世界都堪称奇观。香格里拉区域在短距离内浓缩了雪山、冰川、峡谷、湖泊、河流、森林、草甸等自然景观，是世界上罕见奇特自然景观最为丰富多样的地区之一。

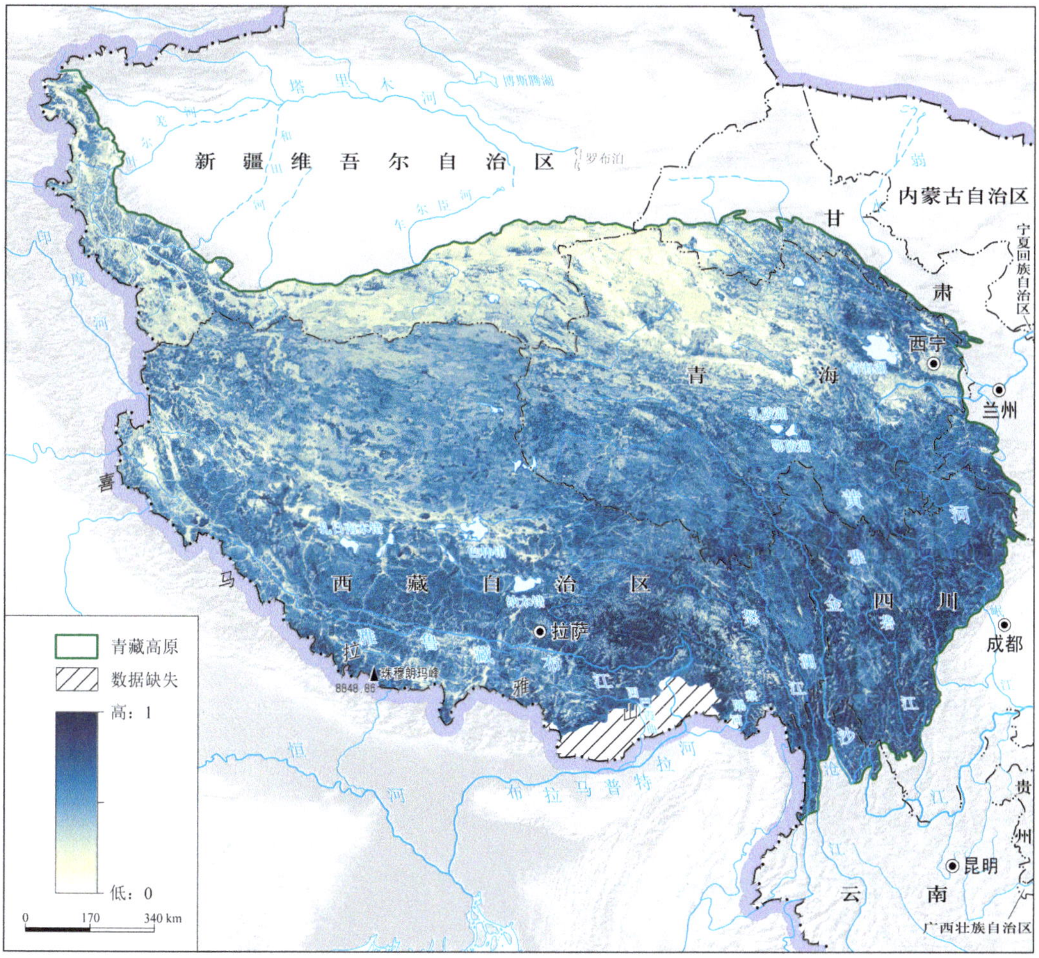

图 11.10　青藏高原国家公园大尺度景观美学价值评估

第12章

青藏高原国家公园群潜力区综合评价

青藏高原地势高耸，是地球上面积最大、海拔最高、年代最新的巨型地貌单元，复杂多样的生境类型孕育了丰富的物种多样性，是世界生物多样性保护的热点地区、珍稀野生动物的天然栖息地和高原物种基因库、亚洲重要水源区和中华民族特色文化保护地、中国乃至亚洲重要的生态安全屏障。通过开展青藏高原国家公园备选地的科学考察和价值评估，发现青藏高原地区自然生态系统具有极高的完整性和原生性，人文生态系统保持着完整性和独特性，自然景观与人文景观丰富多样，大尺度景观美学价值突出，形成了以三江源、大熊猫、珠穆朗玛峰、羌塘、帕米尔-昆仑山、雅鲁藏布大峡谷、祁连山等为主导，以香格里拉、青海湖、若尔盖、贡嘎山、高黎贡山为支撑的国家公园群，青藏高原具备建设成为全球集中度最高、覆盖地域最广、生态价值最高、生物多样性最丰富、自然人文景观最独特的国家公园群的潜力和优势。

12.1　青藏高原国家公园资源价值综合评价

综合考虑大尺度生态过程和景观格局的连续性与完整性，将 15 处国家公园重点科考备选区域涉及的 40 余处自然保护地整合形成 13 个国家公园潜力区。

综合分析青藏高原国家公园潜力区的自然价值、人文价值和景观美学价值，采用分层级赋值方法，通过加权叠加得到自然-人文-景观美学价值综合评估指数(图 12.1)，并将评估结果与实地科考结果进行对比验证。

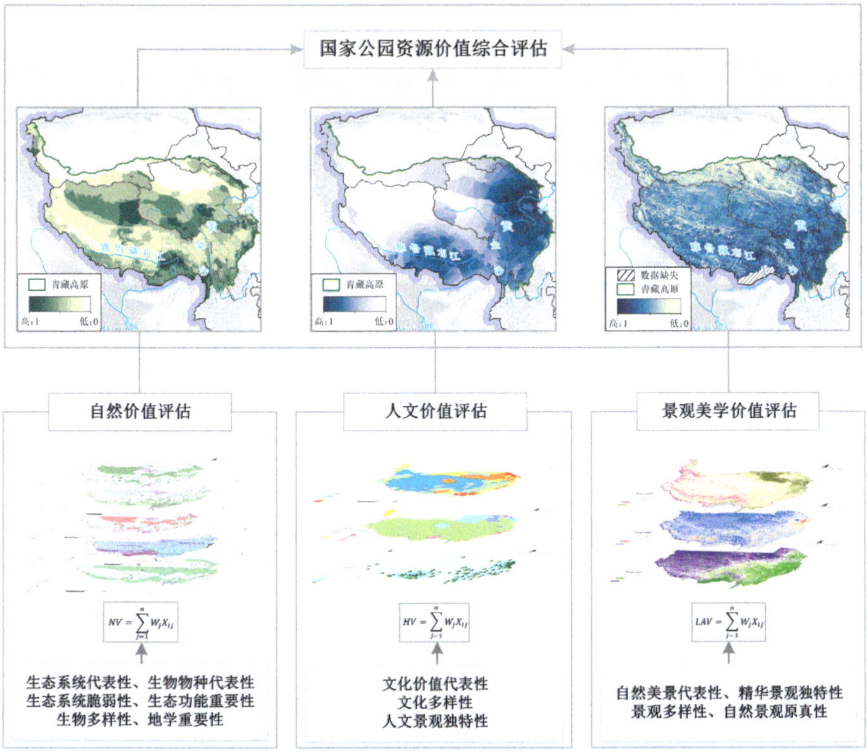

图 12.1　青藏高原国家公园潜力区资源价值综合评估框架

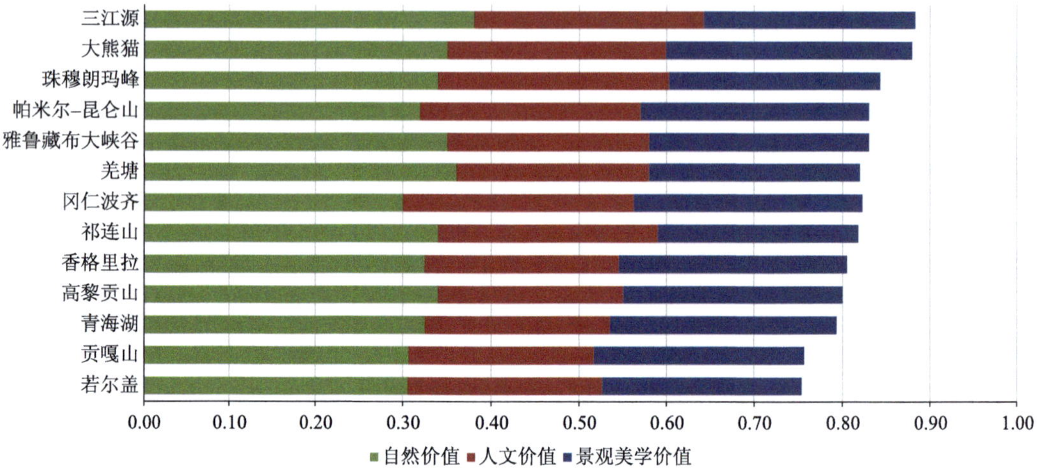

图 12.2　青藏高原国家公园群潜力区资源价值综合评估

最终结果表明，三江源、大熊猫、珠穆朗玛峰、帕米尔-昆仑山、雅鲁藏布大峡谷、羌塘、冈仁波齐、祁连山等国家公园潜力区的综合价值相对较高(图 12.2)。由于青藏高原国家公园群潜力区在规模面积和资源价值等方面差异显著，将其划分为跨国国家公园、一级国家公园与二级国家公园，突出单体国家公园的层级特性(表 12.1)。

表 12.1　青藏高原国家公园群潜力区层级结构

国家公园潜力区		主要涉及的现有各类自然保护地
跨国国家公园	珠穆朗玛峰	珠穆朗玛峰国家级自然保护区等
	帕米尔-昆仑山	塔什库尔干野生动物自然保护区、喀拉库勒-慕士塔格风景名胜区、帕米尔高原湿地自然保护区；阿尔金山国家自然保护区、中昆仑省级自然保护区、昆仑山世界地质公园等
一级国家公园	三江源	三江源国家级自然保护区、青海可可西里世界自然遗产
	大熊猫	四川大熊猫栖息地世界自然遗产、黄龙国家级自然保护区 四姑娘山国家级风景名胜区、卧龙国家级自然保护区 王朗国家级自然保护区、唐家河国家级自然保护区等
	羌塘	色林错国家级自然保护区、羌塘国家级自然保护区等
	雅鲁藏布江大峡谷	雅鲁藏布大峡谷国家级自然保护区 色季拉国家级森林公园、巴松措国家森林公园 雅尼国家湿地公园、西藏工布自然保护区等
	冈仁波齐	玛旁雍错湿地国家级自然保护区、神山圣湖风景名胜区 土林-古格国家级风景名胜区、札达土林国家地质公园
	祁连山	甘肃祁连山国家级自然保护区、盐池湾国家级自然保护区 青海祁连山自然保护区、天祝三峡国家森林公园 门源仙米国家森林公园、祁连黑河源国家湿地公园等

续表

国家公园潜力区		主要涉及的现有各类自然保护地
二级国家公园	香格里拉	三江并流世界自然遗产、碧塔海国际重要湿地 白马雪山国家级自然保护区、亚丁国家级自然保护区、 玉龙雪山国家级风景名胜区、哈巴雪山自然保护区等
	青海湖	青海湖国家级自然保护区、青海青海湖风景名胜区等
	若尔盖	若尔盖国家级自然保护区、黄河首曲国家级自然保护区等
	贡嘎山	贡嘎山国家级自然保护区、海螺沟国家地质公园等
	高黎贡山	高黎贡山国家级自然保护区、三江并流世界遗产等

12.2　青藏高原国家公园潜力区全球对比

基于青藏高原国家公园群潜力区的突出共性特征，选择全球大型山脉、中低纬度冰川集聚区、高海拔国际重要湿地、全球珍稀濒危物种关键栖息地等四个方面，与同类型国家公园及世界遗产开展全球对比分析，识别青藏高原国家公园群潜力区核心资源的全球价值。

表 12.2　位于全球大型山脉的国家公园对比

国家公园名称	主峰（海拔）	所在山脉	突出特征
珠穆朗玛峰国家公园	珠穆朗玛峰（8 848.86 m）	喜马拉雅山	强大的喜马拉雅造山运动构造了珠峰区域大尺度的地貌框架，拥有 5 座海拔 8 000 m 以上的高峰，包括世界第一高峰珠穆朗玛峰（8 848.86 m）、洛子峰（8 501 m）、马卡鲁峰（8 407 m）、卓奥友峰（8 153 m）和希夏邦马峰（8 012 m），形成全球最大的极高峰聚集区
帕米尔-昆仑山国家公园	乔戈里峰（8 611 m）	帕米尔高原、喀喇昆仑山脉、昆仑山脉	帕米尔弧形构造带是印度-欧亚板块碰撞过程中地壳缩短增厚的典型地，帕米尔高原是世界最大构造山结；乔戈里峰是世界第二高峰，附近有超过 8 000 m 的山峰 4 座，有超过 7 000 m 的山峰 29 座，形成全球第二大极高峰聚集区
雅鲁藏布大峡谷国家公园	南迦巴瓦峰（7 782 m）	喜马拉雅山 念青唐古拉山	南迦巴瓦峰地处喜马拉雅山东段、念青唐古拉山和横断山交汇地带，是喜马拉雅山脉最东端最高峰；雅鲁藏布大峡谷是世界上切割最深最长的河流峡谷地段，围绕喜南迦巴瓦峰的马蹄形大拐弯构成了世界河流峡谷的一大奇观
冈仁波齐国家公园	冈仁波齐峰（6 656 m）	冈底斯山脉	冈底斯山为内陆水系和印度洋水系分水岭，是亚洲四大河流的发源地。冈仁波齐峰提供了揭示印度板块与欧亚板块碰撞的地质证据，是研究青藏高原地球历史演变的“窗口”和“关键”。冈仁波齐是世界公认的神山，是古代青藏高原文明的发源地，是古象雄文明的摇篮

续表

国家公园名称	主峰（海拔）	所在山脉	突出特征
祁连山国家公园	团结峰（5 808 m）	祁连山脉	祁连山造山带是特提斯构造域最北部典型的增生型造山带，是中央造山带或秦祁昆造山系的重要组成部分，是青藏高原东北缘高原隆升与扩展的关键构造带，发育有大致平行的呈西北—东南走向的山脉群，是中国西部“湿岛”和重要生态安全屏障
贡嘎山国家公园	贡嘎山（7 556 m）	横断山脉	贡嘎山是青藏高原东部横断山区第一高峰，周围有海拔 6 000 m 以上的山峰 45 座，形成青藏高原东部横断山区极高峰聚集区。贡嘎山地处青藏板块和扬子板块的交界带，是典型的断块山地，发育为金字塔状大角峰，坡壁陡峭，坡度多大于 70°，山体垂直高差极大
新疆天山世界遗产	托木尔峰（7 443 m）	天山山脉	天山是全球干旱区最大的山系，由 3 条大山链及其 20 多条山脉和 10 多个山间盆地或谷地构成；新疆天山是世界上干旱荒漠区山地综合景观的最杰出代表，形成了群峰林立、沟壑纵横的断块山脉与山间断陷盆地，雄伟壮观的山地夷平面与阶梯层状地貌
巴基斯坦中央喀喇昆仑国家公园	乔戈里峰（8 611 m）	喀喇昆仑山	中央喀喇昆仑国家公园是巴基斯坦最大的保护区，位于乔戈里峰南坡，是兴都库什-喀喇昆仑-西喜马拉雅山脉亚洲高山系统的一部分，有 60 座超过 7 000 m 的山峰，4 座超过 8 000 m 的山峰，位于一个高度活跃的构造带，代表了地球演化史中重要阶段的突出例证区
印度干城章嘉峰国家公园	干城章嘉峰（8 586 m）	喜马拉雅山	干城章嘉峰国家公园位于印度北部的喜马拉雅山脉的中心，是世界第三高峰干城章嘉峰(主峰 8 586 m)的大本营；干城章嘉峰及其周围的雅兰康峰(海拔 8 505 m)、干城章嘉三峰(海拔 8 496 m)、干城章嘉二峰(海拔 8 476 m)、泽木峰(7 730 m)等组成巨大的群峰
尼泊尔萨加玛塔国家公园	珠穆朗玛峰（8 848.86 m）	喜马拉雅山	萨加玛塔国家公园位于尼泊尔喜马拉雅山区，地处世界上最高的萨加玛塔山(珠穆朗玛峰)南坡，有 7 座海拔 7 000 m 以上的高峰，以高峰、冰川和深切山谷为主；园内海拔从 2 850 m 上升到 8 848 m，形成了从亚热带到寒带、从山谷到极高山的各种气候和生态环境
加拿大落基山国家公园群	罗布森山（3 954 m）	落基山脉	加拿大落基山国家公园群是由七个公园构成的世界上面积最大的国家公园，第三纪造山运动形成高大花岗岩山系，经第四纪冰川作用遗留了陡峭的角峰、冰斗、槽谷等冰川侵蚀地貌，是沿大陆分界线在高度断层、褶皱和隆起的沉积岩上的重要且持续的冰川过程的经典代表；伯吉斯页岩是世界上重要的化石区之一，完整记录了以软体生物为主的动物群落演化过程

表 12.3　位于中低纬度冰川集聚区的国家公园对比

国家公园名称	代表性冰川	冰川规模	突出特征
羌塘国家公园	普若岗日冰原	普若岗日冰原是世界高原冰川的典型代表，是中低纬度地区最大的冰川，面积为 423 km^2，冰原呈辐射状向周围微切割的宽浅山谷溢出 50 多条冰舌	羌塘是中国高原现代冰川分布最广的地区，从东到西发育有普若岗日、藏色岗日、土则岗日等冰川群，冰川总面积超过 2.5×10^4 km^2
珠穆朗玛峰国家公园	绒布冰川 格重巴冰川	绒布冰川是北坡面积最大的山谷冰川，长约 22.4 km，面积 85.40 km^2；格重巴冰川是南坡面积最大的冰川，长约 22 km，面积 80.83 km^2	珠峰区域是喜马拉雅山最大的冰川作用中心，有世界上最壮观的冰塔林，堪称世界奇观，是全球著名的“山地冰川的博物馆”
帕米尔-昆仑山国家公园	音苏盖提冰川	音苏盖提冰川是中国面积最大、长度最长、冰储量最大的山谷冰川，冰川总长约 42 km，冰舌末端海拔约 4 200 m	喀喇昆仑山是中国冰川密度和规模较大的山系，帕米尔-喀喇昆仑群峰是世界最为典型的亚大陆性冰川的集中分布区
雅鲁藏布大峡谷国家公园	德姆冰川	南迦巴瓦峰东坡的德姆冰川为该地区最大的冰川，面积约 61.2 km^2，长 16.4 km	雅鲁藏布大峡谷区域发育了中国规模最大的海洋性冰川群，发育 63 条现代冰川，冰川面积 294. 4 km^2
贡嘎山国家公园	海螺沟 1 号冰川	海螺沟 1 号冰川长约 14 km，粒雪盆海拔 6 750 m，冰川舌最低海拔 2 940 m，发育有中国规模最大、高差达 1 080 m 的海螺沟冰川瀑布	贡嘎山是中国典型海洋型现代冰川发育中心，有冰川 74 条，冰川面积 255.1 km^2，是横断山系与青藏高原东部最大的冰川群
新疆天山世界遗产	托木尔冰川	托木尔-汗腾格里区域是天山最大现代冰川作用中心，面积超过 300 km^2 的超大型冰川有 3 条，冰川总面积 2 800 km^2	天山是全球山岳冰川的集中分布区，分别占中国冰川总面积和总储量的 16.3% 和 20.2%。新疆天山世界遗产地占整个天山冰川总储量的 45.9%
少女峰-阿莱奇峰-比奇峰世界自然遗产	阿莱奇冰川	阿莱奇冰川是阿尔卑斯山脉上最大和最长的冰川，面积约 128 km^2，长 23 km	阿尔卑斯山是欧洲大陆最大的冰川作用中心，少女峰-阿莱奇峰-比奇峰区域是阿尔卑斯山最大的冰川集聚区，现代冰川和冰川遗迹是记录地质过程和气候变化的典型例证
塔吉克国家公园	费琴科冰川	费琴科冰川是欧亚大陆最大的山谷冰川（长 77 km），是世界上极地以外最长的冰川	塔吉克国家公园是古北界最大的高山保护区之一（2.5×10^6 hm^2），位于“帕米尔山结”中心，是欧亚大陆最高山脉的交汇点和集聚区，是欧亚大陆的主要冰川中心，共有冰川 1 085 条

表 12.4　位于拉姆萨国际重要湿地的国家公园对比

国家公园名称	重要湿地	突出特征
三江源国家公园	扎陵湖 鄂陵湖	三江源区域是亚洲乃至世界上孕育大江大河最集中的地区，湿地广阔、万水汇流，具有极其重要的水源涵养功能；黄河源园区河流纵横、湖泊星罗棋布，扎陵湖和鄂陵湖是黄河上游最大的两个天然湖泊，与星星海等湖泊群构成黄河源“千湖”景观
羌塘国家公园	色林错	羌塘是青藏高原高海拔湖泊群的集中分布区，色林错及藏北大湖群分布有大面积保护完好的高寒湿地生态系统；色林错是中国第二、西藏第一大咸水湖，位于藏北高原湖盆区，高原湿地多样性发育好，形成相对完整的高原湿地系统
青海湖国家公园	青海湖	青海湖是国际候鸟的重要繁殖地、越冬地和迁徙中转站，水鸟种类 95 种，占青藏高原水鸟种类的 70%，约占全国水鸟种类的 33%；中国特有濒危物种普氏原羚的唯一栖息地；中国最大的内陆湖，独立完整的水循环以及鱼鸟共生的生态链极具典型性
若尔盖国家公园	若尔盖湿地	若尔盖泥炭沼泽广泛发育，是全球海拔最高、面积最大(蕴藏量达 70×10^8 m^3)、保存最完好的高原泥炭沼泽，是世界上罕见的高原湿地生态系统类型；若尔盖沼泽植被发育良好，生态系统结构完整，成为众多野生动植物栖息、繁衍基地
冈仁波齐国家公园	玛旁雍错	玛旁雍错是全球高海拔地区淡水储量最大的高寒内流湖泊和高寒地区最具代表性与典型性的湖泊湿地，是中国湖水透明度最大的淡水湖，是西藏三大圣湖之一，是藏羚羊、野牦牛等濒危动物向喜马拉雅山迁移的重要走廊之一
香格里拉国家公园	碧塔海	香格里拉保存了发育完好的寒温性针叶林和硬叶常绿阔叶林、中国最南端“封闭型森林-湖泊-沼泽-草甸”复合生态系统；碧塔海包括湖泊湿地、高山湿地和草本泥炭地等湿地类型，属于独特的封闭型高山冰碛湖湿地生态系统类型
乌布苏盆地世界遗产	乌布苏湖	乌布苏湖属咸水湖，是古代巨大盐湖的残余部分；封闭的盐湖系统具有高度的自然性，其大规模未受干扰的气候、水文和生态过程具有国际科学意义；跨越了广泛的生态系统和栖息地，乌布苏湖是西伯利亚-中国-南亚候鸟迁徙路线上的重要中转站
萨雅克-北哈萨克干草原与湖群世界遗产	田吉兹湖 可干尔赞恩湖	大面积的原始自然草原和湖泊湿地维持着多样化的中亚动植物群，为极度濒危的赛加羚提供了宝贵的避难所；Korgalzhyn-Tengi 湖为多达 1 600 万只鸟类提供觅食场所，是中亚鸟类从非洲、欧洲和南亚飞往西西伯利亚和东西伯利亚繁殖地的重要中转站和十字路口
奇特旺国家公园	纳拉亚尼河 比沙扎尔湖	奇特旺国家公园坐落在喜马拉雅山脚下，纳拉亚尼河发源于喜马拉雅山脉，是尼泊尔第三大河流；因其丰富的鸟类多样性被国际保护组织认定为全球生物多样性热点之一；冲积平原和河流森林为独角犀牛提供了绝佳的栖息地，也是孟加拉虎最后的避难所之一

表 12.5　同纬度全球生态保护关键区的国家公园对比

国家公园名称	全球 200 生态区	突出特征
三江源国家公园	Qinghai-Xizang Plateau Steppe	三江源动植物种类多为高原特有种，有雪豹、藏羚、藏野驴、野牦牛、白唇鹿、金钱豹、马麝等 7 种国家一级重点保护野生动物；澜沧江源是重要亚洲旗舰物种雪豹最大的连片栖息地，长江源-可可西里是目前已知规模最大的藏羚集中产羔地，保存了藏羚羊完整生命周期的栖息地和各个自然过程

续表

国家公园名称	全球 200 生态区	突出特征
大熊猫国家公园	Hengduan Shan Conifer Forests	岷山地处横断山脉北部，是南北生物的“交换走廊”，保存了大量古老孑遗种和特有种，是中国特有珍稀濒危物种丰富度最高的集中分布区，分布有珍稀濒危物种 293 种，包括哺乳动物 109 种、鸟类 58 种、爬行动物 18 种、两栖动物 35 种、高等植物 73 种；岷山、邛崃山分布着全世界最大的大熊猫种群和面积最大的大熊猫栖息地
羌塘国家公园	Qinghai-Xizang Plateau Steppe	羌塘高原珍稀野生动植物资源种类众多、种群数量大，栖息着藏羚羊、野牦牛、藏野驴、雪豹、黑颈鹤等国家一级保护野生动物 10 种，有藏原羚、藏雪鸡等国家二级保护野生动物 21 种，被誉为“高寒生物种质资源库”。以色林错为核心的众多湖泊湿地，是中国最集中、种群数量最大的黑颈鹤栖息地
高黎贡山国家公园	Hengduan Shan Conifer Forests	高黎贡山地处古热带植物区系与泛北极植物区系成分交汇地带，形成了“动植物种属复杂、新老兼备、南北过渡、东西交汇”的特殊格局，分布有世界上海拔最高的热带雨林、世界上最高最大的大树杜鹃、有中国特有的高黎贡白眉长臂猿；丰富的鸟类多样性是高黎贡山地区极高生物多样性的典型代表
俄罗斯金山-阿尔泰世界遗产	Altai-Sayan Montane Forests	金山-阿尔泰是阿尔泰-萨彦山地森林生态区生物多样性最为丰富的生境区域之一，重要的山地森林生态系统、西伯利亚稀树草原、湿地生态系统和极高山、高峰的聚集地，是北亚和部分中亚地区重要动植物物种的发源地
印度南达德维国家公园	Western Himalayan Temperate Forests	位于赞斯卡山脉和喜马拉雅山脉之间、东西部喜马拉雅植物群落之间的过渡带上，物种多样性高度富集，属于西喜马拉雅生物地理区的典型代表，分布有雪豹、喜马拉雅山麝香鹿和岩羊等珍稀濒危物种和众多植物物种
印度大喜马拉雅国家公园	Western Himalayan Temperate Forests	拥有 805 种维管植物、25 种森林类型，约 58% 的被子植物是西喜马拉雅山脉的特有植物；有 31 种哺乳动物、209 种鸟类、9 种两栖动物、12 种爬行动物和 125 种昆虫；为 4 种全球受威胁的哺乳动物、3 种全球受威胁的鸟类和大量药用植物提供栖息地
巴基斯坦红其拉甫国家公园	Qinghai-Xizang Plateau Steppe	是巴基斯坦第三大国家公园和高山生物多样性的重要保护地，是雪豹、马可波罗盘羊、喜马拉雅野生山羊等珍稀濒危动物的重要栖息地

12.3　青藏高原国家公园潜力区核心价值

青藏高原国家公园 13 个潜力区的资源价值差异显著、特色鲜明，分别在地质多样性、生物多样性、文化多样性、景观多样性等方面呈现出不同的价值特征。通过开展青藏高原国家公园群潜力区的科学考察和价值评估，发现青藏高原地区自然生态系统具有极高的完整性和原生性，人文生态系统保持着完整性和独特性，自然景观与人文景观丰富多样，大尺度景观美学价值突出，具备建设成为全球集中度最高、覆盖地域最广、生态价值最高、生物多样性最丰富、自然人文景观最独特的国家公园群的潜力和优势。

表 12.6 青藏高原跨国国家公园潜力区核心价值

国家公园潜力区	核心价值
帕米尔-昆仑山	帕米尔高原是世界最大构造山结，喀喇昆仑山主峰乔戈里峰是世界第二高峰(8 611 m)，与周围群峰形成全球第二大极高峰聚集区，公格尔峰、公格尔九别峰和慕士塔格峰并称为帕米尔高原昆仑三雄。 帕米尔-喀喇昆仑群峰是全球重要的冰川作用中心是亚欧内陆腹地干旱极高山区山岳冰川的典型代表；乔戈里峰北坡的音苏盖提冰川是中国境内面积最大冰川；昆仑山第四纪冰川遗迹是古气候变化的重要历史记录。 帕米尔高原是保护国际(CI)全球生物多样性热点地区的“中亚山地”以及世界自然基金会(WWF)“全球200”生态区中的中亚山地温带森林和草原的关键区域，是雪豹、马可波罗盘羊等特有和旗舰物种的重要栖息地。 阿尔金山国家级自然保护区与西藏羌塘、青海三江源(可可西里)共同构成了中国西北高原最大的自然保护区群和高原野生动物基因库。 昆仑文化作为华夏文明最具有代表性的文化之一，从古至今对中华文化的形成和发展产生了巨大而深远的影响；帕米尔区域曾是古丝绸之路连接中亚、南亚地区的主要通道，是世界多种文化的荟萃之地，文化遗存丰厚，民族文化多元且特色鲜明，对人类文明发展和东西方文化交流作出巨大贡献。 帕米尔-昆仑山美学价值的突出特征表现为巍峨群峰的雄浑壮美、山岳冰川的壮丽奇美、高原野生动物的动态美等方面，由雪山群峰、冰川遗迹、山间谷地、湖泊湿地、高寒草原、野生动物等组成一幅幅雄浑壮丽的立体画卷
珠穆朗玛峰	喜马拉雅山是世界最高大最雄伟的山脉，珠峰位于喜马拉雅山脉中段，世界第一高峰珠穆朗玛峰及周围 4 座海拔 8 000 m 以上的高峰，形成全球最大的极高峰聚集区和全球大型现代冰川作用中心，规模巨大的山谷冰川堪称 “山地冰川的博物馆”。 珠峰区域形成了水平地带性和垂直地带性差异显著的极高山生态系统，山脉南翼发育着湿润的山地森林生态系统，山脉北翼形成了半干旱灌丛和草原生态系统；山脊与谷底的相对高差达 1 000～7 000 m 以上，巨大的海拔落差形成了明显的阶梯式垂直生态系统；是“全球 200”生态区中的“东喜马拉雅高山草甸”和“青藏高原高山草原”的典型代表。 珠峰区域是西藏文明发祥地之一，“嘉措拉山口-协格尔镇-岗嘎镇-佩枯错-马拉山-宗嘎镇-吉隆镇-热索桥”是贯穿珠峰的南亚文化走廊的主干道，是我国与南亚文化交流的重要通道。 珠穆朗玛峰美学价值的突出特征表现为巍峨雄壮的山地美、雄伟壮丽的冰川美、气象万千的生态美，高耸的群峰见证着地球演化史上沧海桑田的巨变，自然景观立体多元，呈现出一幅立体的生态系统和多层次景观交替的壮美景色

表 12.7　青藏高原一级国家公园潜力区核心价值

国家公园潜力区	核心价值
三江源	三江源是长江、黄河、澜沧江的发源地，被誉为“中华水塔”，是亚洲乃至世界孕育大江大河最集中的地区之一，具有极其重要的水源涵养功能。 三江源是世界海拔最高、面积最大的高寒湿地集中分布区的典型代表，是我国乃至世界高海拔地区保存较完整的大面积原始高寒草甸、高寒草原的典型代表区域。 三江源是青藏高原高寒生物物种的资源库和基因库，是亚洲旗舰物种雪豹最大的连片栖息地，国家一级保护野生动物藏羚羊的主要集中繁殖地和重要迁徙通道，是野牦牛、藏野驴、藏原羚等野生动物种群的重要生境区。 三江源是生命之源、文明之源，是格萨尔文化的发祥地之一，誉为格萨尔说唱艺术之乡、中国藏族山歌之乡，是格萨尔文化、康巴文化、嘎嘉洛文化等交流融合的重要载体和鲜活样本，记录着藏族等多民族交融共进的历史进程。 三江源地域辽阔，山脉纵横交错，河流蜿蜒曲折，湖泊星罗棋布，丹霞地貌奇特壮美，高寒草甸广袤无垠，野生动物生机盎然，构成了地球上最具自然原始之美的地理景观，是人与自然和谐共生之美的典型代表
大熊猫	岷山和邛崃山是我国第一级阶梯与第二级阶梯分界线，是南北生物的“交换走廊”，保存了大量古老孑遗种和特有种，是中国特有、珍稀、濒危物种丰富度最高的集中分布区，是我国生物多样性保护的优先区域，是我国生态安全屏障的关键区域。 岷山和邛崃山是全球最大的大熊猫种群和面积最大的大熊猫栖息地，大熊猫是我国独有、古老、珍稀国宝级野生动物，是世界生物多样性保护的“旗舰种”和“伞护种”，是最具国家代表性的自然保护象征，具有全球意义的保护价值。 羌族、藏族、白马藏族、彝族、土家族、侗族、瑶族等多民族聚居区的典型代表，民族文化艺术绚丽多彩，非遗文化特色鲜明，传统村落与自然环境相融相生；阿坝藏族羌族自治州是四川省第二大藏区和主要羌族的聚居区，北川羌族自治县是我国唯一的羌族自治县。 岷山、巴朗山、夹金山、四姑娘山、二郎山等形成群峰簇拥、气势磅礴的壮丽景观，雪岭冰峰的连绵壮美。卧龙高山峡谷中的秋季彩林、巴郎山的四季朝霞和云海、高山草甸的夏季花海，共同构成“中国熊猫大道”非凡的自然美景
羌塘	羌塘是青藏高原腹地高原形态最典型地域，高原现代冰川广布，普若岗日冰原是世界高原冰川的典型代表、世界上中低纬度最大的冰川群。 羌塘高原是高海拔湖泊群集中分布区域，其中色林错是西藏第一大湖泊及中国第二大咸水湖，色林错及藏北大湖群分布有大面积保护完好的高寒湿地生态系统，是世界高原湿地生态系统的典型代表。 羌塘高原是中国大型高原野生动物的密集分布区，珍稀野生动植物资源种类众多、种群数量大，被誉为“高寒生物种质资源库”。以色林错为核心的众多湖泊湿地，是全球黑颈鹤最主要的繁殖地，是中国最集中、种群数量最大的黑颈鹤栖息地。 藏北草原是青藏高原人类活动最早的区域，在漫长的历史长河中，积淀了深厚的地域文化，尤其以古象雄文化为代表，现存遗迹构成了象雄文化完整的展示体系。 羌塘美学价值的突出特征表现为野生动物的灵动美、高原湖群的变幻美、高原冰川的罕见美，共同构成了青藏高原“天地大美”的自然奇观

续表

国家公园潜力区	核心价值
雅鲁藏布大峡谷	雅鲁藏布大峡谷是世界上切割最深最长的河流峡谷地段，独有的狭管通道地形造就了强烈的水汽输送效应，成为青藏高原最大的水汽通道，发育了中国规模最大的海洋性冰川群。 雅鲁藏布大峡谷的立体生态环境复杂多样，发育了我国最完整的山地垂直生态系统组合系列，是世界上生物多样性极为丰富的地区之一，物种珍稀度高，稀有性和特有性极其明显，是我国重要的山地生物资源基因宝库。 雅鲁藏布大峡谷墨脱区域是门巴、珞巴族的聚居区，珞瑜文化蕴藏着深厚而独特的文化宝藏；尼洋河流域是工布藏族的聚居地，雪山、林海、牧场、桃花、藏式民居勾画出恬静优美的人与自然和谐共生景象。 堪称中国极致风光最密集之处，有中国最美峡谷景观——雄奇绝美的雅鲁藏布大峡谷，中国最美山峰——神秘壮美的南迦巴瓦峰，中国最美瀑布——气势浩大的藏布巴东瀑布群，中国最美森林——原始静谧的波密岗乡云杉林，以及色季拉山浩瀚壮观的杜鹃花海景观
冈仁波齐	冈仁波齐峰和札达土林提供了揭示印度板块与欧亚板块碰撞的地质证据，是反映喜马拉雅山脉隆升过程和青藏高原地质演化历史的杰出例证。 玛旁雍错湿地是高寒地区最具代表性与典型性的湖泊湿地生态系统，是藏羚羊等濒危动物向喜马拉雅山迁移的重要走廊，是我国高原寒旱区生物多样性富集区域。 冈仁波齐是青藏高原最具代表性的文化符号，是一座自然造就的神圣文化地标。札达土林的古格王国遗址群、托林寺、皮央东嘎遗址为古格文明提供了历史见证。古格艺术流派反映了藏族优秀的民族民间艺术和多种外来艺术交流的辉煌成就。 札达土林世界上最典型、保存最完整、分布面积最大的新近系地层风化土林，土林地貌景观形态万千、气势恢宏，在中国乃至世界都堪称奇观。 自然崇拜的生态文化赋予神山圣湖无与伦比的审美价值，冈仁波齐被评选为中国最美的十大名山之一，宁静圣洁的雪山与明亮清透的湖泊构成了壮丽的高原景观
祁连山	祁连山是中国西部“湿岛”和重要生态安全屏障，祁连山冰川和湿地在流域水源涵养、水土保持方面有无可替代的重要作用，是河西走廊和青藏高原重要的生态屏障。 祁连山地处中国地势三级阶梯中第一、第二阶梯分界线、中国温度带分界线以及西北干旱半干旱区与青藏高寒区分界线上，植被地带性分布特征明显，是具有重要生态意义的寒温带山地针叶林、温带荒漠草原、高寒草甸复合生态系统的代表。 祁连山是我国35个生物多样性保护优先区之一、世界高寒种质资源库和野生动物迁徙的重要廊道，是中亚山地生物多样性旗舰物种雪豹的重要栖息地。 祁连山地处青藏高原文化、蒙古高原文化、新疆绿洲文化、黄土高原文化四大区域文化的交汇和过渡地带，文化多样性极为丰富，是多元民族文化交融的典型区，形成了特有的“祁连山文化圈”。 祁连山由一组大致平行的呈西北-东南走向的山脉和宽谷组成，高山沟谷相间，森林雪峰相衬，丹霞石林相伴，中国最美草原祁连山草原如画卷般铺就在山间盆地中，其美学特征表现为谷岭相间的组合美、四季变幻的色彩美、山地草原的辽阔美

表 12.8　青藏高原二级国家公园潜力区核心价值

国家公园潜力区	核心价值
香格里拉	香格里拉位于我国种子植物特有属种高度集中的“川西-滇西北中心”，是青藏高原东部的重要物种基因库，保存了发育完好的寒温性针叶林和硬叶常绿阔叶林、中国最南端“封闭型森林-湖泊-沼泽-草甸”复合生态系统，碧塔海和属都湖等典型的原始高原湖泊-湿地生态系统是国际重要的湿地生态系统。 香格里拉区域是白族、彝族、藏族、傈僳族、纳西族、怒族、独龙族、普米族、回族、傣族、佤族等多民族聚居区，组成了人类社会发展史上“活的展览馆”，是我国多民族集中聚居和谐共存的代表区、世界民族文化多样性的典型区。 香格里拉美学价值表现为高山峡谷的奇险雄壮之美、雪山湖泊的圣洁纯净之美、杜鹃花海的斑斓绚烂之美，聚集了中国最美峡谷——惊险奇绝的虎跳峡、气势磅礴的金沙江大拐弯、中国最美名山——原始壮丽的稻城亚丁三神山、中国最美森林——白马雪山高山杜鹃林，集中了青藏高原向云贵高原过渡地带所有的自然之美
青海湖	青海湖是中国最大的内陆咸水湖和国际重要湿地，形成了特有的“草-河-湖-鱼-鸟”共生生态链，流域复合生态系统连续完整并保持着极高的原真性，是中国高原内陆湖泊湿地生态系统的典型代表。 青海湖流域是珍稀濒危物种普氏原羚的唯一栖息地，普氏原羚是国家一级保护动物和中国特有物种，也是世界上最稀有的有蹄类动物之一。 青海湖是国际候鸟的重要繁殖地、越冬地和迁徙中转站，是东亚、中亚两条国际候鸟迁徙通道的重要节点，在全国乃至全球极具影响力和重要的科学保护价值。 青海湖区域是丝绸之路青海道和唐蕃古道的厚重历史文化积淀的有力见证，是中原文化、藏传文化、伊斯兰文化等多元宗教文化和多元民族文化交融的典型代表区。 青海湖是中国最美湖泊之一，其美学特征表现为典型高原湖泊的浩瀚壮阔之美，以及流域生态景观的和谐共生之美，雪山、碧湖、岛屿、沙丘、候鸟、草原、花田等构成一幅气势磅礴的壮美画卷
若尔盖	若尔盖是全球海拔最高、面积最大保存最完好的高原泥炭沼泽，是世界上低纬度高海拔带分布最为集中的高寒沼泽湿地，在水源涵养、维持生物多样性、维护高原生态系统等方面有着举足轻重的作用。 若尔盖是我国生物多样性关键地区之一，是黑颈鹤在我国的集中分布区和主要繁殖地，誉为“中国黑颈鹤之乡”，具有极其重要的自然生态保护价值。 若尔盖地处藏羌等少数民族聚居区，是我国历史上重要的民族或族群迁徙、多元文化交融的“民族走廊”，是连接川、甘、青“茶马古道”（甘青道）的重要商贸驿站。 若尔盖是青藏高原高寒湿地生态景观的典型代表，享有“中国最美高寒湿地草原”的美誉，形成蜿蜒逶迤的黄河九曲第一湾、一望无际的热尔大草原、烟波浩渺的梦幻花湖等代表性景观，尽显高寒湿地的壮丽静谧之美和高原鸟类的自然灵动之美

续表

国家公园潜力区	核心价值
贡嘎山	贡嘎山是青藏高原东部横断山区第一高峰，形成青藏高原东部横断山区极高峰聚集区。 贡嘎山是中国典型海洋型现代冰川发育中心，是横断山脉与青藏高原东部最大的冰川群，海螺沟冰川是全球同纬度地区海拔最低的现代冰川。 贡嘎山超过 6 000 m 的垂直落差造就了完整的植被垂直带谱，生物区系和生物地理成分复杂，古老、特有、珍稀物种极为丰富，是全球生物多样性热点区。 贡嘎山是我国历史上“民族走廊”的核心地带，是川藏“茶马古道”重要部分，是汉藏之间多样化的族群交处杂居的区域，形成了独特的康巴文化和木雅文化。 贡嘎山是我国极高山地综合自然景观美的典型代表，是中国最美十大名山之一，贡嘎群峰的巍峨壮观，雪山云海气势磅礴，日照金山壮观至极。海螺沟冰川与原始峨眉冷杉林带构成世界罕见的冰川与森林共存的独特自然奇观——“绿海冰川”
高黎贡山	高黎贡山地处古热带植物区系与泛北极植物区系成分交汇地带，形成了“动植物种属复杂、新老兼备、南北过渡、东西交汇”的特殊格局，是世界生物起源与分化的关键地区之一，是“全球 200”生态区中的“横断山针叶林”“印度北部亚热带湿润森林”的典型代表。 高黎贡山分布有世界上海拔最高的热带雨林、世界上最高的大树杜鹃、世界上单位蓄积量最大的秃杉林、有中国特有的高黎贡白眉长臂猿。丰富的鸟类多样性是高黎贡山地区极高生物多样性的典型代表，百花岭村被称为“中国观鸟的金三角地带”。 高黎贡山区域世居着独龙族、怒族、傈僳族、藏族等 20 多个民族，形成了民族文化多样性、民居建筑风格多样性、民风民俗多样性、人文景观多样性，是我国多元文化融合、多民族和睦相处、多种宗教和谐并存的典型区域。 高黎贡山是中国高山峡谷自然地理垂直带景观的典型代表，显著的高山峡谷立体生态景观呈现出纷繁蓬勃的生物多样性之美。高黎贡山与碧罗雪山夹持怒江，造就了中国最美峡谷——怒江大峡谷的奇险绝美

第13章

青藏高原国家公园群科学保护利用

国家公园建设的主要任务是保护具有国家代表性的自然生态系统，实现自然资源的科学保护和合理利用，同时为全社会提供科研、教育、体验、游憩等公共服务。国家公园在自然、人文和景观美学等方面的多元资源价值，支撑国家公园在保护、科研、教育、游憩等方面的多维功能价值。国家公园建设须践行绿色发展理念，兼顾科学保护和合理利用，适应生态文明和“美丽中国”建设的需要。尊重自然、顺应自然、保护自然，将自然生态系统最重要、自然景观最独特、自然遗产最精华、生物多样性最富集的部分保护起来。同时以协同高效保护生态环境为前提，合理利用国家公园的资源禀赋，划定适当区域，为国民提供生态游憩、自然教育等福祉。坚持共建共享，发挥其生态系统服务价值与长远效益。通过精心的经营管理、多元共治等，实现人与自然和谐共生。

13.1 基于多目标协同的国家公园分区模式

2017 年，总体方案明确提出将国家公园依据自然资源特征和管理目标，合理划定功能分区，实行差别化管理。2018 年，国家林业局颁布的《国家公园功能分区规划》将国家公园按照原真性、完整性、协调性、差异性原则划分为严格保护区、生态保育区、传统利用区和科教游憩区。2019 年，《关于建立以国家公园为主体的自然保护地体系的指导意见》再次提出，国家公园实行分区管控，按管控程度分为核心保护区和一般控制区。我国目前的国家公园分区主要包括管控分区和功能分区两种，管控分区以核心资源保护为主要目的，功能分区以实现国家公园功能为主要目的。

13.1.1 管控分区

管控分区是以实现强制性的资源保护为目标，结合国家公园最严格保护的管理目标和资源分布的实际情况，依据国土空间规划管控规则，将国家公园划分为核心保护区和一般控制区，并对各分区人类活动的方式和开发利用强度实行差别化管控。

1. 核心保护区

主要用于保护国家公园内部最完整、最重要的自然生态系统，最独特的自然景观、最脆弱的自然环境及生物多样性最富集的区域，除根据需要开展保护和科研等相关活动外，依法禁止人为活动。核心保护区对区域内的自然生态系统和自然资源实行最严格管控。除进行必要的科学监测、生态恢复、日常巡护等活动外，严禁各类开发活动，严禁任意改变用途；除现有巡护、防火道路外禁止新建道路，研究制定重要栖息地联通方案，对被道路隔断的动物迁移通道，利用地形地貌在关键点留出专用通道；禁止开展生态旅游、生态体验等活动，保持区域内生态系统的自然状态，维持生态系统的原真性、连通性和完整性；禁止建设并清理不符合保护和规划要求的各类生产设施、工矿企业；原则上不采取人工造林等修复措施。

2. 一般控制区

指国家公园范围内核心保护区之外的区域，是国家公园基础设施建设集中的区域，是居民传统生活和生产的区域，以及为公众提供亲近自然、体验自然的宣教场所等区域，依法限制人为活动，可根据生态工程、基础设施建设、居民生产生活及可持续发展等管理目标，有限制地差别化开展人为利用活动，通过必要的生态措施逐渐恢复自然生态系统原貌；维持草畜平衡，扩大野生动物生存空间，推动野生动物种群复壮；推进居民生产生活方式转变，减轻经济发展对资源消耗的压力，形成绿色发展模式。

13.1.2 功能分区

功能分区是指在国家公园内，根据不同区域主导功能的不同而实行的差别化管理分区。按照保护、科研、教育、游憩和社区发展功能发展需求的不同，以功能实现为目标，将国家公园划分为严格保护区、生态保育区、科普游憩区、传统利用区 4 个分区。

1. 严格保护区

主要功能是保护完整的自然生态地理单元，保护具有国家代表性的大面积自然生态系统、珍稀野生动植物栖息地、特殊的自然遗迹、独特的自然景观等。实行严格保护，除科研监测、栖息地管理活动外，禁止人为活动，原则上不采取人工造林等修复措施；撤除天然林保护、农耕地、牧场等围栏，畅通动物迁徙廊道；禁止开展生态旅游、生态体验等活动，保持区域内生态系统的自然状态，维持生态系统的原真性、连通性和完整性。

2. 生态保育区

位于严格保护区外围，主要功能是对退化的自然生态系统进行恢复，维护国家重点保护野生动植物的栖息地，减缓外界对严格保护区的干扰及进行科研监测。可通过封山育林、退耕还林、禁牧休牧、人工辅助修复等措施实现森林改造、森林抚育、草原恢复，修复受损生态系统、受损栖息地；严格控制开发利用强度，适度建设少量管理及配套服务设施；禁止建设并优先清理不符合保护和规划要求的各类生产设施、工矿企业；禁止擅自开展道路修缮、升级、拓宽等施工；执行严格的草畜平衡，实行季节性休牧和轮牧；禁止毁林、烧山、天然草原垦殖。

3. 科普游憩区

主要功能是为公众提供亲近自然、认识自然和了解自然的场所，可开展科研监测、自然环境教育、生态游憩、休憩康养、自然生态体验和文化生态体验等活动。按照绿色、循环、低碳理念，只允许建设与研学教育、生态游憩相关的必要设施，如游览步道、标识牌、科教点、休憩设施以及保护站点等，规划设计符合保护要求的生态体验线路；根据国家公园实际情况进行容量校核与综合平衡，确定合理访客承载数量，对不同游览路线的系列观赏点进行错峰分流，针对不同时段和空间区域做好游客管理预案。

4. 传统利用区

该区域主要为原住居民保留，在不影响自然资源、文化遗产和主要保护对象的前提下，主要用于居民基本生活和开展生态农业、生态林业、传统文化展示等利用活动的区域，以及较大的居民集中居住区域。允许当地居民从事符合保护要求的种植、养殖、加工和农事民俗体验活动；引导社区居民规范参与餐饮、接待、交通运输、导游服务、旅游商品生产和销售以及娱乐休闲等业务；规范建设符合保护和规划要求的业务管理、公共服务设施，生产生活设施和惠民工程，严格规划和生态施工。

13.1.3 “管控-功能”二级分区

通过对两种分区模式对比发现，管控分区主要是针对人为活动提出管制要求，用于划清核心资源分布范围及保护级别；功能分区是根据区域主导功能划分的管理分区，主要用于理顺国家公园各项功能的规划布局及管理重点。两种方法在分区目标上相互独立，管理方式上各有侧重，但无论是管制分区还是功能分区，其分区都依据核心资源分布和开发利用强度，都遵循从开发利用强度由弱至强，核心资源保护强度由强至弱的依次递进变化模式。在实施内容上又相互联系，互为支撑。生态保护红线作为国家生态安全的底线，是人居环境与经济社会发展的基本生态保障，对整个生态安全格局的构建至关重要，因而国家公园分区应以生态保护红线划分为基础，优先实行管控分区，功能分区为管控分区的下级分区，功能区的选择需要符合所在的管控区的管控要求。基于此，将国家公园按核心资源分布和开发利用强度重新划分，按“管控-功能”二级分区具体划分，如表 13.1 所示。

表 13.1 国家公园“管控-功能”二级分区

一级分区 (管控分区)	二级分区 (功能分区)	主导功能	人为干扰
核心保护区	严格保护区	保护功能	无人为活动
	生态保育区	科研功能	有极少人为活动
一般控制区	科教游憩区	教育功能 游憩功能	人为活动一般
	传统利用区	社区发展	人为活动一般

基于国家公园“管控-功能”分区目标与范围划定原则，首先对拟定的边界划定影响因素，包括：生态系统完整性，自然生态系统的结构、过程和功能完整性等；参考地

形地势、山脊线和河流流域等自然地理单元；世界遗产地、国家级自然保护区、国家级风景名胜区、国家森林公园和国家地质公园等自然保护地边界；交通道路、重大工程等潜在威胁因素；生产和生活空间，大面积连片分布的农田、厂矿和城镇社区等数据，进行综合搜集。其次，对国家公园保护分区的影响因素，包括：野生动物栖息地，旗舰物种生境分布区、珍稀濒危物种栖息地和季节性迁徙走廊等；湿地生态系统，湖泊、河源区等；地质遗迹分布，冰川遗迹、丹霞、雅丹等典型地质景观；社区分布和游憩活动空间等进行综合调研。

基于大尺度景观格局进行生态系统完整性空间分析；提取地形地势、山脊线、河流流域等自然地理单元边界；矢量化各类相关自然保护地边界；分析交通道路、重大工程等潜在威胁干扰因素的空间范围；提取农田、厂矿、城镇等生产和生活空间分布区的空间范围；叠加分析以上空间要素，识别国家公园边界范围。从生态系统完整性、地质遗迹敏感性、社区分布集中度和游憩空间适宜性等方面，构建保护分区指标体系；借助 GIS 空间分析，综合分析旗舰物种生境分布区、珍稀濒危物种栖息地、季节性迁徙廊道、湿地生态系统分布区、地质遗迹敏感区、社区分布区和游憩活动空间等相关要素；根据分析结果，划定保护分区。

13.2　不同价值主导型的国家公园分区管控

13.2.1　自然生态系统类国家公园分区管控

1. 管控目标

以大面积代表性自然生态系统为主要保护对象的国家公园，首要目的是按照“保护优先、自然恢复为主”的原则，实现生态系统的保护与修复，提升资源环境承载能力。管理目标是在维持生态系统完整性、稳定性的前提下，注重发挥生态系统服务功能，为公众提供亲近自然、了解自然的游憩休闲、科研宣教空间，并促进原住居民社区发展。

2. 分区模式

目前我国对国家公园管理分区的研究已取得一定成果，但已有研究都是将国家公园作为一个整体，鲜有专门的针对自然生态系统类国家公园的研究。通过对国内外相关模式的研究，归纳总结其共性与差异，以期构建适宜我国自然生态系统类型的国家公园。

具有一定代表性、典型性和完整性的生物群落和非生物环境共同组成的生态系统，是国外大多数国家公园的保护目标之一，因而都可为自然生态系统保护类国家公园提供借鉴。选取美国、加拿大、日本三个自然资源保护和利用较成功的国家作为借鉴。

(1)美国国家公园分区模式

国家公园的分区管理最早起源于美国，其基于国家公园自然资源、文化遗产保护和游憩活动利用功能的实现，以开发保护强度、野生动植物保护功能、休闲游憩功能为划分依据，提出原始自然保护区、特殊自然保护区/文化遗址区、公园发展区和特别使用区的分区模式。

表 13.2　美国国家公园分区模式

分区	定义
原始自然保护区	最核心区域，严格保护最重要、最完整的自然生态系统
特殊自然保护区/文化遗址区	允许少量公众进入，设置有自行车道、步行道和露营地，无其他接待设施
公园发展区	接待、餐饮、休闲等必要旅游设施集中区域
特别使用区	单独开辟出来做采矿或伐木用的区域

(2) 加拿大国家公园分区模式

加拿大借鉴著名旅游学家冈恩提出的国家公园游憩分区模式，基于国家公园生态系统保护、教育、娱乐和游憩欣赏功能，以生态完整性、公众多样化的游憩需求为划分依据，提出特别保护区、荒野区、自然环境区、户外游憩区和公园服务区的分区模式。

表 13.3　加拿大国家公园分区模式

分区	定义
特别保护区	独特或濒危自然/文化区域特征的最好代表样本
荒野区	保留荒野状态的自然区域代表
自然保护区	作为自然环境进行管理的户外游憩区域
户外游憩区	提供机会了解、亲近公园及相关服务的区域
公园服务区	游人服务与设施集中的社区

(3) 日本国家公园分区模式

日本基于自然资源和风景保护、户外旅游、公众环境教育功能，将国家公园按开发利用强度及资源保护程度进行分区，提出特别保护地区、I 类特别地区、II 类特别地区、III 类特别地区和普通区的分区模式。

表 13.4　日本国家公园分区模式

分区	定义
特别保护区	最核心的保护区，实施最严格的保护控制措施
I 类特别地区	仅次于特别保护区的自然资源，尽可能保护好现有资源
II 类特别地区	次于 I 类特别地区的自然资源，适当进行农林渔业活动
III 类特别地区	次于 II 类特别保护区的自然资源，一般不对农林渔活动进行限制
普通区	当地居民居住区，区内有房屋和农田

自然保护区保护类型多样，生态系统类型保护区为基本类型之一，与自然生态系统保护类国家公园保护对象相似，可为该类国家公园的分区提供借鉴。《自然保护区功能区划技术规程》中依据保护区域的重要性和可利用性，将自然保护区一般划分为核心区、缓冲区、实验区，必要时划季节性核心区、生态廊道和外围保护地带。

表 13.5　我国自然保护区分区模式

分区	定义
核心区	自然生态系统、珍稀濒危野生物种及自然遗迹集中分布区
缓冲区	在缓冲区外围划定的用于缓冲外界对核心区干扰的区域
试验区	自然保护与资源可持续利用有效结合的区域
季节性核心区	根据野生动物的迁徙或洄游规律确定的核心区，在野生动物集中分布的时段按核心区管理，在其他时段按试验区管理
生态廊道	连接隔离的生境斑块并适宜生物生存、扩散与基因交流等活动的生态走廊
外围保护地带	在自然保护区外划定的、主要对自然保护区的建设与管理起增强、协调、补充作用的保护地带

钱江源国家公园严格按照《国家公园功能分区规划》，将国家公园按功能划分为严格保护区、生态保育区、游憩展示区、传统利用区；武夷山在此基础上，结合自身实际情况，进行了修正。《海南热带雨林国家公园总体规划》遵循了《指导意见》的要求，实行管控分区，将国家公园划分为核心保护区和一般控制区。可见，自然生态系统类国家公园功能分区尚不明确。

表 13.6　国家公园体制试点分区模式

体制试点	国家公园分区				
	严格保护区	重要保护区	限制保护区	游憩利用区	居住利用区
武夷山	特别保护区：严格保护生态系统的原真性和完整性，保持生物多样性的区域	严格控制区：适当从事科学试验、教学实习等活动，允许设置必要的安全防护设施的区域	生态修复区：允许建设必要的生态保护修复工程和开展不损害生态环境的自然观光、科研教育、生态体验活动的区域		传统利用区：原住民可开展符合国家公园规划要求的生产生活活动，发展生态产业
钱江源	严格保护区：严格保护生态系统的完整性和原真性，实行全封闭保护管理		生态保育区：维持较大原生境或遭到不同程度破坏而需要自然恢复的区域	游憩展示区：以生态游憩为主要产业，提供生态观光、生态体验、科研科普等旅游产品的区域	传统利用区：开展生态农业、生态林业等利用活动，适当发展生态产业
海南热带雨林	核心保护区：实行严格保护，长期保持区域内生态系统的自然状态，维持生态系统的原真性和完整性的区域		一般控制区：国家公园生态修复、基础设施建设集中、居民传统生活和生产的区域，以及为公众提供亲近自然、体验自然的宣教场所等区域		

在明确自然生态系统类国家公园管理目标的基础上，通过对国内外国家公园、自然保护区分区模式的研究，发现自然生态系统类型国家公园分区保护强度可分为极强、强、较强、一般，划分依据主要包括区域的重要程度、可开发利用强度、保护科研教育游憩功能实现等。因而提出基于国家公园管控要求，将研究区按管控程度划分为核心保护区、一般控制区；其次，为保障各项功能的实现，将国家公园按功能划分为核心保育区、生态修复区、科普游憩区、传统利用区。

表 13.7 自然生态系统类国家公园分区模式

一级分区（管控）	二级分区（功能）	定义
核心保护区	核心保育区	保护自然生态系统的原真性和完整性，是生态安全关键区，水源涵养、生物多样性维持和水土保持等生态功能重要区
一般控制区	生态修复区	草地退化、土地沙化和水土流失等遭到破坏而需要自然恢复的区域，是核心保育区的生态屏障
	科普游憩区	以研学教育、生态游憩为主，提供生态观光、生态体验、户外休闲活动、科研科普等产品的区域
	传统利用区	生态状况总体稳定，是当地居民的传统生活、生产空间，支持当地居民利用现有条件，以投资入股、合作、劳务等形式从事相关旅游活动的区域

3. 分区方法

在总结前人研究成果的基础上，提出以生态保护优先为根本出发点，从生态系统服务、生态敏感性、人为干扰等方面选取要素指标，构建自然生态系统类国家公园分区管理指标体系。生态系统服务评价可预测生态系统类国家公园核心资源的分布特征，有助于明确国家公园生态保护的重点，为国家公园核心保育区的划分提供科学依据。生态敏感性主要是对生态本底的评价，有利于明确区域生态环境敏感性的分布特征，生态敏感性高的区域，生态系统容易受损，生态敏感性评价可为国家公园区域开发利用强度提供参考。生态系统服务功能评价、生态敏感性评价指标体系的选取借鉴了国土空间区划的技术体系。与传统的自然保护地不同，国家公园更强调在保护的前提下充分发挥“以人为本”的生态保护模式，国家公园分区也包含专为居民生活设置的传统利用区，人为干扰因素是国家公园分区中不可或缺的因素，对人为干扰因素的评价可确定传统利用区的大致区域，为科普游憩区的选定提供参考，选取旅游服务设施、当地居民聚居点分布、土地利用现状及道路通达性对人为干扰进行评价。

实现国家公园划界分区的逻辑，以国家公园分类为基础，优先确定国家公园管理目标，构建适宜的指标体系，核算国家公园生态系统服务功能、生态敏感性及人为干扰空间分布，科学界定国家公园核心资源分布、开发利用强度、游憩功能实现的空间布局，进而确定国家公园管控分区、功能分区，实现国家公园的合理划界。

表 13.8　自然生态系统类国家公园管理分区指标体系

指标类	指标项	指标类	指标项
生态系统服务	生物多样性维持	人为干扰	旅游服务设施
	水源涵养		当地居民聚居点
	水土保持		土地利用现状
	营养物质保持		道路通达性
生态敏感性	土壤侵蚀敏感性		
	水环境敏感性		
	地质灾害敏感性		
	石漠化敏感性		

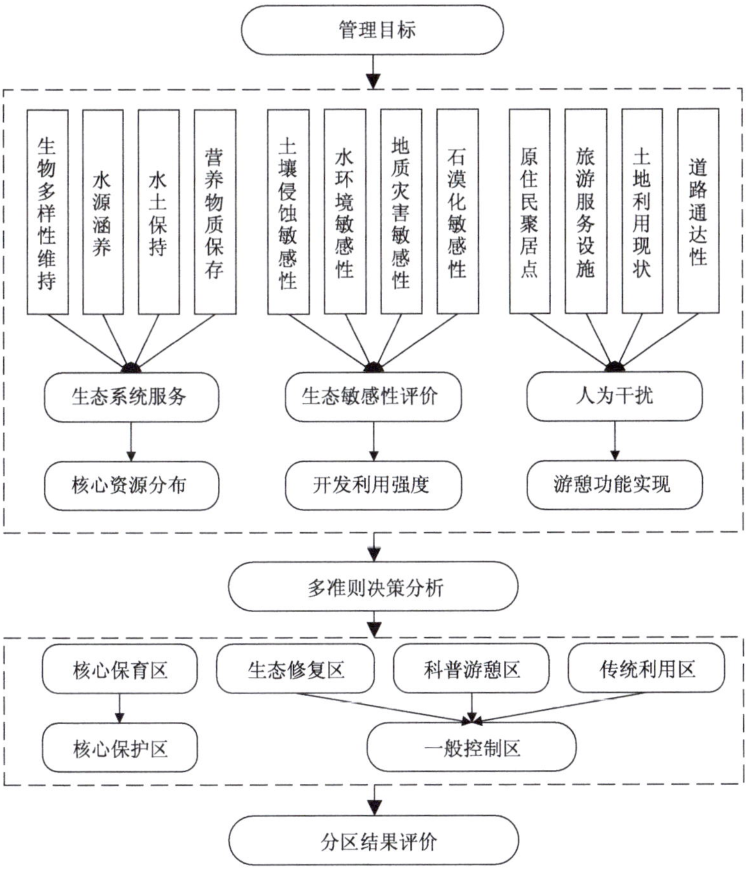

图 13.1　自然生态系统类国家公园管理分区逻辑框架

13.2.2 物种和栖息地类国家公园分区管控

1. 管控目标

生境的破碎化和丧失是物种和栖息地保护类国家公园最大的威胁因素，维持栖息地斑块之间生境的连接，保障国家公园濒危稀有物种迁移通道的畅通，已成为物种保护类型国家公园建设的重中之重。因而，物种和栖息地保护类国家公园建立的首要目的为种群保护、栖息地保育及迁移廊道修复，其管理目标为在保持和恢复珍稀濒危动植物种群及栖息地状况良好的基础上，适度开展科研、教育、游憩活动，并促进社区协同发展和资源的可持续利用。

2. 分区模式

南非(南非共和国)以野生动物资源丰富而出名，野生动物保护管理理念新颖、设施完善、体系健全，管理水平居世界前列，可为我国物种和栖息地保护类国家公园的划界分区及保护管理提供参考和借鉴。与其他国家不同，南非主要依据访客的需求对国家公园进行区划，具体划分为偏远核心区、偏远区、安静区、低强度休闲利用区、高强度休闲区。

表 13.9 南非国家公园分区模式

分区	定义
偏远核心区	最核心的保护区，实施最严格的保护控制措施
偏远区	尽最大可能保护好现有资源的区域
安静区	强烈保护与开发利用的过渡区域
低强度休闲利用区	允许开展低强度旅游活动的区域
高强度休闲区	允许开展高强度旅游活动的区域

东北虎豹国家公园在《国家公园功能分区规划》基础上，结合自身实际情况，将国家公园划分为核心保护区、特别保护区、恢复扩散区和镇域安全保障区；《大熊猫国家公园总体规划》遵循最新的管控分区，分为核心保护区和一般控制区。

物种和栖息地类国家公园保护对象中，野生动物的栖息地根据季节的不同，具有动态变化性，季节性核心区和生态廊道的保护对其尤为重要。遵循物种生存繁衍习性，以种群保护、栖息地保育和迁移廊道修复为重点，将物种和栖息地类国家公园按管控程度划分为核心保护区、一般控制区，按功能划分为核心保护区、季节性核心区、恢复扩散区、生态廊道、科普游憩区、传统利用区。

表 13.10　国家公园体制试点分区模式

国家公园体制试点	国家公园分区模式				
	严格保护区	重要保护区	限制性保护区	游憩利用区	居住利用区
东北虎豹	核心保护区：维持生态系统的原真性、连通性和完整性的区域	特别保护区：除科研监测、廊道建设外，禁止建设人工基础设施的区域	恢复扩散区：生态修复、改善栖息地质量和生态廊道的重点区域	镇域安全保障区：虎豹公园内林场职工、当地现有居民安全居住、生产、生活的主要区域，开展与虎豹公园保护管理目标相一致的自然教育、游憩、生态体验服务的主要场所	
大熊猫	核心保护区：实行严格保护，长期保持区域内生态系统的自然状态，维持生态系统的原真性和完整性的重要区域		一般控制区：国家公园生态修复、基础设施建设集中、居民传统生活和生产的区域，以及为公众提供亲近自然、体验自然的宣教场所等区域		

表 13.11　物种和栖息地类国家公园分区模式

一级分区(管控)	二级分区(功能)	定义
核心保护区	核心保护区	珍稀濒危物种及栖息地核心分布区，严格保护所处生态系统的原真性和完整性，保护野生动植物栖息地完整性和连通性，提高生态系统服务功能的区域
	季节性核心区	根据野生动物的迁徙或洄游规律确定的核心区，在野生动物集中分布的时段按核心区管理，在其他时段按恢复扩散区管理
	生态廊道	连接隔离的生境斑块并适宜生物生存、扩散与基因交流等活动的生态走廊。增强栖息地的协调性和完整性，实现隔离种群之间的基因交流，降低局域种群的灭绝风险
一般控制区	恢复扩散区	采取以自然恢复为主、人工修复为辅的方式修复受损和碎片化栖息地，是核心保护区的外围区域
	科普游憩区	在保障安全的前提下，以研学教育、生态游憩为主，提供生态观光、户外休闲活动、科研科普等生态旅游产品的区域
	传统利用区	生态状况总体稳定，当地居民的传统生活、生产空间，支持当地居民利用现有条件，从事相关旅游活动的区域

3. 分区方法

在总结现有研究方法的基础上，分析已有模型的影响因素，提出从物种潜在栖息地、生态敏感性、人为干扰三方面选取要素指标，构建物种和栖息地保护类国家公园分区管理指标体系。物种和栖息地类国家公园的保护对象为保护特定物种或栖息地，物种潜在栖息地的识别，可直接预测国家公园核心资源的分布，确定生态保护的重要区域，物种潜在栖息地的评价，选取了空间流动频繁、季节性迁徙明显的有蹄类、鸟类、鱼类潜在栖息地；生态敏感性、人为干扰因素与自然生态系统保护类国家公园意义相同。

表 13.12　物种和栖息地类国家公园管理分区指标体系

指标类	指标项
物种潜在栖息地	有蹄类潜在分布、鸟类潜在分布、鱼类潜在分布
生态敏感性	土壤侵蚀敏感性、水环境敏感性、地质灾害敏感性、石漠化敏感性
人为干扰	旅游服务设施、人民聚居点、土地利用现状、道路通达性

实现国家公园划界分区的逻辑，以国家公园分类为基础，优先确定国家公园管理目标，构建适宜的指标体系，核算国家公园物种潜在栖息地、生态敏感性及人为干扰空间分布，科学界定国家公园核心资源分布、开发利用强度、游憩功能实现的空间布局，进而确定国家公园功能分区和管控分区，实现国家公园的合理划界。

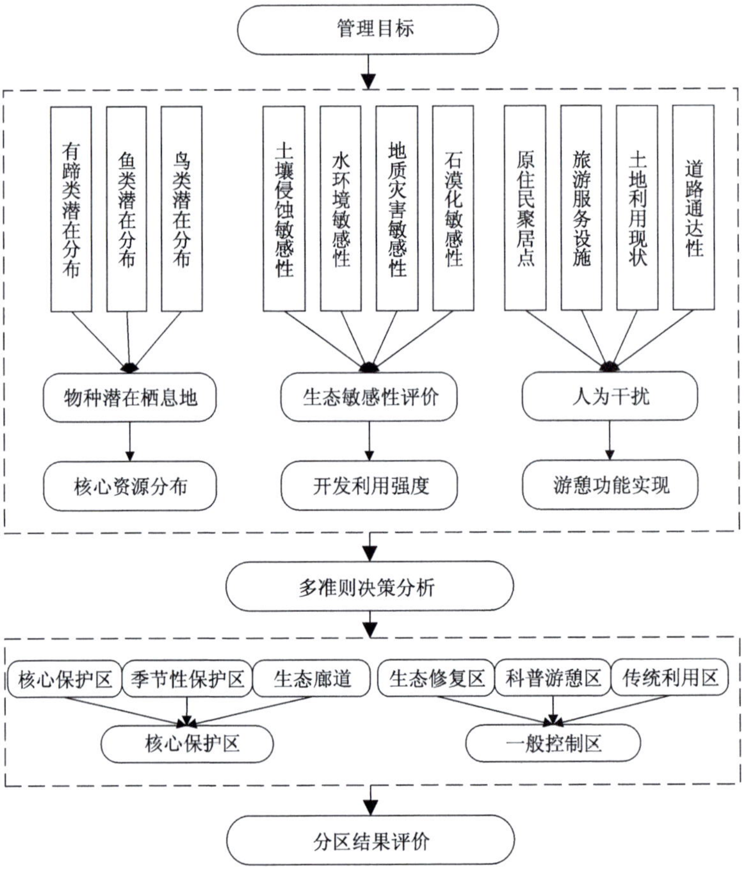

图 13.2　物种和栖息地类国家公园管理分区逻辑框架

13.2.3　自然景观类国家公园分区管控

1. 管控目标

自然景观是指大自然赋予的由自然环境、自然物质、自然景象构成，具有观赏、游览、休憩等价值，及一定美学吸引力的风景综合体或景物，具有稀缺性、珍贵性、奇特性及不可再生性等特点。自然景观类国家公园管控目标是在保持生态系统完整性和原真性，保护具有美学价值自然景观的前提下，适当开放部分核心景观资源，为人们观赏欣赏自然美景的机会，鼓励开展科研、教育活动，并带动当地社区发展。

2. 分区模式

英国国家公园建立的主要目的是保护和增强其自然美景，并为公众提供娱乐机会，与自然景观类国家公园管理目标一致，其国家公园建设已相对成熟，对我国自然景观类国家公园的保护管理具有很强的借鉴意义。

表 13.13　英国国家公园分区模式

分区	定义
自然区域	带有荒野属性的区域，具有一种或多种属性，包含高质量荒野、自然生长的原生植被、无人类的显著影响、有珍贵的野生动物，或管理机构认定的极具保护重要性的自然美区域
乡村区域	界定的开放“可进入土地”范围区域，对进行景观特征评估，依据不同景观特征环境对开发的敏感性或管理方式需求的差异，进行景观特征分区

森林公园主要保护具有一定规模和质量的森林风景资源，风景名胜区的主要保护目标为具有观赏价值或文化价值的自然、人文景观。两者的保护目标与自然景观保护类国家公园的保护对象相似，可为该类型国家公园提供借鉴。

《风景名胜区管理通用标准》中依据保护区域资源的重要性、脆弱性、完整性、真实性，将风景名胜区划分为一级保护区、二级保护区、三级保护区，实施分区管控。

表 13.14　国家级风景名胜区分区模式

保护分区	控制要求	控制内容
一级保护区	禁止建设范围	除资源保护、生态修复、游览步道、生态厕所、游客安全等必要设施外，禁止建设与风景保护和游览无关的建筑物；原则上外来机动车辆不应进入；开展观光游览活动，应严格控制游客容量
二级保护区	限制建设范围	区内除规划确定必要的游览服务设施建设外，严格其他设施的建设，严格控制区内设施用地规模、建筑规模、高度、布局、体量、风貌和色彩，做到与景区环境相协调，严格调控机动车辆进入
三级保护区	控制建设范围	根据风景名胜区详细规划的要求，有序引导与开展各项建设活动，控制建设范围、规模和建筑风貌、统筹协调资源保护利用与村镇建设、居民生产生活的关系，维护自然生态环境和文化景观风貌

《国家级森林公园总体规划规范》提出依据资源类型特征、游憩活动强度以及功能发展需求等对国家森林公园进行功能区划，提出核心景观区、一般游憩区、管理服务区和生态保育区的分区模式。

表 13.15　国家级森林公园分区模式

分区体系	定义
生态保育区	主要用于生态保护与修复，不对游客开放的区域
核心景观区	实行严格保护，允许适度开展生态观光活动，建设必要的保护、解说设施的珍贵风景资源集中分布区
一般游憩区	风景资源一般，在不影响生态安全前提下，建设有少量旅游公路、小规模宣教娱乐设施的区域
管理服务区	建设有适量住宿、餐饮、购物、娱乐等接待服务设施的公园管理及游客接待区域

生态游憩是自然景观类不容忽视的重要功能，参考英国国家公园分区模式、森林公园分区模式、风景名胜区分区模式，在生态保护的前提下，优先考虑核心资源游憩功能的实现，将自然景观类国家公园按管控程度划分为核心保护区、一般控制区，按功能划分为核心生态区、核心景观区、一般游憩区、传统利用区。

表 13.16　自然景观类国家公园分区模式

一级分区（管控）	二级分区（功能）	定义
核心保护区	核心生态区	拥有独特美学、观赏价值的陆地/海洋景观，生态高度敏感的区域
	核心景观区	允许适当开展游览观光活动，仅可建设适量必要的保护、解说、游览设施的区域
一般控制区	一般游憩区	可规划少量旅游公路、宣教娱乐设施及小规模的购物亭、餐饮点等的游客主要活动区域
	传统利用区	生态状况总体稳定，当地人民传统生活、生产空间，支持当地居民利用现有条件，以投资入股、合作、劳务等形式从事相关旅游活动的区域

自然景观保护类国家公园主要保护对象为具有美学、观赏价值的自然景观，参考景观资源评价已有研究成果，选取美感度、多样性、奇特性、景观协调性 4 项指标，评估公园的美学、观赏价值，从观赏价值、生态敏感性、人为干扰三方面选取要素指标构建自然景观保护类国家公园分区指标体系。

表 13.17　自然景观类国家公园管理分区指标体系

指标类	指标项
观赏价值	美感度、多样性、奇特性、景观协调性
生态敏感性	土壤侵蚀敏感性、水环境敏感性、地质灾害敏感性、石漠化敏感性
人为干扰	道路通达性、旅游服务设施、人民聚居点、土地利用现状

对自然景观游憩价值的评价，可直接预测自然景观保护类国家公园核心资源的分布，明确保护的重点区域即核心保护区分布；生态敏感性、人为干扰因素与自然生态系统保护类国家公园意义相同。

以国家公园分类为基础，优先确定国家公园管理目标，构建适宜的指标体系，核算国家公园游憩价值、生态敏感性及人为干扰空间分布，科学界定国家公园核心资源分布、开发利用强度、游憩功能实现的空间布局，进而确定国家公园功能分区、管控分区，实现国家公园的合理划界。

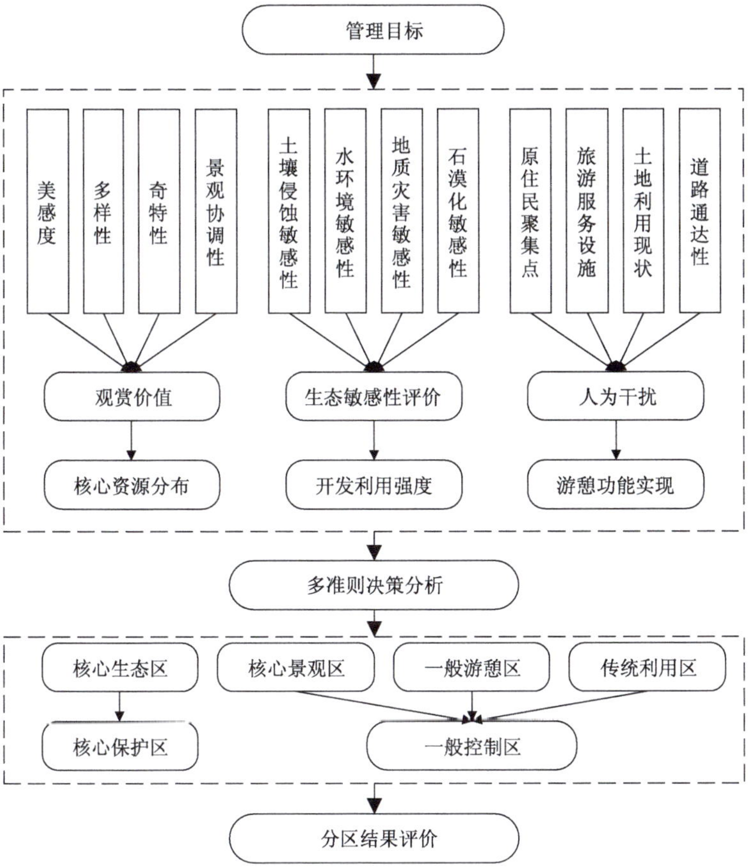

图 13.3 自然景观类国家公园管理分区逻辑框架

13.2.4 综合保护类国家公园分区管理

1. 管控目标

综合保护类国家公园核心资源丰富，核心资源全面保护是该类国家公园分区管理的关键。综合保护类国家公园的首要管控目标是保证代表性的典型地理区域的生态稳定性和多样性，保护生物种群、物种和基因资源的持续发展；保护国家公园生态、地质、美学等基本属性，在尽可能维持自然状态的条件下，为游客提供教育和游憩机会，促进当地社区发展。

2. 分区模式

综合保护类国家公园统筹协调自然生态系统的整体性、原真性保护，以物种和栖息地生物多样性维护，自然遗迹、自然景观的保护与利用为重点，保障国家公园各项功能的实现，借鉴已有研究成果，将综合保护类国家公园按管控程度划分为核心保护区、一般控制区，按功能划分为严格保护区、生态廊道、生态保育区、科普游憩区、传统利用区。若主要保护目标中不包含物种和栖息地时，生态廊道可忽略。

表 13.18　综合保护类国家公园分区模式

一级分区（管控）	二级分区（功能）	定义
核心保护区	严格保护区	维护大面积原始生态系统的原真性和完整性，保护珍稀濒危物种大范围生境、完整的生态过程和特殊的自然遗迹的区域
	生态廊道	连接隔离的生境斑块并适宜生物生存、扩散与基因交流等活动的生态走廊
一般控制区	生态保育区	对退化的自然生态系统进行恢复，维护国家重点保护野生动植物的生境，减缓外界对严格保护区干扰的外围区域
	科普游憩区	为公众提供亲近自然、认识自然和了解自然的场所，可开展科研监测、自然环境教育、生态旅游、休憩康养、自然生态体验和文化生态体验等活动
	传统利用区	生态状况总体稳定，人民传统生活、生产空间，支持当地居民利用现有条件，以投资入股、合作、劳务等形式从事相关旅游活动的

综合保护类国家公园核心资源丰富，其分区是多种因素综合作用的结果，相较于其他类型分区因素的选择较为复杂。针对这一类型的国家公园，首先应明确主要保护对象即核心资源，在此基础上，选择上述几种类型国家公园核心资源评价的两种或以上方法，确定核心资源分布，进而进行敏感性及人为干扰的评价，划定国家公园的分区。

全面掌握公园内部自然资源本底状况、权属情况，对国家公园内自然资源资产进行确权登记，形成权属清晰、职责明确、监管有效的自然资源资产管理体制；构建天空地一体化自然资源和生态监测系统，对国家公园实行多维度、多手段监测，立足“山水林田湖草”是一个生命共同体理念，对湿地、森林、草原等进行整体保护、系统修复，着力提升生态系统服务功能，保持生物多样性，保护国家公园地质、美学等属性；以供需缺口为导向，发展国家公园高素质管理人员和高素质科研人员，提高管理的专业性；前期论证和环境影响评价可行前提下，适度发展自然教育与生态体验活动，设置自然教育中心、野外科普标识等自然教育设施及生态徒步道、露营地等生态体验设施；积极推动社区生产生活方式转型，实施生态移民，引导居民参与国家公园管理。

13.3　青藏高原国家公园群保护利用建议

13.3.1　科学保护资源价值

坚持保护优先，坚持尊重自然、顺应自然、保护自然，遵循自然生态系统演替规律，充分发挥大自然的自我修复能力，切实加强自然生态系统保育，避免人类对生态系统的过多干预。坚持山水林田湖草沙冰是生命共同体理念，以自然地理单元、生态本底和资源禀赋为基础，衔接生态保护红线及管控要求，科学配置治理模式和适用技术。

对国家公园内的生物多样性资源进行全面调查和动态监测，创建生物多样性保护档案；评估国家公园野生动物栖息地本底情况，改善栖息地生态环境；设置监测样带，定期监测，评估重要栖息地修复质量；疏通野生动物迁移扩散廊道，解决铁丝网、城镇、乡村、农田等造成的栖息地隔断和碎片化问题，实现栖息地之间连片贯通，在铁路、公路隧道上方加强植被修复，确保通道有效可用；对园区内已建和拟建的公路、铁路等，充分考虑动物通行需要，通过修建高架桥、地下公路和过路天桥等方式，为动物留出通道；建立野生动物救护中心和繁育中心，健全救护与应急体系，配置救护设施设备，对离群、受伤、感染疫病、老弱动物进行人工个体救治，稳定珍稀濒危保护动物的种群数量。

加强野外巡护和执法，严厉打击乱砍滥伐、乱捕滥猎、破坏生态等违法犯罪行为，减少对生态系统的人为伤害；建立和完善国家公园生态系统定位监测系统，采用遥感监测和地面实地监测相结合的方法，对国家公园生态系统指示物种进行监测，预测其变化对植被带群落结构及生态过程的影响；添置设备、完善设施，建立巡护网络，加强保护执法队伍、管理人才队伍建设，加强管护力度；建立生态补偿机制，加强宣传教育工作，积极引导公众自觉遵守保护生态环境的各项法律法规，促进社区居民、游客、旅游企业等参与国家公园生态保护。

建立自然遗迹环境监测站，对具有较高科研价值或观赏价值的典型遗迹实施动态监测；明确管控、功能分区，开展针对性巡护工作；对管理、工作人员及导游人员进行地质遗迹保护等相关知识培训；完善标识牌、警示牌建设，重要的自然遗迹点和地貌特征典型区，设置保护围栏，禁止触摸；旅游公路、游步道、生态厕所、科教设施、旅游接待服务点、保护站点等基础设施选址，必须避开典型自然遗迹的代表区域；国家公园及周边地区禁止进行取土、开矿、放牧、砍伐等活动；未经管理机构批准，不得在国家公园范围内采集标本和化石。

明确国家公园的环境容量，建立游客超载预警体系；遭到破坏的景华景观区域，采用封栏围育+自然恢复、生态植被袋、维植草网等方法，进行生态修复和景观恢复；严格控制游客活动范围，优化游线组织，合理布局游线；完善科学解说系统，设立标识牌，包括解说牌、指示牌、警示牌等；严格控制国家公园内工程建设行为，进行必要的前期论证和环境影响评价；充分考虑社区经济和社会发展水平，尊重当地的发展意愿，倡导公众参与。

13.3.2 转变游憩利用方式

以保护和展示国家公园自然-人文-景观美学价值为目标，围绕代表性生态系统、典型地质地貌、独特文化和自然景观资源开展生态游憩活动。以可持续发展为理念，以实现人与自然和谐为准则，以保护生态环境为前提，依托国家公园良好的自然生态环境和与之共生的人文生态，开展生态体验、生态认知、生态教育等游憩利用方式。将尊重自然、顺应自然、保护自然的理念融入生态游憩活动的全过程，促使游客在生态旅游活动中体验和感知国家公园自然-人文-景观美学价值，提高大众对自然生态的保护意识。

按照绿色、循环、低碳的理念设计生态体验线路、环境教育项目，合理确定访客承载数量，加强生态体验管理。在访客承载量研究基础上，制定访客管理目标和年度访客计划，对访客实行限额管理和提前预约制度。建立体验者控制引导机制，指引访客按规划路线、指定区域开展相关活动。实行专业引导体验，防范采摘野生植物和向野生动物投喂食物，引导体验者成为保护者。

综合考虑自然生态脆弱度和人类活动强度，结合环保节能与人性化需求，在需要修建生态旅游设施的必要节点，以不破坏自然资源与生态环境为前提，对各类观景设施、旅游服务设施和基础设施在选址、功能、风格、造型、材质等方面进行仿生态设计；使用环保材料和仿生材质，设施从颜色、外观、高度上与自然景观保持一致性和协调性，避免破坏景观的视觉感、整体感，达到人与自然和谐共生的“天人合一”境界。

以生态展示中心、博物馆、接待中心和生态体验点为载体，以自然风光、野生动植物、民俗文化为主要内容，通过制作影像、画册及展台、展板等宣传方式和解说系统，开展生态科普教育。遵循“通过解说而了解，通过了解而欣赏，通过欣赏而保护”的理念，以自然、环境、历史、文化为主要内容，以体验者为教育对象，建立解说系统。加强人才培养，加快解说队伍建设，制定解说规范，配备专业设施，有效引导体验者理解国家公园生态保护和文化传承的重要性，从单一旅游需求上升为生态伦理教育、生态保护体验。遵循人类处理自身及其周围的动物、环境和大自然等生态环境关系的一系列道德规范，教育人们尊重自然、顺应自然、保护自然，使传统生态文化得到传承和弘扬，并将社会主义核心价值观融合到传统文化中，形成具有时代特色的生态伦理观。

围绕国家公园概念，建设国家公园的目的，国家公园的历史和特点，国家公园对促进生态文明建设的重要性，严格生态保护的必要性，以及人民生产生活习惯和进入国家公园应遵守的保护生态环境、尊重当地风俗、安全常识等方面开展教育和普及。开展生态保护法律法规、国家公园建设有关政策和访客行为规范等的宣传教育，使当地居民和访客了解有关约束，自觉遵法、守法，各项活动在规矩约束范围内开展，构建依法有序的国家公园。

13.3.3 引导公众广泛参与

探讨建立利益相关者协调机制，引导国家公园资源保护和生态旅游的利益相关主体通过各种途径参与保护管理机构的决策行为，参与自然资源保护行动和生态旅游开发经营，对国家公园生态文明建设具有重要作用。

加强国家公园公众参与机制建设，让公众在国家公园游览过程中，了解更多的国家公园内涵及资源的重要价值、意义，明确公众对于自然资源的保护责任及义务，鼓励更多的公众自觉保护国家公园的自然生态环境，从而加强公众对国家公园开发建设的支持与拥护，确保国家公园的管理科学有序、合理有效。国家公园的教育意义主要在于有效地调动和提高公众参与生态保护的积极性、提高公众整体的思想素质、增强公众对于自然环境保护的意识，使保护生态自然环境成为公众的共同行为。

周边社区居民是与保护区关系最紧密的群体，提高居民的保护意识和法律意识，对社区居民进行环保教育与科普教育，以提高社区居民的环保意识。宣教人员到社区与群众密切合作，并做好思想疏导工作及技术培训，宣传法律、法规及有关科学知识和相关政策。组织社区群众到科研宣教培训中心参观学习，利用植物标本、图片和影像进行实物演习宣传，使更多的群众了解动植物保护的重要性和必要性。

对旅游参观人员的宣传教育主要采用宣传标牌、广播、电视、宣传资料和图片、音视频、文字材料等形式，宣传保护价值及自然保护的重要性。导游人员应把自然保护宣传作为导游解说工作的重要内容，每到一处都应优先宣传自然保护的重要性和必要性，积极介绍生态保护有关规章制度、游客注意事项，使游客知道自然保护是为了更好地提高人类生存环境和生活质量，增强他们的保护意识，规范游客行为。同时也使游客能配合生态保护工作，使他们成为负责任的旅游者，帮助维护生态环境，并从中得到美好的感受和旅游的快乐。

对学生群体开展环境保护、自然保护、植物学、生态学、环境保护学等常识性的教育，通过影像教材、宣传资料，带动全体民众环保知识、自然生态知识、野生动植物保护知识的推广和提高。宣教中心应积极对中小学生进行广泛的宣传教育，介绍生态环境的质量对人类的重要性，人与自然和谐统一、生态系统、人与生物圈、生态系统与食物链等生物学知识、环境保护知识，从小养成爱护环境、保护环境的习惯。

在各观景点分别设立宣传中心，制作介绍保护自然资源的相关知识的印刷品及宣传自然环境保护的教育片，以图片、录像等多媒体技术以及其他高科技手段展示动植物、生态、历史、科学研究和管理方面的信息。通过图片展示、文字介绍、实物展示和多媒体系统，对社区干部、群众进行生物多样性保护及周边社区发展、法制宣传教育，对于工作优秀的管护人员和在保护方面做出突出贡献的群众，给予精神和物质上的鼓励。针对来访者同时进行生态环境保护的教育，入口设置宣传栏，发放印刷介绍保护自然环境的宣传手册，在提供导游服务的过程中，增加保护野生动植物及生态环境的内容，不仅可以提升公众的知识技能以及对社区的理解，还能增强公众的认知和责任感。

国家公园的资金来源主要由门票收入、特许经营收入、社会大众融资等构成。在社会融资中，主要由社会捐赠、基金、志愿者服务等构成。其中，社会捐赠能够给公园带来额外的收入，给国家财政减轻负担，但同时也带有很大的不确定因素；基金能够为国家公园生态保护提供一定的保障，如国家公园的野生动物救护站建设的资金可以申请野生动物基金。志愿者服务可以为公园节省过多的人员招聘、工资发放的经济支出。志愿者包括向导人员、解说人员、维护人员以及服务人员，志愿者可以是来自社会和学校。

13.3.4 促进社区共管共建

国家公园是深入贯彻人与自然和谐共生理念的重要窗口，引导激发社区居民传统的人与自然和谐共生、可持续发展理念，形成具有地方特色的绿色发展路径，对促进民族团结、增加国家及民族自豪感、推动区域的生态文明建设和高质量发展具有非常重要的意义。

对于国家公园的管理而言，政府的全权管理是合适的，但也需要非政府组织、人员等的支持，在得到社区居民、公众群体的支持下，国家公园的保护与管理等措施实行起来会更为顺利。通过国外国家公园的管理可看出，当地的社区居民往往承担着保护生态环境、为公园管理建言献策等重要角色，是公园管理的强大后备力量，是国家公园管理活动不可或缺的参与者。社区的共商共管共建，是国家公园建设得以稳定和可持续发展的重要手段。建立社区沟通机制，加强政府信息公开、重大事项公示和社会信用体系建设，建立社区居民意见采纳和反馈机制；建立社区扩大会议制度，对于公园生态保护、工程建设、产业发展等，积极征求社区的意见，引导社区参与重大事项决策。

国家公园与当地社区居民之间的关系直接影响到国家公园的发展状况。在管理决策的制定上，鼓励居民对国家公园的开发建设积极建言献策，对于开发管理中存在的问题，要积极上报并协助解决，能够为国家公园的管理提出自己的意见与建议；在管理事务的执行上，监督相关环境保护政策的落实情况，组织居民参与到公园环境维护中，协助公园治理各种环境污染等问题。虽然当地社区居民并不是国家公园里真正意义上的管理者，但如果能够给予居民一定的管理权力，不仅可以减轻管理者的工作负担，还能培养居民合作的意识。鼓励和引导社区通过多种形式参与到国家公园的保护、建设和管理过程中，为国家公园提供必要的支撑，从单一的社区居民转变为公园的建设者、保护者和管理者。通过生态管护公益岗位、环境保护公益岗位，以及志愿服务等形式，参与国家公园的生态环境保护。为生态保护修复工程、保护设施、科研监测设施及生态体验和环境教育设施等的建设和运行提供劳务服务，直接参与建设。

在国家公园建设和管理过程中，要尊重当地社区居民的意愿，协调好群众与生态保护地的关系，提高原住居民积极参与性；让居民对于国家公园的管理规定等有知情权，提高他们的主体地位。制订生态管护公益岗位方案、生态保护措施实施方案、基础设施建设实施和生态保护相关政策落实均需征询社区意见和建议，建立采纳、反馈、监督机制。开展技能培训、法制教育和政策宣传，提高社区居民劳动技能和法规政策意识，增强主人翁意识，共同营造各族群众共享的绿色家园和幸福家园。通过各种形式的社区共建、共管的活动，加强对社区的反哺及生态补偿方面的资金支持，加强对当地社区基础设施建设投入力度，为社区居民解决一定的就业、收入等问题。通过尊重、协调各方力量，营造一种开放、轻松的沟通氛围，缓解国家公园开发与社区居民利益之间的矛盾，控制好国家公园各项保护、管理工作的运行方向。

建立国家公园反哺社区机制，通过国家公园建设促进社区发展，让当地牧民充分享用公园建设带来的红利。国家公园品牌效应提高了社区有关产品的附加值，增加牧民经济收入。鼓励和扶持有条件的牧民通过特许经营的方式参与生态体验和环境教育等的运营和管理。培养主人翁精神，引导居民主动参与到国家公园的日常管理运行中，特别是参加对访客的管理。发挥国家公园的影响力和示范带动作用，统筹国家公园内外社区共同发展，将国家公园内探索建立的社区发展新模式逐步推广到周边区域。鼓励周边社区通过签订合作保护协议等形式，保护国家公园周边的自然资源和生态环境。周边社区的发展，可以为公园提供必要的外围支撑，同时可以作为公园内人口转移的有效承接区域。通过实施保护和广泛宣传，提升相关地方产品的生态价值和知名度，提高生态产品附加值的同时，为牧民的生产和经营提供便利。将社区环境综合整治作为国家公园建设的重要内容，进一步改善人居环境。

参考文献

白玛央宗, 普布次仁, 戴睿, 等. 2020. 1972—2018 年西藏玛旁雍错和拉昂错湖泊面积变化趋势分析[J]. 高原科学研究, 4(02): 19-26.
曹巍, 刘璐璐, 吴丹, 等. 2019. 三江源国家公园生态功能时空分异特征及其重要性辨识[J]. 生态学报, 39(04): 1361-1374.
柴勇, 孟广涛, 武力. 2007. 高黎贡山自然保护区国家重点保护植物的组成特征及其资源保护[J]. 西部林业科学, (4): 57-63.
陈发虎, 夏欢, 高玉, 等. 2022. 史前人类探索、适应和定居青藏高原的历程及其阶段性讨论[J]. 地理科学, 42(1): 1-14.
陈汉林, 陈亚光, 陈沈强, 等. 2019. 帕米尔弧形构造带的构造过程与地貌特征[J]. 地理学报, 40(01): 55-75.
陈强强, 李美玲, 韩芳, 等. 2018. 新疆塔什库尔干野生动物自然保护区马可波罗盘羊种群调查[J]. 四川动物, 37(06): 637-645.
陈宣华, 邵兆刚, 熊小松, 等. 2019. 祁连造山带断裂构造体系、深部结构与构造演化[J]. 中国地质, 46(05): 995-1020.
陈耀东. 1995. 西藏阿里托林寺[J]. 文物, (10): 2-3, 6-18, 99.
程洁婕, 李美君, 袁桃花, 等. 2021. 中国野生杜鹃花属植物名录与地理分布数据集[J]. 生物多样性, 29(09): 1175-1180.
程维明, 赵尚民. 2009. 中国冰川地貌空间分布格局研究[J]. 冰川冻土, 31(04): 587-596.
程维明, 周成虎, 李炳元, 等. 2019. 中国地貌区划理论与分区体系研究[J]. 地理学报, 74(05): 839-856.
迟明坤. 2021. 新时代云南革命文化资源的红色旅游开发研究[D]. 云南师范大学.
代云川, 薛亚东, 张云毅, 等. 2019. 国家公园生态系统完整性评价研究进展[J]. 生物多样性, 27(01): 104-113.
董世魁, 汤琳, 张相锋, 等. 2017. 高寒草地植物物种多样性与功能多样性的关系[J]. 生态学报, 37(05): 1472-1483.
杜傲, 崔彤, 宋天宇, 等. 2020. 国家公园遴选标准的国际经验及对我国的启示[J]. 生态学报, 40(20): 7231-7237.
杜嘉妮, 李其江, 刘希胜, 等. 2020. 青海湖 1956—2017 年水文变化特征分析[J]. 水生态学杂志, 41(04): 27-33.
杜军, 牛晓俊, 袁雷, 等. 2020. 1971—2017 年羌塘国家级自然保护区陆地生态环境变化[J]. 冰川冻土, 42(03): 1017-1026.
杜爽, 韩锋. 2019. 文化景观视角下的国外圣山缘起研究[J]. 中国园林, 35(5): 122-127.
杜维波. 2021. 昆仑山植物多样性格局及其形成机制[D]. 兰州大学.
樊杰, 钟林生, 李建平, 等. 2017. 建设第三极国家公园群是西藏落实主体功能区大战略、走绿色发展之路的科学抉择[J]. 中国科学院院刊, 32(09): 932-944.
范泽孟. 2021. 青藏高原植被生态系统垂直分布变化的情景模拟[J]. 生态学报, 41(20): 8178-8191.
方创琳, 刘海猛, 罗奎, 等. 2017. 中国人文地理综合区划[J]. 地理学报, 72(02): 179-196.
封志明, 李文君, 李鹏, 等. 2020. 青藏高原地形起伏度及其地理意义[J]. 地理学报, 75(07): 1359-1372.

傅伯杰, 刘国华, 欧阳志云. 2013. 中国生态区划研究[M]. 北京: 科学出版社.
傅伯杰, 欧阳志云, 施鹏, 等. 2021. 青藏高原生态安全屏障状况与保护对策[J]. 中国科学院院刊, 36(11): 1298-1306.
高歌, 王斌, 何臣相, 等. 2017. 云南泸水高黎贡山高山生境的鸟兽多样性[J]. 生物多样性, 25(03): 332-339.
高黎贡山国家级自然保护区怒江管护局. 2020. 自然中国志 怒江高黎贡山[M]. 长沙: 湖南科技出版社.
葛进, 石许华, 陈汉林, 等. 2022. 帕米尔弧形构造带晚第四纪以来的不对称径向逆冲: 多时空尺度变形速率的启示[J]. 第四纪研究, 42(03): 673-691.
国家发展改革委, 自然资源部. 2020. 全国重要生态系统保护和修复重大工程总体规划(2021—2035年)[EB/OL]. http: //www. gov. cn/zhengce/zhengceku/2020-06/12/content_5518982. htm
国家林业和草原局(国家公园管理局). 2019. 大熊猫国家公园总体规划[R].
国家林业和草原局(国家公园管理局). 2019. 祁连山国家公园总体规划[R].
侯光良, 兰措卓玛, 朱燕, 等. 2021. 青藏高原史前时期交流路线及其演变[J]. 地理学报, 76(5): 1294-1313.
侯元生, 何玉邦, 星智, 等. 2009. 青海湖国家级自然保护区水鸟的多样性及分布[J]. 动物分类学报, 34(01): 184-187.
胡慧建, 金崑, 田园. 2016. 珠穆朗玛峰国家级自然保护区陆生野生动物[M]. 广州: 广东科技出版社.
环境保护部.2011.中国生物多样性保护战略与行动计划(2011—2030 年)[M]. 北京: 中国环境科学出版社.
蒋桂芹, 毕黎明, 贺逸清. 2021. 若尔盖湿地水源涵养时空变化及影响因素[J]. 科学技术与工程, 21(29): 12688-12694.
蒋政权, 李凤山, 冉江洪, 等. 2017. 若尔盖湿地保护区黑颈鹤巢期及影响因子[J]. 生态学报, 37(03): 1027-1034.
蒋志刚, 江建平, 王跃招, 等. 2016. 中国脊椎动物红色名录[J]. 生物多样性, 24(05): 501-551+615.
蒋志刚, 李立立, 胡一鸣, 等. 2018. 青藏高原有蹄类动物多样性和特有性: 演化与保护[J]. 生物多样性, 26(02): 158-170.
蒋宗立, 张俊丽, 张震, 等. 2019. 1972—2011 年东昆仑山木孜塔格峰冰川面积变化与物质平衡遥感监测[J]. 国土资源遥感, 31(04): 128-136.
金孙梅, 侯光良, 许长军, 等. 2019. 全新世以来青藏高原文化遗址时空演变及其驱动[J]. 干旱区研究, 36(5): 1049-1059.
喇明英. 2014. 关于川西高原旅游业“区域统筹”发展战略的思考[J]. 西南民族大学学报(人文社会科学版), 35(11): 124-128.
李炳元, 潘保田, 程维明, 等. 2013. 中国地貌区划新论[J]. 地理学报, 68(03): 291-306.
李德威, 庄育勋. 2006. 青藏高原大陆动力学的科学问题[J]. 地质科技情报, (02): 1-10+18.
李金明. 2009. 独龙族文化保护面临的问题及对策[J]. 学术探索, (5): 35-44.
李俊生, 靳勇超, 王伟, 等. 2016. 中国陆域生物多样性保护优先区域[M]. 北京: 科学出版社.
李娴. 2009. 关于建立贡嘎山国家地质公园的构想[J]. 安徽农业科学, 37(21): 10290-10291.

李晓, 赵志义. 2003. 试论青海文化资源与文化建设[J]. 青海师范大学学报(哲学社会科学版), (06): 59-62.

李寅, 刘朝万. 2018. 西藏札达土林地质史诗[J]. 资源与人居环境, (10): 24-35.

李正波. 2001. 高黎贡山国家级自然保护区生态旅游开发初探[J]. 生态经济, (5): 33-35.

李志威. 2013. 三江源河床演变与湿地退化机制研究[D]. 清华大学.

李舟. 2018. 青海湖流域生态水文特征及其对气候变化的响应[M]. 郑州: 黄河水利出版社.

林金兰, 陈彬, 黄洁, 等. 2013. 海洋生物多样性保护优先区域的确定[J]. 生物多样性, 21(01): 38-46.

刘超明, 岳建兵. 2021. 国家公园设立符合性评价分析: 以拟建青海湖国家公园为例[J]. 湿地科学与管理, 17(03): 49-53.

刘亮亮. 2010. 中国国家公园评价体系研究[D]. 福建师范大学.

刘巧, 张勇. 2017. 贡嘎山海洋型冰川监测与研究: 历史、现状与展望[J]. 山地学报, 35(05): 717-726.

刘晓娜, 刘春兰, 张丛林, 等. 2020. 色林错-普若岗日国家公园潜在建设区生态环境脆弱性格局评估[J]. 生态学杂志, 39(03): 944-955.

刘星月, 蒋宗立, 刘时银, 等. 2018. 音苏盖提冰川表面流速特征分析[J]. 地理学报, 39(01): 103-110.

刘增力, 孙乔昀, 曹赫, 等. 2020. 基于自然保护地整合优化的国家公园边界探讨——以拟建青海湖国家公园为例[J]. 风景园林, 27(03): 29-34.

罗金华. 2015. 中国国家公园设置标准研究[M]. 北京: 中国社会科学出版社.

洛桑·灵智多杰. 2016. 藏族山水文化考察记事[J]. 中国藏学, 124(S1): 98-101.

马蓉蓉, 黄雨晗, 周伟, 等. 2019. 祁连山山水林田湖草生态保护与修复的探索与实践[J]. 生态学报, 39(23): 8990-8997.

欧阳志云, 徐卫华, 杜傲, 等. 2018. 中国国家公园总体空间布局研究[M]. 北京: 中国环境科学出版社.

潘保田, 高红山, 李炳元, 等. 2004. 青藏高原层状地貌与高原隆升[J]. 第四纪研究, (01): 50-57+133.

潘运伟, 梁伟, 杨明. 2010. "古格遗址-古格地貌"的世界文化和自然遗产价值研究[J]. 资源与产业, 12(06): 130-136.

齐昀. 2020. 论昆仑文化观念对华夏文明的影响——以山岳崇拜、河源意识为例[J]. 青海师范大学民族师范学院学报, 31(02): 64-66.

乔江, 贾国清, 周华明, 等. 2022. 四川贡嘎山国家级自然保护区鸟兽多样性[J]. 生物多样性, 30(02): 116-123.

秦锋, 赵艳, 曹现勇. 2022. 利用机器学习方法重建末次冰盛期以来青藏高原植被变化[J]. 中国科学: 地球科学, 52(04): 697-713.

秦青, 刘晶茹, 于强, 等. 2020. 四川省大熊猫保护地生态安全及其时空演变[J]. 生态学报, 40 (20): 7255-7266.

青海国家公园建设研究课题组. 2018. 青海国家公园建设研究[M]. 成都: 四川大学出版社.

青海省地方志编纂委员会. 2000. 长江黄河澜沧江源志[M]. 郑州: 黄河水利出版社.

任小凤, 赵维俊. 2018. 全球变化下祁连山生态安全屏障的构建与保护[J]. 环境研究与监测, 31(03): 14-18.

任新农. 2017. 文明体系重构视野下的昆仑神话研究意义及路径[J]. 石河子大学学报(哲学社会科学

版), 31(03): 90-95.
沈园, 毛舒欣, 邱莎, 等. 2018. 西南地区文化多样性时空格局[J]. 生态学报, 38(21): 7596-7606.
石硕. 2018. 康藏历史与文明[M]. 成都: 四川人民出版社.
石昱祯, 李晓, 王希宝. 2007. 高黎贡山隧道地区地下水水文地球化学特征[J]. 水土保持研究, (6): 348-349+353.
四川省林业勘察设计研究院. 2003. 四川贡嘎山国家级自然保护区总体规划[R].
宋述光, 吴珍珠, 杨立明, 等. 2019. 祁连山蛇绿岩带和原特提斯洋演化[J]. 岩石学报, 35(10): 2948-2970.
苏发祥. 2016. 青藏高原的地景与圣境研究[M]. 北京: 学苑出版社.
孙斌. 2018. 凉山州喜德县小相岭地区旅游地学景观分析及保护性利用研究[D]. 成都理工大学.
孙鸿烈, 郑度, 姚檀栋, 等. 2012. 青藏高原国家生态安全屏障保护与建设[J]. 地理学报, 67(01): 3-12.
孙美平, 刘时银, 姚晓军, 等. 2015. 近 50 年来祁连山冰川变化——基于中国第一、二次冰川编目数据[J]. 地理学报, 70(09): 1402-1414.
孙永, 易朝路, 刘金花, 等. 2018. 昆仑山木孜塔格地区冰川发育水汽来源探讨[J]. 地球环境学报, 9(04): 383-391.
索南东主, 姚永慧, 张百平. 2020. 青藏高原和阿尔卑斯山山体效应的对比研究[J]. 地理研究, 39(11): 2568-2580.
索南多杰. 2010. 中国格萨尔文化之乡——玛域果洛[M]. 西宁: 青海人民出版社.
唐芳林, 张金池, 杨宇明, 等. 2010. 国家公园效果评价体系研究[J]. 生态环境学报, 19(12): 2993-2999.
陶犁. 2002. 云南怒江州旅游资源评价[J]. 学术探索, (2): 98-101.
田美玲, 方世明. 2017. 中国国家公园准入标准研究述评——以 9 个国家公园体制试点区为例[J]. 世界林业研究, 30(05): 62-68.
王舫, 刘福来, 刘平华. 2013. 云南“三江”变质杂岩带多期花岗质岩浆事件及其构造意义[J]. 岩石学报, 29(6): 2141-2160.
王杰, 周尚哲, 赵井东, 等. 2011. 东帕米尔公格尔山地区第四纪冰川地貌与冰期[J]. 中国科学: 地球科学, 41(03): 350-361.
王丽萍. 2018. 横断山民族走廊族际通婚研究——基于2010年全国人口普查资料[J]. 云南师范大学学报(哲学社会科学版), 50(04): 90-97.
王梦君, 唐芳林, 孙鸿雁, 等. 2014. 国家公园的设置条件研究[J]. 林业建设, (02): 1-6.
王瑞雷. 2018. 托林寺红殿的建造者及年代考[J]. 世界宗教研究, (03): 83-91.
王襄平, 王志恒, 方精云. 2004. 中国的主要山脉和山峰[J]. 生物多样性, (01): 206-212.
王志强, 余丽娟. 2015. 青藏历史移民与民族文化的变迁[M]. 上海: 上海大学出版社.
邬光剑, 姚檀栋, 王伟财, 等. 2019. 青藏高原及周边地区的冰川灾害[J]. 中国科学院院刊, 34(11): 1285-1292.
吴富勤. 2015. 极小种群野生植物大树杜鹃的保护生物学研究[D]. 云南大学.
吴永杰, 何兴成, Shane G, 等. 2017. 贡嘎山东坡的鸟类多样性和区系[J]. 四川动物, 36(06): 601-615.
吴征镒, 孙航, 周浙昆. 2010. 中国种子植物区系地理[M]. 北京: 科学出版社.

吴征镒. 1991. 中国种子植物属的分布区类型[J]. 云南植物研究, 增刊, Ⅳ: 1-139.

项清, 阚瑷珂, 黄弘, 等. 2021. 四川茶马古道交通变迁对沿线商贸型古村镇演化的影响[J]. 世界地理研究, 30(06): 1320-1329.

熊清华, 艾怀森. 2006. 高黎贡山自然与生物多样性研究[M]. 北京: 科学出版社.

徐建春. 2002. 评《世界第一大峡谷》——雅鲁藏布大峡谷历史、资源及其与自然环境和人类活动关系[J]. 地理学报, (02): 251.

徐学书. 2008. 邛崃——南方丝路和茶马古道的起始地[J]. 中华文化论坛, (S2): 46-49.

许志琴, 李广伟, 张泽明, 等. 2022. 再探青藏高原十大关键地学科学问题——《地质学报》百年华诞纪念[J]. 地质学报, 96(01): 65-94.

薛攀龙. 2022. 整族脱贫后独龙族研究综述[J]. 山西农经, (1): 110-112.

杨立新, 裴盛基, 张宇. 2019. 滇西北藏区自然圣境与传统文化驱动下的生物多样性保护[J]. 生物多样性, 27(7): 749-757.

杨凌云. 2019. 关于辽宁省遴选国家公园备选试点评价探析[D]. 沈阳农业大学.

杨锐. 2018. 中国国家公园设立标准研究[J]. 林业建设, (05): 103-112.

杨逸畴, 李炳元, 尹泽生, 等. 1982. 西藏高原地貌的形成和演化[J]. 地理学报, (01): 76-87.

姚檀栋, 余武生, 邬光剑, 等. 2019. 青藏高原及周边地区近期冰川状态失常与灾变风险[J]. 科学通报, 64(27): 2770-2782.

姚檀栋. 2001. 普若岗日冰原科学考察[J]. 中国科学院院刊, (03): 229-232.

姚檀栋, 陈发虎, 崔鹏, 等. 2017. 从青藏高原到第三极和泛第三极[J]. 中国科学院院刊, 32(09): 924-931.

姚永慧, 张百平, 韩芳, 等. 2010. 横断山区垂直带谱的分布模式与坡向效应[J]. 山地学报, 28(01): 11-20.

叶庆华, 程维明, 赵永利, 等. 2016. 青藏高原冰川变化遥感监测研究综述[J]. 地球信息科学, 18(7): 920-930.

叶文, 沈超, 李云龙. 2008. 香格里拉的眼睛: 普达措国家公园规划和建设[M]. 北京: 中国环境科学出版社.

一言, 陈昀. 2021. 全国重点文物保护单位统计特征分析与研究[J]. 东南文化, (04): 6-15+2+191-192.

于海彬, 张镱锂, 刘林山, 等. 2018. 青藏高原特有种子植物区系特征及多样性分布格局[J]. 生物多样性, 26(02): 130-137.

于涵, 邓武功, 贾建中. 2018. “青海可可西里”世界自然遗产地资源、价值和保护研究[J]. 中国园林, 34(06): 106-111.

虞虎, 钟林生. 2019. 基于国际经验的我国国家公园遴选探讨[J]. 生态学报, 39(04): 1309-1317.

张成功, 宁萌萌, 袁茂珂, 等. 2021. 昆仑山世界地质公园冰川冰缘地貌的科学价值及其保护开发研究[J]. 四川地质学报, 41(S2): 126-133.

张丛林, 陈伟毅, 黄宝荣, 等. 2020. 国家公园旅游可持续性管理评估指标体系——以西藏色林错-普若岗日冰川国家公园潜在建设区为例[J]. 生态学报, 40(20): 7299-7311.

张国庆, 王蒙蒙, 周陶, 等. 2022. 青藏高原湖泊面积、水位与水量变化遥感监测研究进展[J]. 遥感学报,

26(01): 115-125.
张建林. 2009. 古格王国遗址高原古城[J]. 中国文化遗产, (06): 8-9+60-65.
张强, 文军, 武月月, 等. 2022. 雅鲁藏布大峡谷地区近地面-大气间水热交换特征分析[J]. 高原气象, 41(01): 153-166.
张强弓. 2020. 喜马拉雅冰川消融影响区域生态环境[J]. 自然杂志, 42(05): 401-406.
张闻松, 宋春桥. 2022. 中国湖泊分布与变化: 全国尺度遥感监测研究进展与新编目[J]. 遥感学报, 26(01): 92-103.
张一然, 文小航, 罗斯琼, 等. 2022. 近20年若尔盖湿地植被覆盖变化与气候因子关系研究[J]. 高原气象, 41(02): 317-327.
张镱锂, 李炳元, 郑度. 2002. 论青藏高原范围与面积[J]. 地理研究, (01): 1-8.
张泽明, 丁慧霞, 董昕, 等. 2018. 冈底斯弧的岩浆作用: 从新特提斯俯冲到印度-亚洲碰撞[J]. 地学前缘, 25(06): 78-91.
薛冰洁, 张玉钧, 安童童, 等. 2020. 生态格局理念下的国家公园边界划定方法探讨——以秦岭国家公园为例[J]. 规划师, 36(01): 26-31.
孙乔昀, 张玉钧. 2020. 自然区域景观特征识别及其价值评估——以青海湖流域为例[J]. 中国园林, 36(09): 76-81.
赵淑清, 方精云, 雷光春. 2000. 全球 200: 确定大尺度生物多样性优先保护的一种方法[J]. 生物多样性, (04): 435-440.
赵宗福. 2014. 大文化视野中的昆仑文化研究与文化建设[J]. 青海社会科学, (06): 1-4.
赵智聪, 王沛. 2021. 三江源国家公园自然圣境认知传统与空间格局研究——以澜沧江源园区昂赛乡为例[J]. 风景园林, 28(04): 117-123.
赵智聪, 杨锐. 2021. 中国国家公园原真性与完整性概念及其评价框架[J]. 生物多样性, 29(10): 1271-1278.
赵松乔. 1983. 中国综合自然地理区划的一个新方案[J]. 地理学报, (01): 1-10.
郑度, 赵东升. 2017. 青藏高原的自然环境特征[J]. 科技导报, 35(06): 13-22.
仲方敏. 2019. 雅鲁藏布大峡谷国家公园建设路径研究[D]. 西藏大学.
周天元, 王宇航, 文菀玉, 等. 2020. 三江源国家公园湿地水文连通性初步研究[J]. 湿地科学, 18(03): 343-349.
朱海涛, 湛若云, 彭玉, 等. 2020. 澜沧江源区浮游植物群落特征及其对水质的指示作用[J]. 水生态学杂志, 41(01): 16-21.
朱燕, 侯光良, 兰措卓玛, 等. 2018. 基于 GIS 的青藏高原史前交通路线与分区分析[J]. 地理科学进展, 37(3): 438-449.
庄平, 王飞, 邵慧敏. 2013. 川西与藏东南地区杜鹃花属植物及其分布的比较研究[J]. 广西植物, 33(06): 791-797+803.
邹滔. 2019. 贡嘎山 兰花的垂直呈现[J]. 森林与人类, 354(12): 58-65.
邹怡情. 2020. 作为文化线路遗产的茶马古道概念辨析——以云南普洱景迈山为研究案例[J]. 自然与文化遗产研究, 5(05): 79-89.

尊胜. 2001. 格萨尔史诗的源头及其历史内涵[J]. 西藏研究, (02): 27-40.

Dingwall P, Weighell T, Badman T. 2005. Geological World Heritage: A Global Framework[R]. Protected Area Programme, IUCN.

IUCN. 2008. Outstanding Universal Value Standards for Natural World Heritage[R].

IUCN. 2016. A Global Standard for the Identification of Key Biodiversity Areas, Version 1.0 [R]. First edition. Gland, Switzerland: IUCN.

Myers N, Mittermeier R A, Mittermeier C G, da Fonseca G A B, Kent J. 2000. Biodiversity hotspots for conservation priorities[J]. Nature, 403, 853–858. https: //doi. org/10. 1038/35002501.

Olson D M, Dinerstein E. 2002. The Global 200: Priority Ecoregions for Global Conservation[J]. Ann. Mo. Bot. Gard, 89, 199–224. https: //doi. org/10. 2307/3298564.

Patrick J, Mc Keever and Guy M. 2021. Narbonne Geological World Heritage: a revised global framework for the application of criterion (viii) of the World Heritage Convention[R]. Gland, Switzerland: IUCN.

附录

国家公园科考队考察日志

1　科考任务与方法

1.1　科考任务

青藏高原国家公园群科学考察以具有国家公园建设潜力的典型生态地理区域实地科考为重点，运用野外实地考察、地面观测和无人机低空观测、卫星遥感解译相结合的天-空-地协同调查技术，针对青藏高原国家公园重点备选地的代表性生态系统、典型地质地貌景观和独特文化景观开展系统调查，从代表性、多样性、原真性、完整性、独特性等方面，调查评估青藏高原国家公园备选地的自然价值、人文价值、景观美学价值（表 1.1），提出国家公园群潜力区名录，为青藏高原国家公园群建设提供科学支撑。

表 1.1　青藏高原国家公园群科考任务

资源价值	科考内容
自然价值	重点考察青藏高原范围内具有高度代表性和典型性的生态系统，如森林生态系统、草原与草甸生态系统、湿地生态系统、荒漠生态系统等；重要的生态演变过程，即植被演替、垂直带谱及物种多样性梯度格局等；生物多样性及其原地保护的重要自然栖息地，包括珍稀、濒危、特有物种、生物多样性保护关键区和典型生境区等；具有全球重要地学意义的地貌与地质遗迹、全国典型地质地貌特征和反地球演化史中重要阶段的突出例证
人文价值	人文价值包括人类创造并遗留下来的具有历史、文化、艺术价值的杰出范例及其蕴涵的精神内涵，文化资源具有物质和非物质双重属性。物质文化资源重点调查具有国家代表性和突出价值的文物、遗址遗迹、建筑景观等；非物质文化资源重点调查非物质文化遗产、中华民族的精神标识、国家文化名片等，作为彰显国家精神的杰出范例，承载人类文明，传承历史文化
景观美学价值	景观美学价值强调美的本质特征和自然属性，是基于地质地貌要素和生物生态要素构成的景观单体的美学特征（规模、形态、色彩）以及景群的组合特征（景观多样性）。重点调查典型地貌景观（高原、山地、河谷、峡谷景观等）和生态景观（垂直自然景观带、森林/草原/湿地景观等），超凡绝妙的自然现象和具有罕见自然美的精华景观

重点考察帕米尔-昆仑山、祁连山脉、羌塘-三江源、喜马拉雅山脉、横断山高山峡谷区等典型生态地理区域，主要科考任务包括：①重点考察具有高度代表性和典型性的自然生态系统，生物多样性及其原地保护的重要自然栖息地；评估国家公园备选地自然生态系统是否具有全球或国家代表性，国家重点保护野生动植物生境是否能够有效保护生物多样性、维持珍稀濒危物种种群稳定、维持生态系统的结构和功能处于健康状态；评估地质遗迹或地貌类型是否在国内外同类自然遗迹中具有代表性，构造运动和地质构造等是否具有重要地学意义，是否构成代表地球演化史中重要阶段的突出例证。②重点考察人类创造并遗留下来的文物、遗址遗迹、建筑景观或建筑群，以及非物质文化遗产、中华民族的精神标识、国家文化名片等，重点评估文物遗址遗迹是否具有全国代表性的历史文化价值，民族民俗文化是否具有全国代表性的文化艺术价值，建筑景观或建筑群

是否构成代表人类演化史重要阶段的突出例证。③重点考察青藏高原国家公园群涉及的高原、山地、峡谷、盆地、河谷、冰川、湖泊、土林、丹霞等复杂多样的地貌景观，以及森林、草原、草甸、湿地、荒漠等多种生态景观；重点评估自然景观的美学观赏性、绝妙自然美景的完整性、罕见自然现象的发生频率、是否具有国家代表性的审美象征。

1.2 科考方法

运用野外实地考察、地面观测和无人机低空观测(图 1.1)、卫星遥感解译相结合的天-空-地协同调查技术，对青藏高原国家公园重点备选地的代表性生态系统、典型地质地貌景观和独特文化景观进行资源调查与科学考察研究，为青藏高原国家公园群遴选提供科学支撑。

1. 自然地理环境科考方法

针对青藏高原国家公园备选地的地质、地貌、气候、水文等自然本底环境展开综合科学考察，运用资料收集、实地观察、数字化采样、对比分析等方法，利用卫星遥感资料及无人机低空观测，提取青藏高原区典型地质构造与地貌类型，判断确定青藏高原区自然环境要素的类型、界限、空间分布、利用现状等基本情况，综合分析青藏高原国家公园群自然环境的整体特征和空间分异。

图 1.1　无人机低空观测

2. 自然生态资源科考方法

综合运用线路调查、样带调查、样地调查法、访问调查等调查方法，采用照片、影像、标本、录音等记录调查成果，对青藏高原国家公园备选地的植被类型、生态系统类型、旗舰物种及栖息地、典型野生动植物分布状况与保护现状展开调查，对国家公园备选地的生态系统及生物多样性进行综合评估。

图 1.2　野生动物观测

3. 人文资源科考方法

深入国家公园备选地的社区和乡村，通过直接观察、深度访谈、亲身体验、录音、录像等方式，调查非物质文化遗产项目的基本情况、分布区域及其地理环境、历史渊源、传承人或传承群体、非遗项目核心要素和主要特征。针对国家公园备选地的古遗址、古建筑、石窟寺等重要史迹，采用无人机航拍、摄影、摄像等数字化手段，结合文献查阅、专家访谈等，掌握文物遗址的数量、分布、特征、保存现状、环境状况，以及历史、文化、艺术价值。

4. 景观资源科考方法

采用无人机空中全景、地面全景、摄影、摄像等数字化采集方式，结合实地观察、资料收集、半结构访谈、调查问卷、访问座谈等方式，对青藏高原国家公园备选地的各类景观资源，进行成因特征、地理位置、景观类型、规模结构、分布情况等方面的系统调查，掌握景观资源类型、储量、品质、地理分布、开发现状和保护状况等，对比分析景观美学价值。

图 1.3　社区人文活动调查

图 1.4　典型景观科考照片采集

图 1.5　大尺度景观无人机航拍采集

2　科考区域与过程

2.1　2019 年科考行程

1. 帕米尔区域科学考察

科考涉及县市：新疆克孜勒苏柯尔克孜自治州阿克陶县、喀什地区塔什库尔干县。

科考内容：重点考察慕士塔格、公格尔、公格尔九别、帕米尔高原湿地、塔什库尔干自然保护区、帕米尔旅游区等区域的群峰、冰川、湿地、野生动物栖息地、历史文物古迹和民族文化资源。

2. 祁连山-青海湖区域科学考察

科考涉及县市：甘肃省肃北蒙古族自治县、阿克塞哈萨克族自治县、肃南裕固族自治县、民乐县、永昌县、天祝藏族自治县、武威市、青海省德令哈市、天峻县、祁连县、门源回族自治县、刚察县、海晏县、共和县。

科考内容：重点考察青海湖、祁连山南北坡的山地森林草原、冰川、湖泊、湿地、荒漠、野生动物栖息地、历史文物古迹和民族文化资源。

图 1.6 帕米尔-喀喇昆仑科考工作

图 1.7 祁连山区域科考工作

2.2 2020 年科考行程

1. 青海昆仑山-三江源区域科学考察

科考涉及县市：青海省格尔木市、玛多县、治多县、曲麻莱县、杂多县、玉树市、类乌齐县、囊谦县。

科考内容：重点考察了黄河源、澜沧江、长江源、可可西里的高寒草甸、高原湿地、高原湖群，以及野牦牛、藏野驴、藏羚羊等野生动物栖息地，考察了昆仑山、唐古拉山、念青唐古拉山等山地景观及冰川景观资源，调查了周边社区发展情况及人文风情主要特征。

图 1.8　澜沧江源区域科考工作

2. 喜马拉雅-阿里-羌塘区域科学考察

科考涉及县市：西藏阿里地区普兰县、札达县、噶尔县、改则县、措勤县、日喀则市定日县、定结县、聂拉木县、吉隆县、萨嘎县、那曲市尼玛县、双湖县、班戈县、申扎县、林芝市工布江达县、米林县、波密县、墨脱县。

科考内容：重点考察了珠穆朗玛峰国家级自然保护区、玛旁雍错国家级自然保护区、冈仁波齐、札达土林国家地质公园、古格王国遗址、扎果错、扎布耶错、塔若错、扎日南木措、色林错国家级自然保护、羌塘国家级自然保护区、普若岗日冰川、纳木错、雅鲁藏布江中游黑颈鹤国家级自然保护区、雅鲁藏布江大峡谷国家级自然保护区、巴松措国家森林公园等。

3. 南横断山高山峡谷区科学考察

科考涉及县市：云南省怒江傈僳族自治州贡山县、福贡县、泸水市、迪庆藏族自治州德钦县、香格里拉市、维西傈僳族自治县、腾冲市、丽江市。

科考内容：重点考察了高黎贡山国家级自然保护区、腾冲地热火山国家地质公园、苍山洱海国家级自然保护区、三江并流世界自然遗产(白茫-梅里雪山片区、高黎贡山片区、老君山片区、千湖山片区、哈巴雪山片区、红山片区)、玉龙雪山、香格里拉普达措国家公园、白马雪山国家级自然保护区、梅里雪山等。

图 1.9　国家公园科考分队（左：珠穆朗玛峰；右：札达土林）

图 1.10　横断山高山峡谷区科考工作（香格里拉）

4. 岷山-横断山北段区域科学考察

科考涉及县市：四川省甘孜州甘孜县、康定市、泸定县、九龙县、稻城县、阿坝州松潘县、九寨沟县、若尔盖县、红原县、茂县、汶川县、宝兴县。

科考内容：重点考察了亚丁国家级自然保护区、贡嘎山国家级自然保护区、卧龙国家级自然保护区、四姑娘山国家风景名胜区、龙溪虹口国家级自然保护区、黄龙世界自然遗产、九寨沟世界自然遗产、若尔盖湿地国家自然保护区等。

2.3　2022 年科考行程

1. 昆仑山区域科学考察

考察涉及县市：新疆巴音郭楞蒙古自治州且末县、若羌县。

科考内容：重点考察了新疆中昆仑自然保护区、阿尔金山国家级自然保护区原始的高原生态系统、野牦牛和藏野驴等高原珍稀野生动物及栖息地、地质地貌和水域景观等。

图 1.11　岷山-横断山区域科考工作

图 1.12　阿尔金山国家级自然保护区科考工作

2. 祁连山、青海湖、若尔盖、大熊猫、雅鲁藏布大峡谷、珠穆朗玛峰等国家公园补充考察

表 1.2　青藏高原国家公园群资源价值科考组织实施情况

典型生态地理区域	重点科考区	科考涉及的主要保护地	考察时间
帕米尔-昆仑山	帕米尔-喀喇昆仑	塔什库尔干野生动物自然保护区 帕米尔高原阿拉尔国家湿地公园 喀拉库勒-慕士塔格风景名胜区 帕米尔高原湿地自然保护区	2019 年 8 月 2020 年 5 月
	昆仑山	昆仑山世界地质公园 新疆中昆仑自然保护区 阿尔金山国家级自然保护区	2020 年 7 月 2022 年 4 月

续表

典型生态地理区域	重点科考区	科考涉及的主要保护地	考察时间
祁连山	祁连山	甘肃祁连山/盐池湾国家级自然保护区 青海祁连山自然保护区 天祝三峡/门源仙米国家森林公园 祁连黑河源国家湿地公园	2019年9月 2019年10月 2022年6月
	青海湖	青海湖国家级自然保护区 青海可可西里世界自然遗产	2019年9月
羌塘-三江源	三江源	三江源国家级自然保护区	2020年7月
	羌塘	羌塘国家级自然保护区 色林错国家级自然保护区	2020年8月
	神山圣湖	玛旁雍错湿地国家级自然保护区 神山圣湖风景名胜区	2020年7月
喜马拉雅山	札达土林	土林-古格国家级风景名胜区 札达土林国家地质公园	2020年7月
	珠穆朗玛峰	珠穆朗玛峰国家级自然保护区	2020年7月 2022年7月
	雅鲁藏布大峡谷	雅鲁藏布大峡谷国家级自然保护区 色季拉国家级森林公园 雅尼国家湿地公园 西藏工布自然保护区 巴松措国家森林公园	2020年8月 2022年7月
横断山	若尔盖湿地	若尔盖湿地国家级自然保护区 黄河首曲国家级自然保护区	2020年9月 2022年7月
	大熊猫栖息地	四川大熊猫栖息地世界自然遗产 黄龙国家级自然保护区 四姑娘山国家级风景名胜区 卧龙、王朗国家级自然保护区	2020年9月 2022年7月
	贡嘎山	龙溪—虹口国家级自然保护区等 贡嘎山国家级自然保护区	2020年9月
	香格里拉	三江并流世界自然遗产 白马雪山国家级自然保护区 玉龙雪山国家风景名胜区 亚丁国家级自然保护区	2020年6月 2020年8月
	高黎贡山	高黎贡山国家级自然保护区	2020年6月

3　重点科考区

受水平地带性地域分异规律的影响，青藏高原国家公园群资源价值在大尺度上呈现出典型的区域性特征，区域内部资源价值相互关联形成特征显著的组合价值，不同区域的资源价值差异化显著。

3.1　祁连山高山谷地区（祁连山、青海湖）

祁连山地处中国地势三级阶梯中第一、二阶梯分界线、中国温度带分界线以及西北干旱半干旱区与青藏高寒区分界线上，位于青藏高原、内蒙古高原、黄土高原、河西走廊的多种地貌单元的交汇处，是内流河和外流河流域的分水岭，是各种地理要素相互碰撞的自然带过渡区域。地处青藏高原东北部边缘，地质构造属于昆仑秦岭地槽褶皱系中典型的加里东地槽，由一系列西北至东南走向的高山、沟谷和山间盆地组成。

祁连山是世界高寒种质资源库和野生动物迁徙的重要廊道，是中亚山地生物多样性旗舰物种雪豹的良好栖息地，也是野牦牛、藏野驴、白唇鹿、岩羊、冬虫夏草、雪莲等珍稀濒危野生动植物物种栖息地及分布区；青海湖区域是世界高原内陆湖泊湿地生态系统的典型代表、国际候鸟迁徙通道的重要节点和普氏原羚的唯一栖息地，是具有重要生态意义的寒温带山地针叶林、温带荒漠草原、高寒草甸复合生态系统的代表。

祁连山扼守丝路咽喉，孕育了敦煌文化，是汉、藏、蒙、哈萨克、裕固等多民族经济、文化交流的重要集聚地，是多元文明的交汇地，是裕固族、藏族、蒙古族文化和汉族文化，农耕文明、灌溉农业和牧业文明的融汇和过渡区域，是博大精深的中原文明与西域文化碰撞最剧烈的区域。祁连山地区历史以及现存宗教文化民族习俗是中国历史文化遗产宝库的重要组成部分。

3.2　帕米尔-昆仑山高山极高山区（帕米尔-喀喇昆仑、昆仑山）

帕米尔高原是由天山、喀喇昆仑山脉、喜马拉雅山脉、兴都库什山脉和吉尔特尔-苏莱曼山脉五大山系汇聚而成的巨大山结。兴都库什-帕米尔地区帕米尔弧形构造带是印度-欧亚板块碰撞变形最强烈的地区之一，是研究构造过程、地貌演化以及气候变化及其相互作用的理想场所。昆仑山脉位于青藏高原北缘，西起帕米尔高原东部，东到柴达木河上游谷地。昆仑山脉山势宏伟峻拔，峰顶终年积雪，自西向东有塔什库祖克、喀拉塔格、乌斯腾塔格、九个山达坂、祁曼塔格、阿尔格山、可可西里山、博卡雷克塔格、布尔汗布达山、巴颜喀拉山、阿尼玛卿山等。

帕米尔高原是雪豹、马可波罗盘羊、棕熊等特有和濒危物种的重要栖息地，构成了特有的高山生态系统，具有重要的全球生物多样性保护意义。马可波罗盘羊是帕米尔高原的特有和旗舰物种，跨境分布于中国、塔吉克斯坦、吉尔吉斯斯坦、阿富汗和巴基斯坦五国交接区域。阿尔金山国家级自然保护区与青海可可西里、西藏羌塘保护区毗邻，和青海三江源保护区共同构成了中国西北高原最大的自然保护区群，被誉为“高原有蹄类物种的天然基因库”，物种多样性非常丰富。

帕米尔高原是世界多种文化的荟萃之地，是古代东西文明、南北农牧交往的十字路口，是中国、印度、波斯、西亚、东欧、中亚进行文化交流的重要平台。不同文明的交融留下了丰厚的文化遗产，见证了古代丝绸之路的繁荣昌盛，对人类文明发展和东西方文化交流作出巨大贡献。昆仑山是中华昆仑文化的重要发祥地，是昆仑神话和昆仑文化的标志性地理圣山，昆仑文化是我国古典神话中内容最丰富、保存最完整、影响最深远的文化体系。

3.3 羌塘-三江源高寒草甸草原区（羌塘、三江源）

羌塘-三江源高寒草甸草原区位于青藏高原腹地，南起冈底斯山-念青唐古拉山，北至喀喇昆仑山-可可西里山，是青藏高原内海拔最高、高原形态最典型的地域。羌塘、三江源区域是我国乃至世界高海拔地区保存较完整的大面积原始高寒草甸和高寒草原的典型代表区域，是世界高海拔湖泊群集中分布区、高原湿地生态系统的典型代表，是中国大型珍稀濒危高原野生动物的密集分布区，珍稀野生动植物资源种类众多、种群数量大，栖息着藏羚羊、野牦牛、藏野驴、雪豹、黑颈鹤、藏原羚、藏雪鸡等野生动物，被誉为“高寒生物种质资源库”，是青藏高原特有物种的物种多样性、遗传多样性和生态系统多样性保护的重要区域，在科学研究和生态保护方面具有突出价值。

区域内雪山绵延、冰川纵横、湿地广阔、万水汇流，是亚洲乃至世界上孕育大江大河最集中的地区之一，是长江、黄河和澜沧江的源头汇水区，具有极其重要的水源涵养功能。湖泊星罗棋布，是中国乃至世界高原湖泊分布最为密集的区域，主要表现为湿地面积大、分布范围广，高原湿地多样性发育好、地貌及景观类型代表性强，各要素与湿地类型之间联系紧密，共同构成一个相对完整的高原湿地系统。高寒环境条件下的脆弱生态系统，成为亚洲、北半球乃至全球气候变化的“感应器”，是中国乃至世界生态安全屏障极为重要的组成部分。

三江源是生命之源、文明之源，长江和黄河是中华民族的母亲河，孕育了璀璨的华夏文明。三江源区域是多民族文化交流融合的重要见证，唐蕃古道经由此地，古代羌族、吐谷浑、吐蕃，现代的藏族、土族和后迁入的汉、回、蒙古、撒拉各族人民，在此孕育了多元文化。形成了人与自然和谐共处的传统生态文化，创造了丰富灿烂的非物质文化遗产资源，形成了灿烂独特的哲学、神学、文学、音乐、美术、建筑以及风俗习尚等艺术珍宝，多姿多彩的民族艺术和人文景观具有全国乃至全球层面的观赏和体验价值。

3.4　喜马拉雅高山极高山区（神山圣湖、札达土林、珠穆朗玛峰、雅鲁藏布大峡谷）

喜马拉雅山于青藏高原的边缘地带，以珠穆朗玛峰为代表的极高山群，高高插入对流层，拦截了来自印度洋的暖湿气流，储存了地球低纬度地区的最大淡水库，同时是恒河、雅鲁藏布江、印度河等亚洲大江大河的发源地，深刻地改造了中国乃至世界的自然地理面貌。来自喜马拉雅山脉中段极高山的冰川融水，在巨大的山势落差条件下，形成了成千上万的支流，以流水侵蚀为主的外营力在山脉南北坡塑造出深切峡谷和高山宽谷的形态，成为控制喜马拉雅地区中小尺度地貌形态的主导因素。由于山势高度大、冰川作用和寒冻风化作用强烈，山峰岩石嶙峋，多呈角峰、刃脊等地形。

高海拔造成植被垂直带分带明显，超过 7 000 m 的巨大地势高差又使得水热组合条件随海拔升降而发生变化，造成生态系统的垂直分异，使喜马拉雅山脉南北两翼各自形成独特的垂直生态系统组合序列，自下而上从热带、亚热带、温带以至寒带等各种景观交替出现。喜马拉雅山脉对印度洋暖湿气流的阻挡作用，使生态系统在水平方向产生明显的区域分异。山脉南翼受到印度洋暖湿气流的强烈影响，降水充沛，具有海洋性季风气候特征，高山峡谷地带气候垂直分异明显，河谷发育湿润的山地森林生态系统。山脉北翼由于喜马拉雅山脉的屏障作用，印度洋暖湿气流受阻，呈现大陆高原气候特点，发育着与南翼截然不同的半干旱灌丛草原生态系统。喜马拉雅山脉的南北向山谷使得印度洋暖湿气流得以通达，南北动植物也借此迁移运动，形成多种地理成分的动植物交汇过渡地带；高海拔的山地形成极其丰富的植被类型，为各类动植物生存栖息提供了多样化的生境，成为全球重要的生物多样性热点地区。丰富多样的生态系统类型和生境，为许多稀有动植物提供了生存和繁衍场所，是喜马拉雅山区物种避难所和生物多样性宝库，反映了生命起源与进化、世界高山生物和群落演进以及生物对极端环境的选择性适应。

喜马拉雅区域拥有世界上最为典型的高寒山地综合景观，集中展示了青藏高原的自然美景多样性，是世界上高寒山地综合景观的最杰出代表；陈塘、绒辖、樟木、吉隆和贡当谷地发育着喜马拉雅南翼湿润山地森林生态系统，山高谷深、森林郁密，奇花异卉，五彩缤纷，形成世界罕见的垂直自然景观带。高大险峻、云遮雾罩、变幻莫测的雪山以及湛蓝的湖泊，是藏民和朝圣者心灵和精神的寄托。冈仁波齐、珠穆朗玛峰、南迦巴瓦峰等高峻壮观、体貌突出、地理位置特别的山峦作为神山，玛旁雍措、拉昂错等湖面宽广的湖泊作为圣湖。

3.5　横断山高山峡谷区（大熊猫、贡嘎山、香格里拉、高黎贡山）

横断山地处南亚大陆与欧亚大陆镶嵌交接带的东翼，受到印度洋板块、太平洋板块和欧亚古陆板块作用的影响，经历了特提斯形成演化、印度-欧亚大陆碰撞及高原隆升的复杂过程，地质构造上属特提斯-喜马拉雅构造域的东段，位于冈瓦纳古陆与欧亚古陆强烈碰撞的地带，也是特提斯构造域与环太平洋构造域的交汇部位；地质构造复杂，是中国目前地壳运动最强烈、新构造运动最发育的地区，保存着反映特提斯演化不同阶段和喜马拉雅期陆内造山阶段留下的丰富的地质遗迹。该区域属于青藏高原东南部和云贵高原、川西高原的过渡地带，南北向河谷水系的深切作用塑造了一系列南北走向的平行山脉，是中国山区河网水系最密集、地形最复杂、集中高山深谷最多的地区。南北纵贯的山脉和河流组成典型的“平行岭谷”的地貌特征，自东向西有邛崃山、大渡河、大雪山、雅砻江、沙鲁里山、金沙江、芒康山、澜沧江、碧罗雪山、怒江、高黎贡山、独龙江、担当力卡山等。

横断山区域是全球生态系统类型和生物物种最丰富的地区之一，保存有大量古老生物类群，演化了众多新物种，是中国原生生态系统保留最完好、自然垂直带最完整以及全球温带生态系统最具代表性的地区。大熊猫是我国独有、古老、珍稀国宝级野生动物，是世界生物多样性保护的旗舰物种，也是我国和世界各国交流的和平使者。多样性的气候特点，不仅使该区域具备了从亚热带到寒带的多种生态群落和生物资源，也构成了独特的自然生态景观。区内生物种类繁多，野生动植物资源丰富，植被分层明显，不仅保存有大量古老的生物类群，而且演化了众多新物种，是中国原生生态系统保留最完好、自然垂直带最完整以及全球温带生态系统最具代表性的地区，是“高原生生物基因库”和“高原山地生态博物馆”，被中国和多个国际组织列为全国和全球生物多样性优先保护地区。

横断山区域是中国南北民族迁徙、交融、演变最频繁的地区，形成了少数民族最多、密度最高的聚集地，形成了民族文化多样性、人文景观多样性、民居建筑风格多样性、民风民俗多样性。横断山区是藏彝走廊民族迁徙、民族频繁交融的地区，以藏族为主要民族，同时分布着纳西族、彝族、白族、傈僳族、怒族、独龙族、普米族等众多少数民族，形成我国西部一条重要的民族走廊，发展成为多民族共居、多元文化共存、民族关系和谐共生的典型区域。

横断山是世界上罕见奇特自然景观最为丰富多样的地区之一，汇集了高山峡谷、雪峰冰川、高原湿地、森林草甸、高山湖泊、瀑布溪流、稀有动物、珍贵植物等奇观异景相互辉映。垂直气候带谱完整，形成了众多垂直分异、水平变幻、多姿多彩的自然生态景观，高山野生花卉资源异常丰富，各种野生的高山花卉争奇斗艳。自然景观类型丰富而独特，既得“峡谷之壮美”，又有“雪山之雄浑”，加之草甸、原始森林、高山湖泊、冰川、瀑布、溶洞以及丰富的动植物资源，其资源富集度实为自然界之奇观，且均保持着原始、秀丽的自然风貌，堪称“香格里拉的后花园”。